Benedetto Croce

美学或艺术
和语言哲学

Aesthetics or Art
and
Philosophy of
Language

[意大利] 贝内代托·克罗齐 —— 著
Benedetto Croce

黄文捷 ———— 译

图书在版编目（CIP）数据

美学或艺术和语言哲学/（意）克罗齐著；黄文捷
译．—北京：人民文学出版社，2018
（二十世纪欧美文论丛书）
ISBN 978-7-02-014580-5

Ⅰ.①美… Ⅱ.①克…②黄… Ⅲ.①美学—文集②艺术
理论—文集③语言哲学—文集　Ⅳ.① B83-53 ② J0-53

中国版本图书馆 CIP 数据核字（2018）第 205043 号

出版统筹　仝保民
责任编辑　陈　黎
特约策划　李江华
特约编辑　杜婵婵
装帧设计　刘　远

出版发行　人民文学出版社
社　　址　北京市朝内大街 166 号
邮政编码　100705
网　　址　http://www.rw-cn.com

印　　刷　三河市祥宏印务有限公司
经　　销　全国新华书店等

字　　数　250 千字
开　　本　710 毫米 ×1000 毫米　1/16
印　　张　19.25
印　　数　1—6000
版　　次　2019 年 11 月北京第 1 版
印　　次　2019 年 11 月第 1 次印刷

书　　号　978-7-02-014580-5
定　　价　58.00 元

如有印装质量问题，请与本社图书销售中心调换。电话：010-65233595

二十世纪欧美文论丛书编辑委员会

顾　问：冯　至　叶水夫　王佐良　陆梅林
主　编：陈　燊
副主编：郭家申　谭立德
编　委：王道乾　王逢振　邓光东　白　桦
　　　　朱　虹　刘　宁　刘硕良　吕同六
　　　　吴元迈　李光鉴　李辉凡　张　羽
　　　　张　玲　张　捷　张　黎　余顺尧
　　　　陈　燊　胡其鼎　陆建德　郭宏安
　　　　郭家申　闻树国　袁可嘉　夏　玟
　　　　夏仲翼　钱中文　黄宝生　章国锋
　　　　董衡巽　韩耀成　谭立德

（以姓氏笔划为序）

目 录

一 美学的核心 …………………………………… 1
二 语言哲学 ……………………………………… 37
三 艺术表现的全面性 …………………………… 51
四 纯表现和其他所谓表现 ……………………… 65
五 诗,真理作品;文学,文明作品 ……………… 89
六 历史–美学的解释 …………………………… 103
七 宽容真正的诗人 ……………………………… 114
八 爱情诗和英雄诗 ……………………………… 128
九 文学艺术史的改革 …………………………… 135
十 造型艺术的批评和历史及其现状 …………… 155
十一 论寓意观念 ………………………………… 173
十二 民间诗和艺术诗 …………………………… 181
十三 艺术方言文学 ……………………………… 198
十四 巴洛克 ……………………………………… 210
十五 鲍姆加登的"Aesthetica" ………………… 231
十六 十八世纪美学初探 ………………………… 259
十七 弗里德里希·施莱尔马赫的美学 ………… 276
十八 罗伯特·维舍尔和对自然的美学鉴赏 …… 293

一　美学的核心[1]

艺术或诗是什么。——如果拿出任何一篇诗作来考虑,以求确定究竟是什么东西使人判断它为诗,那么,首先就会从中得出两个经常存在的、必不可少的因素,即一系列形象和使这些形象变得栩栩如生的情感。例如,我们可以追忆一下在学校背诵过的某篇诗作的片段,即维吉尔[2]诗作中的那些诗句。在诗中,埃涅阿斯叙述他如何听到他所到达的国家,特洛伊人赫勒诺斯做了国王,成为赫勒诺斯的王后的则是安德洛玛刻,这时,他感到胸中有一股强烈的欲望在燃烧,同时,他对这桩出乎意料的事情也感到惊奇;他想要再见一见这两个普里阿摩斯家族的劫后余生的人,也想由此了解这些惊天动地的大事。他在特洛伊城的城墙外面遇到了安德洛玛刻,两人相会在重新被命名为西摩伊斯河的河水的波浪旁边;安德洛玛刻正在绿草如茵的黄土空穴以及赫克托耳和阿斯堤阿那克斯的两个祭坛前面参加葬礼。她看到埃涅阿斯,惊得呆若木鸡,身躯摇摇欲坠;她断断续续地问他是人是鬼;接着,埃涅阿斯也同样心慌意乱地答复和询问。安德洛玛刻在追述饱

---

[1] 借用哈曼一篇文章的题目,本文系《大英百科全书》第十四版"美学"条目所写。——原注
　　哈曼(1830—1888),德国哲学家。他反对康德的"神秘主义",把康德称作"北方的巫师"。——译注
[2] 维吉尔(前70—前19),古罗马诗人,著有《牧歌》《农事诗》《埃涅阿斯纪》等。——译注

经劫难和屈辱而幸存下来的往事时痛不欲生,羞愧万分。当时她已经成为皮洛斯抽签选中的奴隶,并受胁迫沦为妾妃。后来,皮洛斯玩厌了她,把她作为女奴,又许配给另一个奴隶赫勒诺斯为妻。俄瑞斯忒斯手刃了皮洛斯,赫勒诺斯重获自由,成为国王。埃涅阿斯和他的随从进入城里,受到这里普卫阿摩斯家族的人们的欢迎,欢迎他来到这小小的特洛伊城——这个仿效大佩尔噶蒙城建筑起来的小佩尔噶蒙城,还有那新的赞土斯河;埃涅阿斯并跪吻了新谢亚门的门槛。以上这些具体情节以及其他从略的细节,都是人物、事件、神情、姿态、言语的形象,都是纯粹的形象;它们不是什么历史,不是什么历史评论;它们既不是资料,也不是被人作为资料来加以了解的东西。但是,这些形象都灌注着一种情感,这种情感不再是诗人的,而是我们自己的;这是一种人的情感,它充满痛心的回忆、令人毛骨悚然的恐怖景象,充满哀怨、怀恋、缠绵悱恻的情绪,甚至还有某种既纯真又虔敬的东西,像是在徒劳地恢复业已丧失的旧物,以宗教怜悯的心情来塑造 Parva Troia, dei Pergama simulata magnis arens Xanti cognomine rivus① 等种种玩具似的东西时,油然而生的那种情感;总之,是某种从逻辑推理来说无法言传的东西,这种东西,只有诗才能以其特有的方式充分地表达出来,这两个因素在进行最初的和抽象的分析时虽然看起来是两个,但是我们却不能把它们比作两条线索,而且它们也并不是交织在一起的,因为情感确实已经全部转化为形象了,即转化为上述全部形象,并且成为一种欣赏性的,因而也是业已获得解决和完成的情感。由此可见,诗不能把自己说成是情感,也不能把自己说成是形象,同样也不能把自己说成是二者的总合,相反,诗是"情感的欣赏"或"抒情的直觉",抑或"纯直觉"(这和前者一样),原因在于:诗是纯粹的,它剔除了对它所包含的种种形象是否具有现实性进行任何历史判断和任何评论的内容,因而,它是从生活的理想性中来捕捉生活的纯粹脉搏的。

---

① 拉丁文,意为"小特洛伊城,仿造大佩尔噶蒙城,以赞土斯命名的干涸的河流"。——译注

当然，在诗中，除了这两个因素或要点以及这二者的综合之外，还可以发现其他东西，但是，这其他东西要么是一些诸如思索、鼓舞、争论、幻觉等局外因素的混杂之物，要么无非是原有的这些情感——形象，而这时，二者之间已经失掉联系了，它们被人从物质上加以看待，恢复了它们在诗创作之前的原貌；在前一种情况下，这些因素就不是什么诗的因素了，它们不过是牵强附会地注入其中的东西，或是强行堆砌在一起的东西；在后一种情况下，这些因素同样也被剥去了诗的外衣，被那种不懂得或不再懂得何为诗的读者弄得失掉了诗味，这类读者之所以把诗味驱除干净，有时是由于他无力使自己置身于诗的理想境界，有时则是为了达到某些正当合理的目的，要进行什么历史研究，或是为了达到某些其他的实际目的，而这些目的却降低了诗品，或者索性把诗当作了资料和工具。

上述有关"诗"的说法，对所有其他"艺术"，也都是适用的，如绘画、雕刻、建筑、音乐，只要所争论的问题涉及从艺术的角度来看这种或那种精神产品的性质，那就必须考虑如下二者必居其一的情况：要么这种精神产品是抒情的直觉，要么它必将是任何其他东西，这个东西尽管非常值得推崇，却不是什么艺术。如果绘画正如某些理论所说的那样，是对特定事物的模仿或再现，那它就不是艺术，而是机械的、实用的东西；如果画家正如其他一些理论所说的那样，能别具匠心，运用自己的创造力和技巧，将线条、光线和颜色综合在一起，那他们也就不过只是技术发明者，而不是艺术家；如果音乐是指以类似的手法把音调综合起来，那就会干出莱布尼茨①和基歇尔神甫②所干的怪事，他们谱写出一些乐曲，而自身却根本对音乐一无所知，否则，就得担心——就像普鲁东对诗表示担心，斯图亚特·穆勒③对音乐表示担心

---

① 莱布尼茨（1646—1716），德国著名哲学家、数学家。——译注
② 基歇尔神甫（1602—1680），德国著名耶稣会士、学者。——译注
③ 斯图亚特·穆勒（1806—1873），英国著名哲学家、经济学家。他主张实证进化论。——译注

一样——一旦歌词和曲调可能形成的那种综合消失掉,诗味和音乐性也就从世界上烟消云散了。在所有这些艺术当中,正如在诗中一样,有时也混杂着一些局外因素,有的是 a parte obiecti, 有的是 a parte subiecti①,有的是实际存在的,有的则是属于当事人和欣赏者所做美学水准不高的判断,这一点是众所周知的事;而那些艺术的批评家们叮嘱人们,要排除或是不要注意那些被他们称为绘画、雕刻和音乐的"文学"因素的东西,同样,诗的批评家们也叮嘱人们要寻求"诗味",而不要让自己被那种纯属文学的东西引上歧途。诗的内行人能直接触及诗的心脏,能在自己的心中感受到诗的心脏的跳动;凡没有这种心脏跳动的地方,就可断定:那里没有诗;不论在作品中堆砌了多少别的东西,哪怕这些东西由于技巧精湛,才华卓著,风格高雅,手法灵活,效果喜人,而堪称异常珍贵的东西。诗的外行人则会步入歧途,追求上述这些别的东西,而错误并不在于他欣赏这些别的东西,而是在于他在欣赏这些别的东西之外,又把它们称之为诗。

决定艺术特性的东西。——既然确定艺术是抒情直觉或纯直觉,艺术就不言而喻地表明,它是有别于所有其他精神生产形式的。现在可以用明确的方式将这些特性加以说明,由此也就可以得出如下若干否定结论:

1. 艺术不是哲学,因为哲学是对存在的一般范畴的逻辑思考,而艺术则是对存在的非反射性的直觉;因此,前者是超越和消除形象的,而艺术则是生活在形象的圈子里的,就像它生活在自己的王国里一样。有人说,艺术是不能以非理性的方式来进行的,也不能不要逻辑性。当然,艺术本来既不是非理性的,也不是非逻辑性的,不过,艺术自身的理性和逻辑性是同辩证观念的理性和逻辑性有别的,而正是为了突出艺术的特征和独特性,才找到"感觉逻辑"或"美学"这类名词。

---

① 拉丁文,意为"客观方面的","主观方面的"。——译注

人们并非不经常要求给艺术以"逻辑性",这种要求其实是在观念逻辑和美学逻辑之间玩弄辞藻,或是以前者来象征后者。

2. 艺术不是历史,因为历史意味着要对现实和非现实做出批判性的区别,即要批判地区别实际存在的现实和想象存在的现实,行动的现实和希望的现实,而艺术同这类特点相去甚远,正如前面已经说过的那样,它是依靠纯粹的形象而存在的。赫勒诺斯、安德洛玛刻、埃涅阿斯的历史存在,同维吉尔诗歌中的那种诗品毫不相干。在这个问题上,也曾有人提出过不同看法,说什么历史准则对艺术也并非不相干,而且艺术要遵守"逼真"这一规律;但是,在这个问题上,也要看到:"逼真"绝不是别的什么东西,而无非是一种不大贴切的譬喻罢了,其含义是用来说明形象之间的连贯性,而形象之间如果没有内在的连贯性,它们就会失其形象魅力了,正像贺拉斯①的诗句 dephinus in selvis 和 aper in fluctibus② 一样,也会失其形象魅力,除非发生形象在开玩笑这类怪事。

3. 艺术不是自然科学,因为自然科学是经过鉴定的、抽象化了的历史现实;艺术也不是计算科学,因为数学是依靠抽象概念,而不是观赏进行活动的。有时,人们把数学家的创造同诗人的创作相提并论,这种做法不过是以一些外在而笼统的相似点为依据的;况且,这样一种比喻,也是由于硬说艺术深处蕴藏着数学或几何学所起的作用,因而就不知不觉地把数学或几何学看成是诗性的凝聚而统一的创造力,而诗性则是塑造自身的具体形象的。

4. 艺术不是想象的游戏,因为想象的游戏是在种种不同的需要推动下,在修身养性、消愁遣烦、流连一些事物的令人喜爱或引人眷恋之情和伤感之思的表象等需要的推动下,完成从形象到形象的过渡;而在艺术当中,想象是如此为要把激荡的感情化为明确的直觉这唯一的问题所困扰,因此,人们曾不止一次地感到:不应当把艺术称作"想象",而应把它称作"幻想",称作诗的幻想或创造性的幻想。想象本

---

① 贺拉斯(前65—前8),古罗马诗人。——译注
② 拉丁文,意为"树木郁郁葱葱","果园繁花似锦"。——译注

身同诗无缘,正如安·拉德克利夫①或大仲马的作品同诗无缘一样。

5. 艺术不是直接情感。安德洛玛刻看到埃涅阿斯时,她 amens, deliguit visu in medio, labitur, longo vix tantem tempore fatur, 她在讲话时又 longos ciebat incassum fletus②;但是诗人本身却并未惊愕万状,面部也并非呆若木鸡,他没有身躯摇摇欲坠,也没有找不出什么话可说,更没有长时间号啕大哭,而是用和谐的诗句表达自己,把上述全部激动情绪都化为自己讴歌的对象。当然,正如人们经常说到的,这些直接情感也确实"表达出来"了,因为如果没有表达出这种直接情感,如果与此同时,这种情感没有变为可以感受到的、具体的情感(如实证论者和新批判主义者称这种情感为"心理-物理现象"一样),则这种情感就不会是具体的东西,也就是说,就会不伦不类;安德洛玛刻就是用上面所说的那种方式表达情感的。但是,上述"表现",尽管是有意识的,却也会沦为简单的比喻,这时就会把这种表现看成是"精神的表现"或"美学的表现",而只有这种精神或美学的表现才能真正表达情感,也就是说,才能使情感具有令人信服的形式,才能把情感变为语言、讴歌和形象。有人曾认为,艺术的天分正在于上述那种经过观赏而来的情感或诗,同使人们激动或不得不承受的情感之间的差别,因为艺术的天分能"使人摆脱情感的束缚",能"使人心情恢复平静"(亦即净化);因此,与此同时,美学就要否定那些洋溢或发泄直接情感的艺术作品,或否定艺术作品中有此类情况的那些部分。从上述差别中,也可以引申出另一个特征(这一特征和前者一样,也是诗的表现的同义语),亦即表达直接情感或激情的"无限性",这一"无限性"同表现的"有限性"恰恰是相对立的,这也就是人们所说的诗的"普遍性"或"宇宙性"。确实,情感如果不是在其痛苦的过程中加以体验,而是经过观赏获得,我们就可以看到:它会在整个精神领域中广泛传播,而这个精神

---

① 安·拉德克利夫(1764—1823),英国通俗小说家。——译注
② 拉丁文,意为"惊愕万状,呆若木鸡,身躯摇摇欲坠,不知说什么好","长时间号啕大哭"。——译注

领域也就是世界领域;它会得到无限的共鸣:欢快和忧伤,欣悦和痛苦,紧张和放任,严肃和轻率,如此等等;在这样的领域中,种种情绪是相互联系的,彼此渗透的,尽管程度上有细微差别;甚至每一种情感,虽然保存着它独自的面貌和原有的主要动机,却已经不是局限于自身、归结为自身了。一个滑稽可笑的形象——如果从诗的角度来看,这个形象是滑稽可笑的——本身就带着某种并不滑稽可笑的东西,我们看待堂吉诃德或福斯塔夫①时就是这样;一个可怕东西的形象,在诗当中,是绝不会使人从崇高、善良、爱抚方面得不到某种安慰的。

6. 艺术不是解说或宣讲,也就是说,艺术不是一种抱有实用意图的东西,不是被实用意图所驾驭和限制的,不论这种实用意图是什么样的意图,不论这意图是要把某种哲学的、历史的或科学的真理灌输到人们的心灵中去,还是要使人们的心灵产生某种特殊的感觉,从而采取相应的行动,反正都是一样。总之,宣讲会使表现丧失"无限性"和独立性,使表现变为达到某一目的的手段,使它融化到这一目的中去。艺术的特征——"不确定性"(席勒就曾这样称谓它),即由此而来,这种不确定的特征是同宣讲的特征相对立的,因为宣讲的特征是"确定"或"促动"。也正因如此,对"政治诗"抱有忌讳的态度就是有道理的了(政治诗即蹩脚诗):毋庸置疑,这时,诗就会成为"政治",也就不具备隽永、富于人性的诗味了。

7. 诗既然不能同那种哪怕是同它非常接近的实用活动形式——解说和宣讲——混为一谈,它也就更加不能同其他活动形式混为一谈,即便这些形式的目的在于产生某种欢乐、情欲、舒畅甚或乐善好施、侠肝义胆的效果。不仅艺术当中要避免产生淫秽作品,而且同样也要避免纳入那些促人行善的作品;情况尽管不同,却都是非美学的,因而也都是为诗的爱好者所不齿的。福楼拜固然告诫人们:淫书无

---

① 福斯塔夫系莎翁名剧《温莎的风流娘儿们》《亨利四世》中一个阴险、狡诈而又胆小怕事的人物。——译注

vérité①,伏尔泰却也讥笑过某些 Poésies sacrées②,因为他说过:这些诗确属"sacrées,car personne n'y touche"③。

艺术及其各种关系。——上述"否定"我们已经明确阐述过了;显而易见,从另一方面来看,这些否定代表着各种"关系",因为不能设想,精神活动的种种不同形式彼此之间是互相分离的,它们各自在孤立地活动,各自只从自身汲取营养。本文不能把精神活动各种形式或范畴从它们的序列和辩证关系方面加以全面论述,但是,只消把论述仅仅局限于艺术范畴,也就足以说明如下一点了,即艺术正如任何其他精神活动范畴一样,往往是要以所有其他范畴的精神活动为前提的,因而也要受所有其他范畴的制约,同时也制约所有其他的范畴。诗是审美的综合,如果在它之前没有一种激动的心境存在的话,它又怎能产生呢? Si vis me flere,dolendum est④,如此等等。而这种心境,即我们所说的情感,如果不是曾经产生过思想、欲望、行动,如今也仍在思想,仍在抱有欲望,仍在感到痛苦或欢乐,仍在折磨着自己的全部精神活动的话,又会是别的什么东西呢? 诗就像阳光,它照耀黑暗,它用自己的灿烂光辉拥抱黑暗,使万物种种隐蔽的形象变得鲜明起来了。因此,诗不是空洞的心灵和愚钝的头脑所创造出的东西;也正因如此,凡是侈谈纯艺术和为艺术而艺术的艺术家,也就必然把自己封闭起来,置生活的激动和思想的起伏于不顾,从而表明他们根本不能产生作品,充其量,不过是只能模仿别人或追求支离破碎的印象主义。因此,不论是什么诗,其基础都是人性,而正因为人性是在道德上实现的,任何诗的基础也就都是道德意识。当然,这并不是说,艺术家应当是什么深刻的思想家和犀利的批评家,也不是说,艺术家应当是一个

---

① 法文,意为"真理"。——译注
② 法文,意为"圣洁的诗"。——译注
③ 法文,意为"圣洁,因为谁也不去碰它们"。——译注
④ 拉丁文,意为"如果你刺伤了我,我才会感到疼痛"。——译注

品德高尚的人或英雄;但是,艺术家必须是思想和行动的世界的参与者,正是依靠这种参与,他才能通过亲身经历,或根据对别人产生的同情心,来充分体验人世沧桑。艺术家可能会犯罪,可能会玷污自己心灵的纯洁,因为他是一个实践的人;但是,他必须以这种或那种形式感受纯与不纯,感受正直与罪孽,感受善与恶。艺术家可能会缺乏巨大的实践勇气,甚或表现出迷惘和胆怯;但是,他却应当感受到勇气的可贵;许多艺术灵感的产生并不是由于艺术家在实践上是作为人而活动的,恰恰相反,是由于他并非如此,是由于他感受到应当如此,是由于他看到这种现象就仰慕备至,并且渴望去追求这种现象;许多英勇壮烈、以战争为题材的诗篇,也许是最美丽的诗篇,都是由一些根本不会或不能挥舞武器的人所写的。另一方面,这也并不是说,只要具备道德人品就足以成为诗人和艺术家了:作为 vir bonus① 也并不足以成为演说家,如果不进而具备 dicendi peritus② 的话。对于诗来说,需要的就是诗,就是上面所说的那种理论综合形式,亦即诗的才华,没有诗的才华,所有其余的东西都像是一堆燃烧不起来的木柴,因为没有引火的办法。但是,一个纯诗人、纯艺术家、制造纯粹的美的人,一旦缺乏人性,也同样会失掉其本身这种形象,而成为一种漫画式的人物。——再者,诗不仅要以所有其他形式的人类精神活动为前提,而且自身也是所有其他形式的人类精神活动的前提,它不仅被其他形式的精神活动制约,而且也制约其他形式的精神活动,这种情况从如下一点也可以表现出来,即如果没有诗的幻想的话(这诗的幻想赋予情感的变动以观赏的形式,使暗淡的印象具有直觉的表现,从而使自身得以表现出来并成为口头的或歌唱的或描绘或其他不论是什么样子的语言),那就产生不了逻辑思维,这种思维不是语言,但是从来不能没有语言;这种逻辑思维采用创造诗的语言,它利用概念来分辨诗的种种表现,也就是主宰这些表现,不过,上述诗的这些未来表现如果事

---

① 拉丁文,意为"好人"。——译注
② 拉丁文,意为"口才"。——译注

先并未产生,要主宰这些表现也是办不到的。进而言之,没有进行分辨和批评的思维,也就不可能有行动,而有了行动,才会有好的行动,才会有道德意识和责任感。尽管一个人看起来是那么富于逻辑性、批评精神、科学态度,或是看起来他是全身心地投入实践,抑或他完全献身于履行自己的责任,但仍然没有一个人在内心深处不保存有他那小小的幻想和诗的宝库;甚至学究气十足的瓦格纳,浮士德的法姆路斯,也都承认自己经常有各自的 grillenhafte stunden①。如果一个人在任何方面都丝毫没有这种情况的话,那他就不是人,因而也不会是个有思想、有行动的人;正因为这一极端的假设是荒唐可笑的,所以也只有根据这小小宝库中所藏东西的多少,才能看出思想上是否有某种肤浅和贫乏,行动上是否有某种冷漠。

艺术科学或美学及其哲学特性。——我们上面所谈的艺术概念,从一定的意义来说,是普通的概念,这种概念在围绕艺术所做的一切论述当中闪烁着光辉,或反射出光芒,不论是明说还是默认,大家都不断地引用这种概念,正像是一个重心一样,一切有关的论争都以它为中心展开。不仅在我们这个时代是如此,而且在所有时代也都是如此,正像我们通过收集和解释作家、诗人、世俗人士甚至平民百姓所说的只言片语加以验证一样。不过,也应当消除这样一种幻想,即幻想这种概念似乎是生来就有的一种思想,并且以这种概念作为一种 a priori② 的东西所体现的真理来取代这种思想。不错,这种 a priori 的东西从来是本身就具备的,它只不过是存在于它所制造的单个产品当中;正如艺术的 a priori,诗和美的 a priori,并不是作为思想而在任何超凡入圣的、可以感觉到的、本身就值得鉴赏的空间当中存在,这种 a priori 只不过存在于艺术本身所塑造的无穷尽的诗歌、艺术、美的作品中罢了;因此,艺术的逻辑 a priori 本不存在于任何别的地方,它只存

---

① 德文,意为"怪癖的念头"。——译注
② 拉丁文,意为"先验性"。——译注

在于艺术本身所形成的具体判断、艺术所做出的辩驳、它所进行的说明、它所创建的理论、它所解决的种种问题和各类问题当中。上面所提出的定义、区别、否定和种种关系,都有其各自的历史背景,都是经过千百年的岁月逐渐形成的,我们如今是把它们作为一种多样、费力和缓慢的劳动的果实来掌握的。因此,美学是艺术科学,它不像某些经院学派所想象的那样,能够一劳永逸地确定什么是艺术,能够张开种种概念织成的布幕,将整个科学天地都遮盖起来;美学只不过是按照不同的时代所提出的种种问题不断地整理艺术构思,而且这种整理工作要时时革新,时时充实,因而美学为艺术的思辨提供条件,是完全同对种种困难的解决,同对那些推动和促进思维不断进步的错误所做的批判相辅相成的。既然如此,任何美学的陈述,更不用说是简单的陈述,正像本文现在所做的那样,绝不可能把美学历史发展过程中过去或现在所提出的无穷无尽的问题都加以探讨并且弄得清清楚楚;美学只不过是追述和探讨其中的某些问题,最好则是追述和探讨那些在普通文化中依然存在并继续存在的问题。不言而喻,就是探讨那种"诸如此类"的问题,以便让读者去按照他自己所掌握的标准进行研究,要么是重温以往的争论,要么则是等待我们时代所进行的多少具有些新内容的争论,这种争论是在变化中的,形式多种多样,而且可以说,每个小时都会发生变化和产生新的形式,具有新的内容。还有一点注意事项不可忽略,即美学虽说是一种特殊的哲学理论,因为它把一种特殊而与众不同的精神范畴作为自己的原则,正是因为它具有哲学性,它就永远不能脱离哲学这一主干,因为它的问题涉及艺术和其他精神形式之间的关系,不过,这种关系既有差异,也有一致:其实,美学完全就是哲学,尽管它是在有关艺术方面放射出更加夺目的光彩。过去曾不止一次把美学设想成另一种东西,要求它或指望它成为自我存在的东西,而不受任何特定的一般哲学概念所制约,说它可以同许多哲学概念或同各种哲学概念交融在一起;但是,这种做法是行不通的,因为它自相矛盾。甚至连那些声称美学是自然主义的、感应的、物质的、生理的或心理的东西(总之,是非哲学的东西)的人,在从论述转向实践时,也悄悄地采用了一种实证主义的、自然主义的,或索性是唯物主义的一般哲学概念。而那种认为上述实证主义、自然主义、唯物主义的哲学概念是虚假的和过时的人,也会毫不迟疑地批驳那种以上述概念为基础,又在上述概念促进下得以成立的美学或伪美学理论,这种理论将不会认为由此产生的种种问题依然是悬而未决、值得讨论或该继续讨论的问题。例如,随着心理结合论(亦即取代先验综合论的机械论)的失效,不仅逻辑结合论失效了,而且以"内容"和"形式"相结合为特点的美学或"两种表现"相结合的美学也失效了,因为这种美学(同那位使自己成为 cum magna suavitate① 的康帕内拉所说的 tactus intrinsecus② 相反)是一种 contactus③,正因如此,上述因素在 discedebant④ 后不久,又结合在一起了。由于从生物学和进化论角度解释逻辑学和伦理学价值的做法失效,解释美学价值的类似做法也便失效了。这说明经验主义的方法无力理解现实,这种方法只能把现实加以分门别类,也正因如此,任何指望把美学变成一种依靠分类编纂美学事物并从中归纳出其法则的东西的做法也就失效了。

直觉和表现。——前面所谈的几个问题中的一个问题,由于艺术作品被称为"抒情形象",也就涉及"直觉"和"表现"之间的关系,涉及从这个过渡到那个的方式。从实质上说,这也是哲学的其他部分所提出的同一个问题,如内部和外部、精神和物质、灵魂和肉体的关系问题,而在实践哲学中,则是意图和意志、意志和行动的关系问题,如此等等。就这一点来说,这个问题是解决不了的,因为把内部和外部分离开来,把精神和肉体、意志和行动、直觉和表现分离开来,就没有办法使上述两个因素中的这一个因素过渡到另一个因素去了,或者也没

---

① 拉丁文,意为"既伟大又文雅"。——译注
② 拉丁文,意为"内在接触"。——译注
③ 拉丁文,意为"外在接触"。——译注
④ 拉丁文,意为"分离""分开"。——译注

有办法把二者重新结合起来,除非这种重新结合是作为第三个因素出现,而过去不时地把这第三个因素说成是上帝或冥冥之灵:这种两点论必然导致先验论或不可知论。但是,既然这些问题在它们被提出来的那种条件下证明是无法解决的,那么也就只能批判这种条件本身,只能探讨这种条件究竟是如何产生的,这种条件的产生究竟在逻辑上是否合情合理。在这种情况下,这一探讨就会得出如下结论:这种条件的产生并非出自某个哲学原则,而是由于经验主义和自然主义的分门别类做法所致,这种做法造成了内部实体和外部实体两类东西(仿佛这些内部实体就不同时也是外部实体,外部实体在没有内在性时也能成立似的),把灵魂和肉体、想象和表现也弄成两类东西;我们知道:把那种并非在哲学上和形式上彼此有别,而不过是从经验主义和物质角度看方才彼此有别的东西,通过最高综合来结合在一起,那是白费力气的。灵魂之所以为灵魂,因为它也是肉体;意志之所以为意志,因为它能使大腿和胳臂动弹起来,亦即意志就是行动;直觉之所以为直觉,因为通过本身行动,它也就是表现。一种没有获得表现的形象,也就是说,它不是言语、歌曲、图案、绘画、雕刻、建筑,甚至不是喃喃私语的言语,至少也不是在自己心中轻轻吟唱的歌曲,不是自己在想象中所看到的并由其自身来对整个灵魂和肌体施以色彩的图案和颜色,这种形象是根本不存在的。我们也可以假定它存在,但是却不能断定它存在,因为要断定,只能依靠一个凭据,即这个形象已经具体化了,已经表现出来了。况且,这种把直觉和表现看成同一个东西的意义深刻的哲学主张也是符合普通的良知的,普通的良知会笑话那些说自己有思想却不知如何表达自己的思想,说自己构思了一幅了不起的绘画,却又不知如何把它绘制出来的人。Rem tene, verba sequentur[①]:如果没有 verba,也就不会有 res[②]。这种同一性,对于精神的一切领域都是应予肯定的,而在艺术领域中,它则具有它在其他领域中也许缺乏的那

[①] 拉丁文,意为"屡受挫折,事物依旧"。——译注
[②] 拉丁文,verba 意为"打击""挫折";res 意为"事物",复数为 rem。——译注

种鲜明性和突出性。在诗创作中，我们所看到的就像是《创世记》那样神秘莫测的东西；也正因如此，美的科学才依靠"个体-全体"这一观念对整个哲学产生作用。美学否认艺术生活中有抽象精神论，也否认由此而来的两点论，因此，它以唯心主义或绝对精神论为前提，同时，又是它提出唯心主义或绝对精神论。

表现和沟通。——不同意把直觉和表现等同起来的看法，一般来自心理上的幻想，即认为自己在任何一刹那都拥有丰富的具体而生动的形象，然而实际上他所掌握的几乎就只是一些符号和名称罢了；这种看法或者来自未做很好分析的情况，正像有些艺术家的情况那样，人们认为，这些艺术家只是零星片段地表现出一种形象世界，而这个世界在艺术家本身的心目中则是完整的；不过，艺术家心目中所具有的恰恰就是这些片段、零星的东西，而且同这些片段、零星的东西在一起的，也不是那个人们所设想的世界，充其量不过是对这个世界的向往和朦胧的追求，也就是说，对一个更加广泛、更加丰富的形象的向往和追求，这个形象也许会显现，也许不会显现。但是，上述不同看法也由于表现和沟通二者之间的交替关系而得到了充实。其实，沟通本身至少是同形象和形象的表现有区别的。沟通关系到把直觉-表现贯注在一个客体上，我们可以把这个客体用比喻的说法说成是物质或形体，尽管实际上在这一部分当中涉及的并非物质和形体，而是精神产品。但是，鉴于上述说明的问题是关系到那个被称为形体的东西的非现实性以及把它加以精神化，这种说明虽然对整个哲学思想来说是具有首要意义的，对澄清美学问题却只有间接的意义。为简明扼要起见，我们就可以在这里借用比喻的说法或象征的说法，来谈论物质或自然了。显然，当诗人把诗表现为语言，从自己的内心把它讴歌出来时，诗就已经是完整的了；而且随着把诗转变为高声朗诵，以便令人听到，或是寻找一些人能把诗默记在心，并让别人像在 Schola cantorum[①]

[①] 拉丁文，意为"音乐学校"。——译注

里那样,把诗复诵出来,或是把诗变成书写和印刷符号,这样,我们就进入了一个新的阶段,这个阶段肯定是具有十分重要的社会意义和文化意义的,而且这个阶段的性质也不再是美学的了,而是实用的。对于画家来说,情况也类似:因为画家是在画板或画布上作画的,但是,如果说在他工作的每个阶段,从打草样或初步勾勒到完成画稿,直觉的形象、凭想象而画出的线条和色彩,不是走在笔触前面的话,那么画家本身是无法作画的。因为确实如此,如果笔触先于形象,画家就必然要改动自己的作品,从而把这笔触抹掉或以其他笔触来替代。表现和沟通二者之间的区别之处,肯定是在实际当中十分难以捕捉的,因为实际上,这两个过程一般是迅速地交替出现的,而且看来二者是混合在一起的;但是,在思想上,这一区别之处是清楚的,必须牢记不忘。如果忽略了这一点,或是由于重视不够而对此发生动摇,那么就会把艺术和技术混为一谈,这种情况至少已经不是艺术内在的东西,而是恰恰同沟通这一概念联系起来了。一般说来,技术是一种知识,或是用来展开实践行动的一系列知识,就艺术来说,则是要展开这样一种实践行动:这种行动是要制造一些用来记忆和沟通艺术作品的手段和工具,譬如对画板、画布、有待作画的墙壁、颜料、油漆等的知识,或是对如何取得良好的突出效果和令人叹为观止的效果的知识,等等。技术条件不是美学条件,也不是美学条件的部分或局部因素。当然,只要严格地考虑这些观念,并根据观念的严格性来恰如其分地运用语言,就能认识到这一点,因为可以肯定,不必去在"技术"一词上争吵不休,相反,应当把"技术"一词作为艺术劳动本身的同义语来运用,也就是从"内在技术"的意义上加以运用,而"内在技术"本身也正是直觉-表现的形成;也就是说,要从"学科"这种意义上来运用这个说法,即要同历史传统保持必要联系;虽然谁都不想简单地同历史传统联系起来,但是,谁也无法摆脱它。把艺术同技术混为一谈,以技术取代艺术,这种做法是一些无能的艺术家所相当向往的手法,因为他们希望从实际的事物中,从实际的发明创造中找到他们欲求于自身而不得的援助和力量。

艺术客体：特殊艺术论和自然美。——沟通工作，亦即对艺术形象的保存和传播，是以技术为先导的，因而它能产生物质客体，用比喻的话来说，即人们所说的"艺术"客体：绘画、雕刻、建筑，此外还有更复杂一些的，文学和音乐，在我们今天，则又有留声机和唱片，这些东西能复制声音和音响。但是，无论这些声音和音响，还是绘画、雕刻和建筑的符号，它们都不是艺术作品，因为艺术作品不存在于任何别的地方，只存在于创造这些作品的或再创造这些作品的人的心目中。如果把这种客体和美的事物的不存在这一真理的表面怪现象取消掉，那么就可以使人想起经济学的类似状况，因为经济学本身知道：在经济方面，本不存在天然就有用处和有具体用处的东西，存在的不过只是需要和劳动，具体事物正是从这种需要和劳动当中找到用来做比喻的形容词。谁想在经济方面从事物的具体品质中得出事物本身的经济价值，就会犯大大的 ignoratio elenchi①。

但是，这种 ignoratio elenchi 过去是曾有人犯过的，而它在美学上还真幸运，因为在美学上有一种特殊艺术和局限性的理论，亦即有关每种艺术固有的美学特点的理论。把各种艺术分解成各个部分，这纯粹是技术问题或物理问题，也就是说，倘按照艺术客体是属于音响、声调、色彩、镌刻还是雕刻、建筑而论，艺术客体似乎从天然形体中找不到相应的东西（诗、歌、音乐、绘画、雕刻、建筑等）。如果询问上述艺术中的每一种艺术究竟有什么艺术特征，每一种艺术究竟能不能表达某种东西，哪些类别的形象能以音响来表达，哪些又能以声调来表达，哪些能以颜色来表达，哪些又能以线条来表达，以此类推，那就等于在经济方面询问：哪些东西就其具体质量应当接受某种价格，哪些东西又不能接受这种价格，哪些价格应当是某些东西所有的，而不是另一些东西所有的。因为显而易见，问题并不涉及具体质量，每件东西都可

---

① 拉丁文，意为"无知的错误"。——译注

以是人们所想要的和所要求得到的,因而它可以根据环境和需要,接受一种比别的东西或所有其他东西都要高的价格。不小心把脚踩上这样一个滑坡,甚至连莱辛①这样一个人也会得出如此奇怪的结论,说什么"行动"属于诗歌,"形体"属于雕刻;甚至连理查德·瓦格纳这样一个人也会献身于创造一种复杂的艺术即歌剧,因为歌剧本身汇集着一切个别艺术的魅力。凡是有艺术感的人,都会从一行诗句中,从诗人的一首小诗中既找到音乐性和图画,又找到雕刻力和建筑结构,同样的,从一幅绘画——绘画绝不是什么视觉的东西,而是永远属于心灵的东西——中也能找到上述各种东西,因为在心灵当中,不仅有颜色,而且还有声响和话语,甚至有静默,因为静默本身也有其声响和话语。不过,如果人们试图分别地捕捉上述的音乐性和画图以及其他种种东西,那么这些东西就会从他们的手中溜掉,某个东西就会变成另一个东西,彼此融化到一个统一体之内,不论人们习惯于怎么分别地称呼它们,也就是说,须体验到:艺术是一个东西,不能分割成种种艺术。艺术是一个,同时又变化无穷;但是,艺术的变化不是按照艺术的技术观念,而是按照艺术个性和艺术精神状态的千变万化展开。

应当把有关自然美的问题与上述艺术创作和沟通工具者之间的关系和交流相联系。我们姑且把如下问题搁在一边(尽管这个问题在某些美学论述中是要出现的),即是否除人之外,别的东西都是生来就具备诗意和艺术气质的;这个问题理应得到肯定的回答,这不仅是因为理应推崇那些啼声婉转的燕雀,而且更多是由于唯心主义的世界观所致,这种世界观就代表着全部生命和精神;这个问题也涉及如下一点,即我们是否像在民间寓言当中那样,把那根魔草遗失了;这根魔草如含在口中,那人就能领会动物和草木的语言。确实,我们把一些人物、东西、地点都描绘成具有"自然美",而正因为这些人物、东西、地点对心灵的影响,又可以把它们归诸于诗歌、绘画、雕刻以及其他艺术;

---

① 莱辛(1729—1781),德国启蒙学派文学家、戏剧家、文艺评论家、近代美学倡导者之一。——译注

承认这种"具有自然艺术性的东西"并不困难,因为诗的沟通过程,正如依靠人为制造的客体来实现一样,也是可以依靠自然产生的客体来实现的。一个堕入情网的男人的想象会创造出他眼中的美人,并把她体现在劳拉①的身上;朝圣者的想象能把山山水水创造成令人神往或天上人间的美景,并把它体现在一池湖水或一座青山的景物之中;这种诗的创造有时是在多少有些广泛的社会群体当中扩散开来的,这便是妇女"职业美"的起源,这种美是众人所仰慕的;这也是著名的"观景点"的起源,面对这种景色,众人都或多或少情真意切地为之倾倒。诚然,这样形成的素养是脆弱的,有时一阵嘲讽就会使之荡然无存,满足之情也会使之销声匿迹,追求时尚亦会取而代之;这种素养与艺术作品不同,不能使人真正地理解所见所闻。那不勒斯的海湾,从沃梅罗最漂亮的别墅中的一座别墅俯瞰下去,是很美的,但是,成年累月别无旁顾地看久了,也会使那位购买了这座别墅的俄国贵妇人把它称作 cuvette bleue②,觉得它那宛如碧玉镶边的天蓝色水面竟是如此丑陋,以致这位俄国贵妇人不得不将别墅脱手。不过,cuvette bleue 这个形象也同样是一种诗的创造,对这一点是不该有什么争议的。

文艺种类和美学类别。——有一种来源虽然迥然不同但却相似的理论,即文艺分类论,这种理论在文艺批评和文艺史学中曾起过更大的,也更令人遗憾的影响。这种理论,正如前面所讲的理论一样,是以分门别类作为基础的。

就这种分门别类的做法本身而言,它是合理的和有益的,亦即按照艺术客体的技术性和物理性加以归纳整理;这种分门别类的做法是依照艺术作品的内容或感情因素把这些作品分成悲剧、喜剧、抒情、雄壮、爱情、田园式、浪漫型等种种类型。按照以上类别,把一位诗人的

---

① 意大利文艺复兴时期大诗人彼特拉克青年时代爱慕的少女。他的《歌集》即为劳拉而作。——译注
② 法文,意为"蓝色的脸盆"。——译注

作品,在出版时将抒情诗汇为一册,将戏剧辑为另一册,诗歌为第三册,小说为第四册,这种做法实际上是有好处的;在复诵和评述这些作品和著作集时,以上述名称来把这些作品和著作集一一道出,那也是很方便的,甚至是必不可少的。

但是,在这方面,也应当指出,从这种把作品加以分门别类的观念中引出完成作品的美学规律和评断作品的美学准则,那却是不该有的,而且应当把这种做法加以否定;这种做法就像我们通常所做的那样,想要确定悲剧应当具有这种或那种主题,应当具有这种或那种品质的人物,应当具有这种或那种行为,应当具有这种或那种剧情展开;看到一部作品,不是探讨和判断这部作品所固有的诗意,而是给自己提出这样的问题:这部作品是悲剧呢还是诗歌?这部作品是符合这个"类别"的规律呢,还是符合那个"类别"的规律?

十九世纪的文学批评之所以取得巨大进步,正因为它在很大程度上抛弃了分类准则,而文艺复兴时期的文学批评和法国古典主义的文学批评几乎一直是受这种分类准则束缚的,正如当时围绕但丁的《神曲》、阿里奥斯托和塔索的诗歌、瓜里尼①的《忠实的牧羊人》、高乃依的《熙德》、洛佩·德维加②的戏剧所展开的争论所证明的那样。这些偏见后来消除了,但是艺术家们从这里也并没有得到同样的好处,因为从理论上说,不管否定还是接受这些艺术家,事实上,那些有艺术才能的人却仍然受到一切奴役性的束缚,甚至他们把锁链变成迫使自己屈服的工具;那些艺术才能较少或根本没有艺术才能的人,则把自由本身变为新的奴役。

过去人们似乎觉得,把作品分门别类是应当保持下去的,应当使这些经过分类的作品具有哲学价值,至少有一类作品是这样,即"抒情诗""史诗"或"悲剧",要把这一类作为客体化过程的三个阶段的一部

---

① 阿里奥斯托(1474—1533)、塔索(1544—1595)均为意大利诗人;瓜里尼(1538—1612)系意大利戏剧家。——译注
② 洛佩·德维加(1562—1635),西班牙剧作家,西班牙喜剧奠基人。——译注

分，即从抒情诗(宣泄自我)到史诗(自我在叙事时使自己摆脱感情)，又从史诗到悲剧(使自我从自身来塑造自己的代言人，亦即 dramatis personae①)。但是，抒情诗不是发泄，不是呐喊或哭泣，相反，它是客体化，通过客体化，自我从戏剧中看到自己，自行叙述，自行感慨；这种抒情性形成了史诗和悲剧的诗意，因此，史诗和悲剧同抒情诗是没有区别的，除非是在美学问题方面。

一部充满诗意的作品，如《麦克白》或《安东尼和克莉奥佩特拉》，实质上就是一首抒情诗，因为其中人物和情节代表着不同的声韵和相应的诗段。

过去的美学里——甚至今天那些仍然继承其类型的美学也还是如此，人们非常重视所谓美的类别：崇高美、悲剧美、喜剧美、典雅美、幽默美，等等。对于这些类别的美，哲学家们，特别是德国的哲学家们，过去不仅设法用哲学观点加以分析(而这些哲学观点却又是简单的心理学概念和先验主义概念)，而且运用辩证法加以发挥，这种辩证法只能属于纯粹观念或思辨观念，也就是说，专属于哲学部类。正因如此，这些哲学家们才有闲情逸致把这些观念排列在一系列幻想发展之中，有时以美为高潮，有时又以悲为高潮，有时则以幽默为高潮。如果依照上面所说的那种情况来理解这些观念，那就应当指出，它们是基本上符合文艺分类观念的，而确实，这些观念又从文艺分类观念中，主要是从"文学体制"中，复归到哲学中去。这些观念作为心理学和先验主义观念，并不属于美学，而从其整体来说，它们所表现的只不过是全部情感(按照经验加以区分和整理)，这些情感正是艺术直觉的永恒材料。

修辞、文法和语言哲学。——任何错误都有一种符合真实的理由，它是由武断地把一些本身是合情合理的事物捏合在一起的做法中产生的，如果研究一下其他的错误学说，就可以证实这一点。而这些

---

① 拉丁文，意为"剧中人物"。——译注

错误学说过去是颇有市场的,今天,也还有一定市场,尽管比过去缩小了。为了教导写作,利用一些诸如赤裸裸的风格和形象、比喻或比喻形式等手法,并指出在某种场合,应当不加比喻地叙述,在另一种场合,则应当进行比喻,再有一种场合,所采用的比喻又不能贯彻始终,或者把比喻的写法拖得很长,在这种情况下,似乎适宜采用一种"隐喻"的形象,要么是采取一种"夸张"的手法,要么是采取一种"讽刺"的手法,所有这些都是合乎情理的,但是,当我们对上述区别做法的实用根源而绝非解说性的根源丧失认识时,并且当我们用哲学的方法来论证形式问题,认为形式可分为"赤裸裸"的形式和"加以修饰"的形式以及"逻辑"形式和"情感"形式等诸如此类时,我们就把修辞带到美学当中去了,从而破坏了美学这一表现的真正概念。美学这一表现从来不是什么逻辑性的,而永远是情感上的或者抒情的和充满幻想的,永远是譬喻性的;也正因如此,它才从来不是什么逻辑性的,也由于这个缘故,它永远是自身所固有的;美学这一说法从来不是什么赤裸裸的东西,需要加以掩盖,也从来不是什么被修饰的东西,需要剔除那些与它无关的东西,而永远是一种自身闪烁光辉的东西,即 simplex mundtiis①。即使是逻辑思维,即使是科学,由于它们是自我表现的,因而也是有情感、有幻想的:这正是一部哲学书籍、历史书籍、科学书籍之所以能成为一部不仅符合真实,而且还具有美感的书籍的原因所在;而且无论如何,这些书籍不仅要按照逻辑来加以判断,而且还要以美学来加以判断;我们有时说,某一部书从理论或批评,抑或历史真实性的角度来说,是错误的,但是,就这部书所依据的情感以及它所表达的情感来说,它却不失为艺术佳作。至于潜藏在这种区分逻辑形式和譬喻形式、区分二者的辩证关系和修辞关系的做法深处的真正动机,则在于需要在逻辑学存在的同时建立美学这样一种科学;不过,我们在努力从表现领域区分上述两种科学方面做得并不好,因为表现是属

---

① 拉丁文,意为"素朴性的优美"。——译注

于上述两种科学中的一种。

对于一种同样合乎情理的需要来说,在作为教授语言的解说工作的另一个部分当中,我们沿袭古代做法,把表现分解为段落、篇章和语句,又把语句分解为若干等级,并在每个等级当中按照语句的变化和语句构成词根和语缀、音节和音素或字母等情况对语句进行分析,从而产生字母表、语法和词汇,而诗歌的情况也与此类似,因为在诗歌当中有韵脚艺术;音乐和造型艺术及建筑艺术的情况也一样,因为音乐有乐谱,绘画有画谱,等等。但是,前人也同样未能避免如下一点,即在这方面,做出不应有的 ab intellectu ad rem① 的过渡,即从抽象过渡到现实,从经验过渡到哲学,正如我们在其他情况下也曾看到这种现象一样;根据这一点,我们就认为,说话就是言词的堆积,言词则是音节或词根和语缀的堆积;然而,prius② 正是作为一种 Continuum③ 的说话,犹如一个有机体,言词、音节和词根则是 posterius④,是经过解剖的配件,是抽象思维的产品,而绝不是什么原来的现实实体。把语法像修辞一样移植到美学中去,就会产生把"表现"同表现的"手段"一分为二的现象,而这种现象随后又会成为合二为一的东西,因为表现手段就是表现本身,表现本身不过是被语法家们肢解开来罢了。这种错误,同另一种错误,即有关"赤裸裸"的形式和"加以修饰"的形式的错误,正是一体两面,它使人无法看出语言哲学并不是什么哲学文法,而是超乎任何语法范围之外的东西,它并不是把语法等级变为哲学等级,而是根本无视语法等级,每逢遇到这种语法等级,就把它们摧毁得干干净净;总之,语言哲学同诗歌和艺术哲学,同直觉-表现科学完全是一个东西,直觉-表现科学把语言融会到整个自身的范围之内(其中也包括语音和音节构成的语言),融会到自身完整的现实当中,而这现

---

① 拉丁文,意为"从思维到事物"。——译注
② 拉丁文,意为"前一部分""开头"。——译注
③ 拉丁文,意为"继续""继续中"。——译注
④ 拉丁文,意为"后一部分""收尾"。——译注

实正是已完成的感觉的生动体现。

古典性和浪漫主义。——我们前面所提到的问题,与其说涉及现在,倒不如说涉及过去,涉及前一世纪,因为现在,对这些问题所持的虚假立场和采取的错误的解决办法,几乎只留下一些残存的习惯罢了,这些习惯与其说是留在普通意识和普通文化当中,倒莫如说是留在学校的课本里。然而,必须十分留神,要时时刻刻注意去砍断和铲除旧的树干上不时露出头来的枝蔓,正如在我们时代,有关风格的理论是用于艺术史方面的(沃尔夫林及其他人),同时进而又运用到诗歌史(施特里希①及其他人),亦即抽象的修辞学进一步侵入对艺术作品的判断和艺术作品本身的历史中去。但是,美学应当加以主宰的我们时代的主要问题,是同浪漫主义时期产生的艺术危机和判断艺术危机有联系的问题。这并不是说,前一时期就不曾指出有关这一危机的某些先例和类似情况,如远古时期的古希腊艺术和罗马末期文学,近代继文艺复兴后的巴洛克艺术和诗歌。但是,在浪漫主义时期,危机由于有其特殊的原因和风貌,规模也是别具一格的,它使素朴诗歌和抒情诗歌对立起来,使古典艺术和浪漫主义艺术对立起来,并根据这种概念,把单一的艺术划分为内在不同的两种艺术,支持后一种艺术,认为后一种艺术是符合近代潮流的,要求在艺术上拥有表达情感、激情和形象的首要权利。从一方面来说,这是一种针对法国理性主义和古典主义文学的正确反应,因为法国的这种文学时而是讽刺性的,时而又是轻佻的,缺乏情感和幻想,丧失了深刻诗意;但是从另一方面来说,浪漫主义又不是针对古典主义的一种反抗行为,它反抗的是古典性,是平铺直叙的思想,是艺术形象的无穷尽,它反对使混乱、执拗、不愿变得纯净的激情净化,主张这种激情保持混沌、执拗、不愿变得纯净的状态。歌德对这一点是十分了解的,因为歌德是一位充满激情,同

---

① 沃尔夫林(1864—1945)为德国艺术史教授,存《文艺复兴和巴洛克》等论著;施特里希(1882—?)系德国文学史家。——译注

时又能保持冷静的诗人,也正因为这样,他才是位古典派诗人;他曾声明自己是反对浪漫派诗歌的,把它看成是"该送到医院里去的诗歌",但过后不久,他又认为,病魔已经完成其全部过程,浪漫主义已经成为过去;但是,已成过去的是浪漫主义的某些内容和形式,而不是它的灵魂,这灵魂依然全部存在于艺术对激情和印象的直接表现这一倾向当中。因此,浪漫主义所改变的是名字,它还继续存在和活动下去:它先后起名曰"现实主义""真实主义""象征主义""艺术风格""印象主义""性感主义""形象主义""颓废主义";在我们今天,它则又从形式上发展到极端,称作"表现主义"和"未来主义"。在上述这些学说当中,艺术的概念本身遭到动摇,因为这些学说的目的是要以这种或那种非艺术的概念来取代艺术的概念;而且这种反对艺术的斗争,也从这一学派的极端一翼对博物馆、图书馆,对过去的全部艺术,亦即对与历史地形成的艺术同时并存的艺术思想所表现的那种憎恶当中得到证实。这种运动就其今天的表现形式来说,是同工业主义及其所鼓励和推动的心理状态有联系的,而且这种联系也是显而易见的:艺术的另一面就是实际生活,是现时代人们的生活方式;艺术不愿成为上述生活在无穷而普遍的观赏中的表现,因此,也就是要超越上述生活,甚至是要成为这一生活的耸人听闻、惊心动魄、色彩缤纷的部分。另一方面,理所当然的是,诗人和艺术要想名副其实(而这在任何时代都总是为数不多的),今天就要像往常一样,继续以和谐的形式表达自己的情感,艺术的行家里手(这种人也比我们设想得为少)也要继续按照上述思想来进行判断。但是,这并不等于否认,想要摧毁艺术思想这种倾向是我们时代的一个特点,也不是说,这种倾向来自于 proton pseudos①,因为它把精神或美学表现同自然或实际表现混为一谈,把那种在混乱状态下通过感官表达出来的,或从感官本身涌现出来的东西同艺术所创作的、建造的、绘制的、涂染的和雕塑的东西混为一谈,

---

① 拉丁文,意为"虚伪的冲动"。——译注

亦即同艺术所创造的美混为一谈。美学的现实问题是复原和保卫古典性,反对浪漫主义,是复原和保卫综合、形式和理论要素,而这要素正是艺术所固有的东西,用以反对情感要素;情感要素从道理上说是艺术应从本身当中加以解决的,但在我们今天,这个要素却反过来反对艺术,力图篡夺艺术据有的地位。当然,portae inferi non praevalebunt[①],它不能阻挡创造精神的无限发挥,但是,拼命获得这种优势却因此也扰乱了艺术的判断力、艺术的生命,同时相应地扰乱思维和精神生活。

批评和文艺史学。——美学特点当中还有另外一批问题,它们虽然侥幸地联系在一起,但从它们各自的内在成分来看,却属于逻辑学和史学理论。这些问题就是关系到美学判断和诗歌历史及艺术历史的问题。美学表明美学活动或艺术是许多精神形式的一种,因而它是一种价值,一种学科,或是人们愿意称呼的别的什么,而不像不同流派的理论家们所想的那样,是什么可以涉及某些类别的有用实体的经验主义概念,或涉及某些类别的混合实体的经验主义概念;美学通过确立美学价值的独立性,并根据上述情况,表明并断定:美学体现为一种特殊的判断,即美学判断,它是历史论据,一种特殊历史,即诗歌历史和艺术历史,亦即文艺史学的论据。

围绕美学判断和文艺史学涌现出来的种种问题,虽然涉及艺术固有的特点,实质上却仍然是在史学各个领域都会遇到的同样的方法论问题。有人曾问:美学判断是绝对的还是相对的?但是,任何历史判断(体现美学实体的现实性和品质的美学判断也是如此)都永远既是绝对的又是相对的:之所以是绝对的,因为历史判断据以建立的那个学科是具有普遍真实性的;之所以是相对的,因为这一学科所建立的客体是受历史制约的;正因如此,在历史判断上,这一学科就成为具有个性的东西,而这种个性就是绝对化。过去那些否认美学判断的绝对

[①] 拉丁文,意为"地狱之门并没有占据优势"。——译注

性的人(感觉主义、享乐主义和功利主义的美学家们),实际上是否认艺术的品质和现实性,否认艺术的独立性。有人曾问:对时代的认识,亦即对一定时刻的全部历史的认识,对美学判断来说是否必要?当然,这种认识是必要的,因为正如我们所知,诗歌创作的前提是要完全属于另一种精神,它把这种精神转化为抒情形象,美学创作则单独以一定历史时刻的所有其他创作为前提(激情、情感、风俗,等等)。由此也可以看出,那些从相反的方面力主对艺术做纯历史判断的人(即历史主义者),那些力主对艺术做纯美学判断的人(即唯美主义者),都同样是多么错误。因为前者是想从艺术当中看到所有其他历史(社会条件、作者生平等),而不是在与所有这些其他历史一起或超越所有这些其他历史的情况下看到美学固有的东西。后者则是想撇开历史来判断艺术作品,也就是说,使艺术丧失其真正的含义,使它具有一种出于幻想的内涵,或把它同武断制造的模式相提并论。最后,有人曾对有无可能理解过去的艺术抱有某种怀疑态度,在这种情况下,这种怀疑态度要引申到历史的任何其他部分(思想史、政治史、宗教史、道德史),这种怀疑态度会由于陷于荒唐地步而自相矛盾,因为自称为现代的或属于当前的艺术和历史本身也是"过去"的东西,就像最远古的时期的艺术和历史也会像当前的艺术和历史一样成为当前的东西,这一切都只取决于有感于它的心灵和有悟于它的智慧。其次,有些艺术作品和艺术时期是我们认识不清的,这种情况无非说明这样一点,即目前在我们身上还缺少从内心深处感触和领悟它们的条件,我们还缺乏对许许多多国家的人民和许许多多的时代的思想、风俗、行为的认识。人类作为单个的人,回忆某些事物,又忘记许多其他事物,除非他能在自身中不断更新记忆;而精神活动的开展就能使他做到这一点。

最后一个问题是涉及文艺史所应采取的形式问题;文艺史就其主要在浪漫主义时期形成的类型(这种类型今天仍占主要地位)来说,是根据不同时代观念和社会需要来陈述艺术作品的历史的,把这些艺术作品看成是这些观念和社会需要的美学表现,同时把这些作品同文明史紧密地联系起来,这样做的结果就是忽视,甚而几乎是压制艺术作品固有的个性特点,而正是这种特点使这些艺术作品成之为艺术作品,它们之间是不能混淆的;此外,这样做的结果也就是把这些艺术作品作为社会生活的资料来对待。确实,在实践上,这种方法同另一种方法也是相辅相成的。这另一种方法似乎可以称为"个性化"的方法,它是突出每个作品固有的特征;不过,这种相辅相成的做法有种种折中主义的弊病。为了摆脱这种折中主义弊病,没有别的办法,只能彻底地展现个性化的历史,不是按照社会生活来对待艺术作品,而是把每个作品看成其本身就是一个世界,以此来对待它;在这个世界当中,根据幻想而加以篡改和超越的全部历史,不时地要融会到有诗意的作品的个性当中去,而这个有诗意的作品正是创作,而不是反映,是丰碑,而不是资料。但丁不仅仅是中世纪的一份资料,莎士比亚也不是伊丽莎白时代的一份资料;较之但丁和莎士比亚,在资料库中,从末流诗人和非诗人那里也一样可以得到许许多多同样的,甚或更加丰富的信息。有人曾提出异议,说什么用这种方法,文艺史就会成为一系列论文和专题论著,其中相互没有联系;但是,显而易见,这种联系是由人类整个历史提供的,诗的个性是人类历史的一部分,甚至是非常重要的一部分(莎士比亚诗作的大事并不比宗教改革或法国革命的大事逊色),而正是因为诗的个性是人类历史的一部分,它们就不应当泯灭,不应当消逝在历史当中,也就是说不应当泯灭和消逝在历史的其他部分当中,而是应当保持它们固有的独特的意义和特征。

美学史。——美学史就其作为哲理科学已为众人所知的特点而言,是不能同整个其他哲学的历史脱离开来的,因为哲学给它带来光明,同时也从美学那里得到同样的光明。例如,我们从哲学当中看到被称为主观主义的因素的发展,这种主观因素正是从学者笛卡尔①的

---

① 笛卡尔(1596—1650),法国著名哲学家和科学家,他的主张导致了现代理性主义的创立。——译注

哲学思想中取得的,这就促进了精神创造力的探索,间接地说,也促进了有关美学魄力的探索;另一方面,在有关美学对其他种类的哲学所产生的效果的问题上,只要提一下对创造性幻想和诗的逻辑的逐步认识,如何有助于把哲学逻辑从传统的智力万能主义和形式主义中解脱出来,又如何通过使思维活动接近于诗的活动,把哲学逻辑提高到谢林和黑格尔的哲学中的思辨逻辑和辩证逻辑就够了。但是,如果美学史应当包括到哲学的全部历史中去的话,那么哲学史本身也要从另一方面扩大到通常它所保持的界限之外,而在这界限之内,我们习惯于把它同所谓职业哲学家的一系列作品,以及称为"哲学体系"的一系列解释性论证相提并论。新的哲学思想或这些哲学思想的萌芽,往往在一些并非是职业哲学家所著的书籍(这些书籍也不能归属到其本体以外的系统中去)中被发现是生动而有力的:就伦理学来说,要从禁欲主义和宗教书籍中去寻找;就政治学来说,要从历史学家的书籍中去寻找;就美学来说,要从艺术评论家的书籍中去寻找,以此类推。此外,也应当记住:严格地说,美学史的主体并不是给艺术下定义的问题,或是把这一问题看作独一无二的问题,因为这个问题通过下定义,亦即当这个定义已经或将要做出时,就会得到解决了;美学史的主体是无穷无尽的问题,它们始终围绕艺术转来转去,在这些问题当中,那个独一无二的问题,即给艺术下定义的问题,会变得特殊而具体,而只有这样,它才能真正存在。对这些说明必须牢牢谨记,因为只有依靠这些说明,才能给美学史画出总的轮廓,而这一轮廓是会起首要的方针作用的,它使人不致冒这样的风险,即对美学史做出死板而简单化的理解。

在画出这一总的轮廓时,应当接受一般的判断,即认为美学是一种现代科学,因为这种判断不仅符合适当的说明,而且符合历史的真实。古希腊和古罗马并不曾对艺术做过什么探索,或者这种探索做得少而又少,而是特别想要对艺术做出说明:似乎可以说,艺术不是哲学,而是"经验主义科学"。这就是"文法""修辞""演讲术""建筑""音乐""绘画""雕刻"的特点:这是后来全部解说工作,乃至我们今天的解说工作的基础,在这种解说工作当中,上述研究问题的办法被简化了,被解释为 cum grano salis①,而绝不是被抛弃掉,因为实际上,这种办法是必不可少的。艺术哲学从古代哲学中没有找到有利的条件和推动力,因为古代哲学主要是"有形"的和"形而上学"的哲学,只是从第二位和暂时的角度,被看成是"心理学"的,或是像我们应当更确切地说的那样,是"精神哲学"。过去有人曾从否定的角度略微提及美学的哲学问题,柏拉图就曾否定诗的价值;过去也有人曾从肯定的角度略微提及美学的哲学问题,亚里士多德就曾肯定诗的价值,他曾保证诗歌在历史范畴和哲学范畴之间占有主要地位;另一方面,柏罗丁②也曾以思辨方法对待这一问题,是他率先把"艺术"和"美"这两个曾彼此分离的概念联合与统一起来的。古人的其他重要思想曾把"神话"而非"理念"赋予诗歌,这些思想从行文上区分种种词句:纯属"语义学"的、修辞学的、初步诗意的、"交替韵脚式"的或逻辑学的。近来,人们又谈论新的古希腊美学流派,认为这个流派属于菲洛德穆所阐述的伊壁鸠鲁学说,在这个流派中,似乎赋予幻想以几乎具有浪漫主义色彩的突出地位。无论如何,上述说法当时还是成果不大,古人对艺术事物的有力而可靠的判断并没有得到深化,而是形成名副其实的哲理科学,这正是由于古代哲学一般的客观主义和自然主义特点当中所具有的那种局限性造成的,只有在基督教通过把灵魂问题拔高,把它们放到受人重视的中心地位后,才开始消除这一局限性,或为消除这一局限性而准备了力量。

因此,基督教哲学本身既是依靠先验论、神秘主义和禁欲主义所占的优势地位,又是依靠脱胎于古代哲学,同时抓住古代哲学不放的经院哲学形式的,一方面,它使道德问题变得很尖锐,使处理这些问题的方式变得很微妙,另一方面,它则感受不到,也不去研究有关幻想和情趣的问题,正如它逃避其他有关激情、利害、功利、政治和经济的问

---

① 拉丁文,意为"在脱谷的时候",亦即"去其糟粕"。——译注
② 柏罗丁(204—270),新柏拉图主义哲学家。——译注

题一样，因为这些问题又是同上述有关幻想和情趣问题相呼应的。正如政治和经济是从道德观方面酝酿而成的一样，艺术也经过道德和宗教的熏陶；散见于古希腊和古罗马作家身上的那些观念一直为人遗忘，或仅是肤浅地得以重视。文艺复兴时期的哲学就其本身而言是自然主义的，它恢复、解释和改写了古代诗学和古代修辞学；但是，虽然它也有些纠缠于"逼真"和"真实"，纠缠于"模拟"和"思想"，纠缠于"美"和美与爱的神秘、激情的"净化"或澄清，纠缠于形形色色传统的和新的文学类别，它却没有能够提出纯属美学的原则。当时，诗歌和艺术所缺少的是一位思想家，他能像马基雅维利那样为政治做事，也就是说，要做到有力地，而不是从偶尔提出某些看法和做出某些认可方面，论述并确定诗歌和艺术的独特本性和独立性。

在这一方面，文艺复兴晚期的思想具有重要得多的意义，尽管这种意义长期没有被历史学家注意到。文艺复兴晚期在意大利被称为十七世纪文体主义、巴洛克主义或颓废派文学艺术，因为当时已开始强调要区分"智慧"和另一种被称为"才华"，即 ingenium 或"天才"的能力了，也就是产生艺术的那种能力；与此相应的还有一种能力，即判断能力，这种能力不是推理，或逻辑判断，因为它进行判断时是"不加议论"，亦即"不说观点"，而只是采用"情趣"这个名称。协助这些词的还有另一个词，这个词似乎是影射某种不能用逻辑观点加以确定的东西，就像是某种神秘莫测的东西——nescio quid，即"我也不知是什么"。在意大利人讲话时特别会使人想起这种说法，而且这种说法也会使外国人思索一番。甚至在当时已在推崇"幻想"这迷人的女巫，同时也推崇"可感觉"或"有感觉"等因素，这种因素在诗歌形象中是有的，在绘画中则是在"绘图"的衬托下由"彩色"显示出奇迹，这种情况似乎根本没有考虑什么逻辑和冷静的问题。有时，这种精神倾向（它们本来是混沌的）变得纯净起来，使自己提高到理性学说水平上去。正如楚科洛（1623年），情况就是这样。楚科洛曾批评格律诗以"感觉的判断"来取代格律诗的原则，"感觉的判断"对他来说，并不是眼或耳,而是"一种高于感官、同感官相联系的能力";马斯卡迪(1636年)的情况也是如此,他否定从修辞学上将风格加以客观划分,从而将风格降低为来自每个人的特殊才华的那种个人特有的风度;帕拉维奇诺①(1644年)的情况同样如此:他批评逼真,承认诗歌的固有主宰力就是"初步苦思冥想"或幻想,"既非真又非假";泰绍罗②(1654年)也不例外,他力求运用修辞逻辑(它有别于辩证逻辑),并把修辞形式从口头形式延伸开来,延伸到绘画表现和造型表现。

从另一方面来说,大师笛卡尔的新哲学,固然在他以及他的继承者身上体现为对诗歌和幻想抱有敌视的态度,也就是像过去有人曾说的那样,但是经过对主体或精神的探索,却有助于使上述分散进行的各种尝试汇合成为一个体系,探讨出一个能制约艺术的原则。也正是在这方面,意大利人虽然接受了大师笛卡尔的方法,但不是他那僵硬的智力万能主义,也不是他对诗歌、艺术和幻想的轻视。通过卡洛普雷塞③(1691年)、格拉维纳④(1692年,1708年)、穆拉托里⑤(1704年)以及其他人,创造出最初的诗学,其中占主导地位的或起突出作用的就是幻想概念;这些意大利人对博德梅尔和瑞士学派的影响是不小的,且复通过博德梅尔和瑞士学派又对德国的批评和美学产生影响,一般来说,则是对欧洲的批评和美学产生影响,甚至人们近年来都可以谈论"浪漫主义美学的意大利根源"(罗伯森)。

所有这些名气较小的理论家们所熏陶出来的思想家就是 G. B. 维科⑥。维科在《新科学》(1725年,1730年)中曾提出"诗的逻辑",把这

---

① 帕拉维奇诺(1607—1667),罗马红衣主教。——译注
② 泰绍罗(1591—1675),意大利历史学家。——译注
③ 卡洛普雷塞(1650—1715),意大利教育家和作家,为笛卡尔理性主义的信徒。——译注
④ 格拉维纳(1664—1718),意大利文学家、法学家,系著名的意大利阿卡迪亚学院的创始人之一。——译注
⑤ 穆拉托里(1672—1750),意大利考古学家、文学家、历史学家。——译注
⑥ G. B. 维科(1668—1744),意大利著名哲学家、文艺理论家,为克罗齐最推崇的一位。——译注

一逻辑同智力逻辑区别开来;维科把诗歌看成是走在推理和哲学形式之前的认识方法或理论形式;他把诗的逻辑的唯一原则看成是幻想,幻想越是强大,推理也就越是自由,而推理正是诗的逻辑的对头和溶化剂;他颂扬所有真正诗人的父亲和君主,即未开化的荷马,与荷马并驾齐驱的则是开化一半的但丁,尽管后者为神学和经院哲学文化所困扰;维科还把目光投到英国悲剧和莎士比亚身上,尽管没有能够看得很清楚——因为莎士比亚在维科心目中未曾露出真面目,而且一旦维科能认识出来,他就肯定会成为第三位未开化的伟大诗人。但是,维科不论在上述美学理论方面,还是在他的其他理论方面,都没有自成一派,因为他比他的时代走得太远,而且他的哲学思想也包含在某种象征性的历史当中。"诗的逻辑"得以畅通无阻,这是在它显现得远不是那么深奥,处于更加合适的条件之下的时候,因为它得到十分繁杂的莱布尼茨美学的整理者鲍姆加登[①]的协助(《沉思》,1735 年;《美学》,1750—1758 年)。鲍姆加登给诗的逻辑起了种种名称,其中有 ars analogi rationis, scientia cognitions sensitivae, gnoseologia inferior[②],保存下来的名称则是 Aesthetica[③]。

鲍姆加登学派既区分又不区分幻想形式和智力形式,而把幻想形式作为 cognitio confusa[④] 来对待,这种形式又是由其固有的 perfectio[⑤] 提供的。英国一些美学家的思辨哲学和分析(这些美学家是沙夫茨伯里、赫奇逊、休谟、霍姆、杰拉德、博克[⑥]、埃利森等)以及一众论述美和情趣的"著作"(这些著作在当时变得越来越多),还有莱辛和温克尔

[①] 鲍姆加登(1714—1762),德国哲学家,现代美学的奠基人。——译注
[②] 拉丁文,意为"理性相似论、感觉认识科学、低级认识论"。——译注
[③] 拉丁文,意为"美学"。——译注
[④] 拉丁文,意为"模糊认识"。——译注
[⑤] 拉丁文,意为"完美性"。——译注
[⑥] 沙夫茨伯里(1671—1713)为英国启蒙学派哲学家;赫奇逊(1674—1747)为苏格兰哲学家;休谟(1711—1776)为苏格兰哲学家、历史学家;霍姆(1722—1808)为苏格兰戏剧家;博克(1728—1797)为英国作家、政治家。——译注

曼①的历史理论和研究,都促成了十八世纪的另一部伟大美学作品,即伊曼努尔·康德的《判断力批判》(1790年)的问世,尽管其作用时而积极,时而消极。在这部作品中,作者经过在《批判》的前一部分一度产生怀疑之后发现:美和艺术为一种特殊的哲理科学提供了论据,也就是说,发现了美学活动的独立性。同功利主义者相反,康德指出:美使人"在没有利害考虑的条件下"产生快感(即没有功利方面的利害考虑);同智力万能论者相反,康德指出:美使人"在没有什么概念的条件下"产生快感;还有,同上述二者相反,他又指出:美"有目的的形式,而又不代表目的";同享乐主义者相反,康德指出:美是"普遍快感的对象"。康德基本上没有超出对美的概念所做的消极而笼统的提法,正如他在《实践理性批判》中维护了道德法则,但也没有超出对责任的笼统提法一样。但是,他所弄清的问题至今永远是清清楚楚的;在《判断力批判》之后,虽然有可能重新从享乐主义和功利主义角度解释艺术和美,而且已经做到了这一点,但那也是依靠对康德所说明的问题一无所知和毫不理解才做到的。如果康德当时能够把他关于美的理论——即美在没有概念的条件下使人产生快感,美是目的而又不代表目的——同维科的理论联系起来,那么就不会使莱布尼茨主义和鲍姆加登主义,即把艺术看成混沌或想入非非的概念卷土重来。维科的理论在对待幻想逻辑问题上,充满不完善的内容,而且论据左右摇摆,但是它又是刚强有力的。当时在德国,这一理论在一定程度上以哈曼和赫尔德②为代表。然而,当维科认为把智力和想象力结合起来的才能是天才,并把"纯粹的美"的艺术加以突出,称之为"符合人们口味的美"时,他自己却又为"模糊概念"敞开了大门。

在康德后的哲学当中,人们恰恰是恢复了鲍姆加登的传统,因

---

① 温克尔曼(1717—1768),德国考古学家和评论家,现代艺术史的奠基人之一。——译注
② 赫尔德(1744—1803),德国哲学家、文艺评论家,历史哲学的奠基人之一。康德的学生,歌德的老师。——译注

为他们重又把诗歌和艺术看成是了解"绝对"或"思想"的一种形式,时而把它看成同哲学形式相同的形式,时而又把它看成低于哲学形式或作为哲学形式的准备形式,时而还把它看成高于哲学形式,正如在谢林(1800年)的哲学中那样。在谢林的哲学中,诗歌和艺术这一形式就成为绝对的器官。在这个学派的更加丰富而充实的作品中,即在黑格尔的《美学教育》(1818年及其后)中,艺术同宗教和哲学一起,都被移植到"绝对精神范畴"里去了,在这个范畴当中,精神摆脱了经验主义的认识和实践的行为,满足于上帝的思维或思想。如果根据上述三位一体的情况,第一位因素是否就是艺术或宗教,这一点仍然是不敢肯定的,因为在这个问题上,黑格尔本人在论述他的学说时也是变化多端的。不过,敢于肯定的却是不论艺术还是宗教,二者都在最终的综合中,即在哲学中被超越和被证实了。这就是说,艺术在其中被看成是低级的或不完善的哲学,是形象式哲学,是内容同其不相适应的形式之间的矛盾,而这一矛盾是要靠哲学来加以解决的。黑格尔本人的目的是要使哲学体系和种种类别的辩证关系同实际历史吻合起来,他正是用这种方法得出了艺术作为一种不符合新时代最高思想利益的形式,终将灭亡的怪论。

把艺术看成是哲学或直觉哲学或哲学的象征等诸如此类的这种概念,在十九世纪上半叶的全部唯心主义美学中随处可见,只有少数例外,如施莱尔马赫[①]在他论述美学教育的著作(1825年,1832—1833年)中所阐述的观点,他的这些著作虽然保存下来,但形式是十分粗糙的。

尽管他在这些著作中对诗歌和艺术做了高度评价,并且充满热情,但这些著作所依据的那种人为的原则,却仍然不啻是反对美学的一种反映,这种反映在十九世纪下半叶是与普遍反对康德后那些重要

---

① 施莱尔马赫(1768—1834),德国浪漫主义学派代表人物,哲学家兼神学家。——译注

体系的唯心主义哲学的反映并存的。

　　这种反哲学的运动当然有其意义，因为它表明对现实的不满，需要探索新的道路，但是它却未能产生一种能纠正先前的错误并把先前的理论进一步推向前进的美学理论。一方面，这一运动是对继承思维传统的一种突破；另一方面，它又是对解决美学问题的一种绝望的努力，因为这些问题是以经验主义科学对待的思辨哲学问题（例如费希纳①就是这样做的）；又一方面，它则是对享乐主义和功利主义美学的一种复原，即对功利主义的一种复原，而这就变成了对遗产的联想主义、进化主义和生物主义（例如斯宾塞就是这样做的）。

　　唯心主义的信徒们（维舍尔、沙斯勒、卡里埃尔、洛采②等）也没有做出什么真正有价值的贡献；十九世纪上半叶其他各种学派的追随者们，正如那个被称为"形式主义"的赫尔巴特③学派一样（齐梅尔曼④），也是如此；折中主义者和心理学派也不两样，他们像所有其他人一样，致力于两种抽象物——"内容"和"形式"——的探讨（亦即唯内容论者和唯形式论者），有时他们又主张把二者结合起来，却没有看到，这样一来，他们就把两个非现实的东西变为第三个非现实的东西了。当时对艺术思索得最好的是这样一种想法，即不是从职业哲学家和美学家身上去探索，而是从诗歌和艺术的批评家身上去探索，如在意大利，就是从德桑克蒂斯身上去探索，在法国是从波德莱尔和福楼拜身上去探索，在英国是从佩特身上，在德国是从汉斯利克和费德勒⑤身上，在荷兰是从尤利乌斯·兰支身上去探索，以此类推。只有他们才真正能

---

① 费希纳（1801—1887），德国著名哲学家和心理学家。——译注
② 维舍尔（1807—1887）为德国艺术哲学家；沙斯勒（1819—1903）为德国哲学家、美学家；卡里埃尔（1817—1895）、洛采（1817—1881）均系德国哲学家。——译注
③ 赫尔巴特（1776—1841），德国著名哲学家，主张现实主义，反对康德后的唯心主义。——译注
④ 齐梅尔曼（1743—1815），德国哲学家。——译注
⑤ 佩特（1839—1894）为英国作家、美学家；汉斯利克（1825—1904）为德国和奥地利音乐家、音乐美学家和音乐史学家；费德勒（1841—1895）为德国哲学家、美学家、新康德主义者。——译注

够摆脱实证主义哲学家们的美学三位一体论，真正能够摆脱所谓唯心主义者的吃力不讨好的做法。

  由于思辨思维的普遍复苏，二十世纪最初几十年，美学有了更好的运气。人们把美学和语言哲学二者结合得特别紧密，这也是语音法则和类似的抽象理论所提出的自然主义和实证主义语言学陷于危机所促成的。但是，之所以产生了最新的美学理论，这恰恰是因为这一美学理论是新近才产生的，它还在发展中，还不能从历史上给它确定什么地位，对它做出什么判断。

1928 年

二　语言哲学

关于语言方面的理论，意大利过去和现在都有一位勤奋的语文学家著述过，这位语文学家自命为语言理论的专家代表，他就是贝尔托尼[①]。在我看来，他的这些有关著述把我以前力图准确表达和论述的那些观点弄得混乱不堪，矛盾百出，而我的这些观点本来是有待别人继续加以论述、发挥、充实和深化的，总之是有待别人随意怎样做，但绝不是任人肢解和搞得面目全非，就像如今被人糟蹋那样，这肯定是违反那个开始处理这些观点，却以为是在改进这些观点的人的本意的。

因此，我不得不把我多年来在研究这些问题上所做的论述重新提出来，当时我对我的研究所采取的途径以及所取得的明显进展是满意的(况且，一般来说，我现在对此也仍然感到满意)。我希望，我的批评能因此得到学者们的欢迎。既然我是出于完全属于客观方面的原因才提出批评的，而万一做不到这一点，我也希望我的批评能得到我不得不加以批评的那位作家本人的欢迎。

首先，语言这一概念本身，在这个问题上就起着指导性的作用，但在这些新的理论著述中却存在我所说的令人不快的唐突之嫌，因为它丧失了我原来给它下的那个定义，同时又没有得到什么别的新的定

[①] 贝尔托尼(1878—1942)，意大利著名文学家、语言学家。——译注

义,以至于我们可以看到它在两种状态之间摇来摆去,一方面是不加明说地否定了语言的独特性,另一方面则是给它加上一大堆不恰当的定义,这些定义有时是笼统、含糊的,有时又是明显错误的,有时甚至是胡乱堆砌,而令人困惑不解的。

在我四十多年以前所阐述的理论当中,我并没有满足于为反对当时盛行的自然主义、实证主义和心理主义而指出语言是一种创造性的精神活动。当时我并没有贪图安逸,沉醉于这种精神活动的看法之中,我也没有在鼓吹这种精神活动看法的优点方面花费功夫,就像当前有些唯心主义鼓吹者经常做的那样,因为我过去和现在都看不出究竟有什么东西是值得赞叹和令人惊奇的,既然事实上现实和思想就是现实和思想,诗歌就是用诗来作歌,生活就是生活。我曾直截了当地触动特殊的哲学问题,这个问题是亟待提出和解决的,即究竟什么样的特殊精神活动形式才是语言活动。我曾在探讨中得出这样的结论:语言活动并不是思维和逻辑的表现,而是幻想,亦即体现为形象的高度激情的表现,因此,它同诗的活动融为一体,彼此互为同义语。这里所指的就是真正、淳朴的语言,就是语言的本性,而且即使在把语言作为思维和逻辑的工具,准备用它做某种观点的符号(首先,如果语言不是其本身的话,这种作用它是无法发挥的)时,语言也是要保持它的本性的。确实,在称作散文式而不是诗歌式的语言本身当中,总是可以看到某种无法归结为逻辑的东西,这就是比喻,亦即生动的言辞,生动的言辞总逃不出比喻,因为比喻总是由幻想中产生的;这也就是音响的和谐,就是音响的甜蜜和优美,就是音乐的魅力,这种魅力贯穿在散文本身当中,主宰着一个段落的各个部分,语句、词汇和音节。语言理论作为一种有别于逻辑理论,与逻辑理论互异的理论的必要性,在这些有别于逻辑性,与逻辑性互异的因素当中,几乎是可以直接触摸到的,而智力万能主义理论和哲学法理却无法解释这些因素,这种理论和法理充其量只能无视这些因素,即闭眼不看使它们感到难堪的事物,但是,这些事物对它们来说,真正是不知如何摆脱才好。那么这些因素到底是什么呢？不多不少，正是幻想，是幻想创造出自己的形象，像诗一般地在歌唱。因此，如果说对逻辑来说，这些因素又一次看起来不过是次要的、装饰性的因素，那么，在语言当中，它们则是首要的、主要的因素，它们是一切，因为它们就是语言自己。① 既然如此，对我来说，把诗的语言同任何其他语言看成一个东西，那就轻而易举了，因为只是从经验主义方面，才把其他任何语言看成有别于诗的语言的东西，看成有别于音乐语言、绘画语言、雕刻语言的东西，而且对我来说，不论诗的理论和艺术的理论，还是美学理论，我把语言理论看成同它们是一个东西，那也就是轻而易举的了。②

当然，认为语言概念要从诗的概念中得到证实和解决的这种理论，是难以很好领会的，也是难以可靠地、迅速地掌握的，因为正如任何哲学理论一样，它必然要归结到整个哲学中去。但是，我所批评的那位知名学者，由于有对这一理论理解不透彻之嫌，没有做到 radicitus③，就犯了另一个错误，即着手去纠正这一理论，但他的办法是为了支持所谓的"现实唯心主义"，竟然求助于一位著述哲学问题的作家。这位著作家恰恰是以对那些有关诗和艺术的问题一窍不通而著称的，诗和艺术时而被这位著作家说成是丑恶的情感，时而又被这位著作家说成是思维（因为它是说明情感的），这正是因为他不能根据幻想独立而富有创造性的形式来考虑幻想。

于是，我们就可以听到这位有关语言哲学的新理论家或校正者说

---

① 作为例子，可参看我就施莱尔马赫的语言理论及其在试图解释语言和诗歌的关系方面所陷入的矛盾问题提出的见解，这一见解收集在《论文新集》（1935年巴里出版）中，第177—178页。A. 科尔萨诺在《F. 施莱尔马赫的语言心理学》（刊登在《意大利哲学评论杂志》上，1940年11—12月号，第385—397页）一文中也重又论述过这位哲学家的上述困惑之处。——原注
② 就这些理论而言，除《美学》中那些众所周知的章节外，还可参看《美学问题》（1940年巴里第三版），第141—230页；在该书205—210页，载有一篇关于《语言学的危机》的说明。另可参看《评论谈话》第一卷第87—113页和《论诗》一书（1936年巴里出版）。——原注
③ 拉丁文，意为"彻底"。——译注

什么"语言就是精神或思维"①，语言就是"真正的、活生生的现实的具体表现"，就是"思维的化身"，就是"思维的表露"②，"语言史同思想史就是一个东西，因为总而言之，语言就是思维本身"③，"今天，经过长期执着的研究和讨论之后，我们终于能把语言历史同思维历史等同起来"④。这些话无非是说，人们已经倒退了，倒退到哲学法理和语言的逻辑理论。为了做到这一点，本无须如他所说那样花费很大气力，只消停留在已经来到的地方，同那些可敬的功劳盖世的十七世纪的理论家们为伍就够了，这样就足以摆脱文法学家的经验主义，就足以用科学态度来对待语言问题。

不过，如果考虑到他是遵循我前面所说的那位哲理美学家的教导，因而是诚心诚意地接受这一教导的全部影响和全部内容，而且还把这一教导作为自己的理论，加以坚决支持的话，那么，顽强地拥护和保卫这一陈腐而又荒唐的论点就会成为具有某种特点的问题，就会有某种益处，因为荒唐本身在研究工作中是有其地位和作用的，它能以其反差起刺激作用，甚而起诱导作用。然而，在这种情况下，他似乎应当把上述这位哲理美学家因孤陋寡闻而变得不可一世，从而在过去和现在所得出的全部结论都接过去。首先，他就应当痛痛快快地、老老实实地放弃有关语言表现的任何看法，就应当追随他的老师和作者，承认硬要区分美和丑是没有根据的，因此，也是不切实际的；并且还应当承认：美学批评不该成立，因为一切都是思维活动，一切都一次又一次地沦为事实，且除去这种荡秋千似的晃来晃去之外，就没有别的可说了。

但是，他并不是坚定不移地相信他所考虑的这个原则，于是，他就设法提出一些折中的论点，如说什么艺术"依照我们的（亦即他的）看

---

① 见《作为唯心主义科学的拉丁语系语言学纲要》（1923 年日内瓦出版），第 11 页。——原注
② 见语言学研究和论著《语言与文化》（1939 年佛罗伦萨出版），第 7—15 页。——原注
③ 见文学评论论文集《语言与诗歌》（1937 年佛罗伦萨出版），第 8—9 页。——原注
④ 见语言学研究和论著《语言与思维》（1932 年佛罗伦萨出版），第 5 页。——原注

法,总的说是存在于精神的力量之中:凡本身具有更强大的精神力量的人,不论他是搞哲学的,还是写诗的,还是从事科学论著的,都算是艺术家,因为语言就是力量,就是艺术,就是……真正伟大的艺术",要么就是"简单表现和低级艺术,如果精神的火花微乎其微的话"。① 这是那些无力阐述和辩证地对待一些概念,把这些概念既加以区分,又加以统一的人通常的避风港,也正因如此,他们就以为已经把这些概念调解开来,使这些概念一致起来,同时把这些概念全部容纳到一种不切实际的无所不包的统一体当中去了。此外,他们还通常对如下一点感到稀奇,即他们知道人们用什么尺度去衡量诗与非诗所依据的力量哪种最大、哪种较大、哪种一般、哪种最小。这里有这么一种论点,它是用另一种方式解释使诗成为诗的那种力量的:"艺术作品完全是作者的思想,因为这思想正是他的语言;但是,它采取了抒情形式,也就是说,受到爱的烘热。而爱就是情感、激情、振奋、鼓舞,还有别的什么(?)。一切都能成为诗和艺术,甚至科学散文也能成为诗和艺术,只要爱在指点,诗人在说明他内心中有什么东西在给他以灵感,总之,艺术作品就是一个巨大的(!)词语,在这个词语当中,爱的呼声最高。而一位艺术家只要有更大的情感浪潮,也就会有更为丰富有力的精神,因而他的作品也就必能美不胜收,称得起是造物主的一个奇迹。"② 上述观点确实不是一个对自己的观念一清二楚,并尊重科学严格性的人所写的话。但是,在另一些地方,美学这个因素却又扬眉吐气,令人感到它有权占据首要位置了。有时,它这样做是羞羞答答的,像在有些地方,人们指出,语言作为思维的具体表现和透露,可以"根据它据以形成的种种因素,从其本身的意味深长的生活中来加以研究",或者,也可以"着重研究表明种种诗的作品特色——从经验主义角度以区别对待和突出的方式来表明特色——的美学这个因素"③;人们还指出,

---

① 见前注《作为唯心主义科学的拉丁语系语言学纲要》,第15—16页。——原注
② 同上,第31页。——原注
③ 见前注《语言与文化》,第15页。——原注

"特别是在诗的语言中,隐藏着有关被理解为精神科学的语言学的种种基本问题"①。但是,另有一些时候,却做得又是明目张胆的了,哪怕是违反前提也在所不惜:"我们认为,语言完全就是人本身(人也不仅仅是诗人),但是,我们也承认:语言在其主要方面是从幻想当中产生的。"②既然这里谈的是语言,读者可能会指出,这些语无伦次、不能自圆其说的解释是力图从副词和连接词"总之"里求得力量,因为这个词在解释当中俯拾即是,这就足以说明问题了。因此,我们不仅不能说他在某些问题上把我提出的理论加以发展了,而且我自己还应当承认:当我看到他的那些提法,而我又想起我自己的提法时,我就有这种印象——一个人在看到以历史故事为封面的笔记本被一个闲得发慌的小学生得意扬扬地乱画了一通时,就会有这种印象,因为让我假设说,这个小学生把封面上印的一个女人头像加上一把胡须、两撇八字胡、一副眼镜,以及诸如此类的装饰品,这样一来,这头像既不是原先那个样子,又不是另一个新的头像了。请原谅我打这个比方,我这样做绝没有冒犯对方的意思,只不过是想明确说清问题所在罢了。

既然把语言理论同诗的理论看成一个东西,既然坚持认为语言的表现只能作为诗的表现来加以解释、领略和判断(这里这个"作为"似乎应当取消,因为是多余的),我就要不揣冒昧进一步提出问题来了:那么研究语言究竟是研究什么呢,既然语言已不是诗和文学的批评家和历史学家的对象,而是语言学家的对象,而这些语言学家又是专事研究含义、声响、字源和语音的?③ 当然,我的脑海里片刻都不曾想到要否定语言学家从事工作的权利,我不过是探讨他们工作的性质,从而也探讨他们的工作在理论上的正当论据罢了。我当时是这样说明

---

① 见前注《语言与诗歌》,第296页。——原注
② 见前注《语言与诗歌》,第12页。——原注
③ 可参看我的一篇论述沃斯勒所写《论语言的创造与发展》(1950年)一书的文章,载于《评论谈话》第一卷,第91—97页。——原注

道理的:抛开产品、观赏,抛开对表现力,亦即美学的判断,语言那个东西,亦即语言学家的语言,那就不可能是语言,因为语言只能是存在于现在我们所说的范畴里;它也不能是语言的 qua talis① 物质,因为物质只有根据它所采取的、融化到它自身当中的那种形式才成其为物质,或者如人们在哲学中所说的,物质只是一种思想因素。因此,语言应当完全是另一种东西,它属于人的精神生活的一部分,是人的种种爱好中的一种,是人的欲望、意愿和行动、习惯、想象力的飞腾之一种,是人的行为举止之一种(在这些行为举止中,也包括使以这样或那样的方式发出声响、具有某种含义的方式)。在所有这些情况下,语言虽然对词语或诗歌来说已成为一种物质,但是,就它本身来说,则并非物质,而是一种实践行动。确实,完全而充分地恢复人类社会历史,而又不去考虑同说话有关的体制和习俗方面发生的情况,以及其他一切体制和习俗,那是不可能的;不考虑从上述情况中产生,甚或出现和占据优势的种种语言学流派,不考虑新的词汇或重新增补的词汇,不考虑讲话当中的新的分段形式和新的语调、新的发音弊病,不考虑这些语言学流派的衰竭和消失,以及像人们常说的,这些流派如何从活的语言转为死的语言,那么,完全而充分地恢复人类社会历史也是不可能的。如果说语言的探索者们肯定比不上文明和文化的历史学家,那就是因为他们的工作一般都是保持在语文学方面,是搜集和解释个别实际材料,这种搜集工作枯燥乏味,往往异常烦琐,并且以机械方式进行,不消说,这种搜集工作是为同一位语言学家和其他语言学家服务的,这些语言学家只要提出纯属历史方面的要求,就需要采取上述办法。只是为举例方便起见,也就是说,只是为举出一个小小的唾手可得的例子起见,我要说,语文学曾制造西班牙语的一些语源词汇和历史文法,语文学还探讨过西班牙语许多词汇的幸运之处,并曾把吸收到意大利语或其他语种中的西班牙语汇编纂成册,而我本人也为这一

---

① 拉丁文,意为"本来""原有"。——译注

研究工作出过力。但是,当我想从我年轻时的作品(现在我手头凑巧有这部作品新版本的草样)中找到上述研究工作的材料,调查西班牙人当时带进意大利的习俗,调查由此而产生的模仿西班牙习俗的现象,调查人们反对这种做法的情况,以及西班牙习俗所发生的变化时,那么,就只有那些有关西班牙人的语言的消息才占有位置,在其他那些反映西班牙人在意大利的政治生活、军事生活、宗教生活、经济生活、体育生活和社交生活,一般说即十四和十五世纪意大利人的精神生活的消息当中,只有这些消息才具有应有的分量。只有在融化到文化和文明历史中去的条件下,语言学才能变为历史,而继续把语言学说成是其本身就是历史,那就表明上述变化根本没有发生或是发生得并不完全,因为在这种情况下,历史的演员就会是词语和词语的结合,当然,除非有这样的情况,即上述表现方式具备纯属文学性质的功能,用为明确而生动的表述,并且在任何方面都能隐含一种告诫,提醒人们不要把比喻当作逻辑性的、现实主义的定义。

我现在仍然认为,我过去所提出的解决办法是正确的;我仍然认为,正是由于我坚持如下看法,即语言除了符合其本性,即美学性质的历史之外,就没有别的什么语言历史,也不能对语言做出其他判断,也正是由于与此同时我说明了如下一点,即超乎美学之外的研究就不再是语言的研究,而是对一些事物,亦即实践行动的研究,所以,在这两种研究之间,才能令人满意地建立起关系,也才能恢复它们二者之间的和平共居,即便是会受到干扰。但是,作为本文撰写对象的那位作家,因为并不很理解我何以把诗的历史同文化和文明历史区分开来,所以就求助于通常从那错误的语言概念中所求得的权威。在这种错误的语言概念中,正如人们所看到的,他施展了雕虫小技,因为他无法给这一概念下适当的定义,也无法在诗的评论和历史当中有效地运用这一概念。上述权威向他提供了另外一种谈不上驾轻就熟的手段,即把行为和事实区分开来,根据这种做法,他就论证要使客体非常迅速地从主体中消失,使自然非常迅速地在思想中消失,而实际上,自然始终还是留在他那未经消化和无法消化的胃脏上面,因为自然需要有一种远非贫困的精神哲学和相应的辩证法,以便使其不致消失,在精神本身当中获得地位,成为精神形式中的一种。把行为和事实区分开来的做法,经由这位新的理论家根据他为自己提出的目的,转化为另一种更为特殊的区分做法,即把专门语言和一般语言区分开来,而由于脱离行为而存在的事实是不具备哲学和历史的,故这位新理论家就无法把历史陈述出来,那些从超乎美学之外的角度来研究语言的人,正是从事缔造历史的工作的。他对他称之为"语言"的东西抱有的概念(而我们在这里则称之为实践,亦即实践的一部分)是模糊的和含混的,甚至可以说是乱七八糟的。"语言就是我们所说的文化、学说、技术、前提、来源、公式、准则、文法"①,甚或也是"客观因素,就是说,特别是文化语言、工具语言,为众人所用的语言,可以作为具体事实、社会事实或通讯手段,以各种不同方式加以研究的语言"②。但是,接着他又最终承认:专用语言之外的这种一般语言是一种非现实和抽象的东西,"如果我们想方设法把它严格地保持在其抽象性当中,那么毫无疑问,它就不会获得真正的历史研究","不论做着什么样的努力,都必须领会语言,才能谈论语言,必须考虑它才能研究它(不论是怎样研究它)。这样一来,不论你愿不愿意,最终总是要在专门语言上多少下些功夫,哪怕确信这是在一般语言上下功夫也罢"③。换句话说,按照他的意思,语言学家们从事的研究,要么是自相矛盾的,要么就是把它降低为对语言的美学研究。我所做的就不是这样,首先是因为这违反良知,其次也因为这不是实际情况。那个一般语言,也称作"客观"语言,它理所当然地形成研究工作者或语言学家所做努力的标志,因为它不是抽象,而是现实,也就是说,它从精神的特殊形式中,从与此相应的历史中,重新找到自己的现实性。

---

① 见前注《语言与思维》,第 5 页。——原注
② 见前注《语言与文化》,第 15 页。——原注
③ 见前注《语言与思维》,第 13—14 页。——原注

把语言同诗的表现看成一个东西，就使一种简单而又丰富的概念代替了那些在有关语言问题的著述和讨论中常见的十分复杂、十分贫乏的概念。首先，这样做就取消了有关语言起源的那个不容研究的问题，亦即把语言起源几乎看成是在历史的某一个阶段才成立的东西，因此，它是带有临时性的东西，这就反而证明了语言同精神这一类别相符，并不是历史地产生的，它是历史诞生的前提。此外，语言还使思维从这样一些理论中摆脱出来：这些理论把语言重新引导到象声词、感叹词、一致确认的符号、神的感应和诸如此类的问题上去。语言同时也使思维摆脱从智力万能主义和理性主义角度来确定一篇论述的各个部分的做法，摆脱把词语区分为本意词语和比喻词语的做法，以此类推。作为逻辑结果，语言也就一举推翻了一切有关"语音规律"的自然主义和实证主义论点以及随之而来的语文学方面的解释。这许许多多"原因"通常造成语言变化，而且必然是被人随意增加数量的。这些原因于是就让位给唯一一条有教育意义的原则，即吉叶隆①所认为的（尽管他根本不想从哲学角度来阐明问题）：这是由于对"明确性"的需要所致，他当时不由自主地说出一个词来（但是他说得很恰当），即明确性（claritas），这个词早在有关艺术问题的现代思辨哲学初期就已经提出来了，它带有表明美学认识的性质。

　　说话人之间能相互理解这一问题也丧失了笼罩它的那层神秘的幕布，因为这一问题被归结到精神概念上去了，亦即归结到普遍性和个性概念上去了，这一概念从内在角度来看就是人类之间的沟通和交往，没有这种沟通和交往，历史就不会发展，世界也就不会成其为世界。语言理论把这种解放功能运用到过去一度称为"普通语言"的这一学科中去，把这一学科变为"语言哲学"，由此又变为"诗与艺术的哲学"。有关这方面的许多迹象可以从本世纪最初几十年的研究当中

---

① 吉叶隆（1854—1926），瑞士方言学家和语文学家。他主张编写《法国语言学大全》。——译注

二 语言哲学

看到,特别是在德国,从沃斯勒的作品和他的学派,乃至斯皮泽的著作①中都可以看到,姑且只举出这几个名字。语言理论的这一功能对哲学的职业崇拜者产生的影响也许要小些,之所以如此,是由于在他们身上一直存在着两种庸俗的、相互对立的倾向,一是倾向于智力万能主义,一是倾向于经验主义,这正如由于习惯对语言做思辨哲学的探讨,以及对其中展开的争端和这些争端的新旧历史一无所知所导致的一样。意大利哲学学会代表大会曾在提出其他问题的同时,也提出了这一有关语言性质的问题,从而提供了有关我的论点的最令人遗憾的证明。②但是,感到自己同贾巴蒂斯塔·维科的精神联系起来,这一点对于我毕竟是个安慰,尽管我没有得到职业哲学家们的支持,因为维科提出忠告,叫人们"从诗的原则中"寻找"语言的原则"③,可惜长期以来没有人听从他的这一忠告。我们也曾读到一些对诗人和作家的语言做美学分析的精辟论文,特别是要归功于上述的两位,即沃斯勒和斯皮泽。此外,在这一问题上,如果不忘记如下一点,那也将是有好处的:如果诗和语言并不是两个东西,而是一个东西,那么研究诗就不能把诗人的语言撇开,因为诗人的语言无论明确的还是隐喻的,都始终是要加以考虑的;同样,研究语言也不能把诗撇开,并且不能把它一分为二,像有人说的,分为普通的语言和特殊的语言,不能根据诗的抒情性和语言的具体性来这样做,诸如此类。任何时候提到诗,无论现在还是过去,都提到诗的语言,因为语言并非同诗在一起,而是它本身就是诗,不能把诗同语言分开,就如同不能把语言加在诗上面一样(由此可以看出,那些主张纯诗的新学派硬要说是它们发现这一真理的企图,是多么愚蠢,因为他们只有误解这一真理的败绩)。在进行表述和论战时需要对诗的抒情性考虑到何种程度,对每种表现考虑到何

---

① 沃斯勒的著作除《语言科学的实证主义和唯心主义》(1908 年巴里意大利文版)一书之外,还有《语言哲学论文全集》(1925 年蒙森版);斯皮泽的著作则有《文体研究》(1928 年蒙森版)和《文体与文学研究》(1931 年蒙森版)。——原注
② 参看《散佚文集》(1943 年那不勒斯出版),第三卷,第 112 页。——原注
③ 见 G. B. 维科《哲学》(1933 年巴里第三版),第 50—54 页。——原注

种程度,都要根据场合和所要解决的问题而有所不同,这不是靠一般准则所能确定的,而是要凭借对适宜性的感觉,凭借细心揣摩、高雅情趣和批评家的精明程度。

  从另一方面看,对语言探讨的看法本身也是具有历史性的,但这是有关文化和文明的历史性,这样的看法就使语言探讨具有了过去所缺乏的那种广度和灵活性;过去之所以缺乏这些,是因为被自然主义压抑住了,自然主义曾追求这样的理想,或者也可说是怪念头:要把生动而具体的历史变为抽象的社会学,并且自以为恰恰从语言学和语言学的发音规律方面提供了有关这一问题的令人惊叹的、毋庸置疑的证明。① 但是,正是在这一部分,理论上的对立面和与此不同的范例在具体的探讨中所起的影响,是很大的,甚至可以说是了不起的,因为对我在我的早期著作《作为表现的科学和一般语言学的美学》(1900年)中所采用的方法论原则②,人们首先抱的态度就是不安和痛苦,这种情绪在一些观察力异常敏锐、历史感异常深刻的语言学家(如舒查特③)身上曾变得越来越强烈,他们对语音规律日益感到不安和痛苦,并且日益反对支持这种规律的新文法学家们。其次,针对我的上述方法论原则的是吉叶隆所创始的天才革命,他完全摆脱了依靠哲学批判而取得的种种成就。吉叶隆为《法国语言学大全》一书所写的序言是在一九〇二年,随后他宣布《语音字源学的失败》(1919年),这样一来,人们就看到一部词语的历史(也就是人类精神的历史,它不断地创造词语,即使看起来,它像是一成不变地重复这些词语),这部历史像是被另外一部很大程度上是虚假的历史所压抑和隐藏起来了,这另一部历史是

---

① 关于这个问题,请参看拉布里奥拉对于自然主义语言学似乎对所有历史学科起典范作用所抱的幻想(见克罗齐《美学问题》,1949年巴里第四版,第206页)。——原注
② 此书已再版:《美学和逻辑学的最初形式》,阿蒂萨尼出版社出版(1924年墨西拿区)。——原注
③ 舒查特(1842—1927),德国和奥地利两国语言学家,罗曼语和普通语言学家。——译注

用语音规律的办法来缔造和解释词语历史的。在意大利,过去和现在都有人按照吉叶隆开辟的路子进行工作(巴尔托利①、贝托尔迪②、佩利斯以及其他人就是这样做的),并且还准备写好一部语言大全。我不知道这部大全如今已经写到什么程度,或者是否已经中断了。为了证明上述所说的情况,即在考虑文化和文明历史时,不能把有关词语在文明、文化、历史中已变为事物的消息同所有其他事物,即政治、道德、经济、社会等方面的事物分开,应当指出:在上述语言学大全的某些著作中,可以看到一些由词汇描绘的客体形象,这些形象的内在含义正是根据思想随词汇的变化无穷的体现而产生的。在这种新的探讨语言的方式中,曾有一种不应有的僵化因素,这是民族语言、国际语言、专业语言、方言和行话以及其他部类语言造成的,因为这些语言以前就是以这种僵化形式出现的,这些部类语言被认为是廉价语言,因而是带有必然不稳定的局限性的。

那些称作词典和文法的书籍始终不在上述革新工作的范围之内,因为肯定这些书籍受到人们对最后归结为美学历史的语言历史所持的概念已发生变化这一情况的影响,也受到人们对最后归结为社会历史的词语历史所持的概念已发生变化这另一种情况的影响,这些书籍由此得到了新鲜血液和新的活力,尤其是对它们能做些什么和不能做些什么有了认识,但是,也正因如此,它们永远不能,也不应丧失那种抽象和自然主义的特点,这一特点是它们固有的组成部分。试图使文法具有哲学价值或哲学形式,那就等于玩弄辞藻,或是意味着完全忘记文法本身的作用。文法和词典的作用在于帮助人们学习语言和讲

---

① 关于巴尔托利,请参看《新语言学介绍——原则、目的和方法》(1925 年奥尔斯支基区日内瓦第三版)。——原注
　　巴尔托利(1833—1894),意大利著名语文学家、文学家。——译注
② "通过语言历史来达到目的,把语言历史看成是对文化历史的反映,这种做法目前已经成为人们如此广泛地感到的一种方法上的需要,因此,我会毫不犹豫地认为,这种需要是当代语言学所具有的最典型、最富成果的种种表现之一。"(V. 贝托尔迪《历史语言学中的方法问题》,1938 年那不勒斯出版,第 171 页)——原注

好语言,既要学习掌握变位和综合的准则,又要学习掌握定义、范例和翻译:文法和词典的作用在于帮助,而不是使人能融会贯通和以充分而生动的方式自我表达,这一点只有美学的综合才能做到。美学的综合能以抽象的手段给人以帮助,这种抽象手段以其自身力量给人以推动,使人在具体性方面产生反应,而这种具体性通过自己的产生,又使那些本来起过作用的手段变得没有什么作用了,哪怕在教育和培养反复进行的过程中,这些手段始终还是有用的也罢。

1941 年

三 艺术表现的全面性

艺术的表现尽管有其简单的个性形式,却囊括了一切,就它之自身反映宇宙来讲,这一点曾多次被人指出过,而且这甚至是一项标准,人们往往根据这一标准来区分深刻的艺术和肤浅的艺术,区分富于生命力的艺术和虚弱的艺术,区分完美的艺术和不同程度上非完美的艺术。但是,在旧的美学当中,人们常用来从理论上阐明这一特点的那种方式却并不是可喜的,正如大家知道的,这种方式就是把艺术同宗教和哲学相提并论,人们以为,艺术的目的是同宗教和哲学的目的一致的,即要认识最终现实,艺术在实现这一目的时,有时是作为宗教和哲学的竞争者,有时是作为二者之一的暂时替代物和为二者之一做准备,因为二者之一具有炉火纯青的最高度,这时,艺术则最终以自身来体现这种炉火纯青的最高度。

这一学说在两个方面犯了错误:一是把认识过程简单化,认为这一过程是没有区别的和没有对立面的,因此,有时把这一过程看成是纯直觉的过程,有时是纯逻辑性的过程,有时则又是纯神秘性的过程;二是把认识过程看成是发现一个静止不变的真理,因此是超验的真理。正因如此,人们过去虽然承认艺术表现是具有宇宙性或全面性的,但却不承认艺术的独特性,并且剥夺了一般精神生产能力的作用。

为了避免犯上述第二种错误,并且使自己在一定程度上符合现代思想(现代思想就其内在的不可抗拒的推动力来说,是一种内在论和绝对精神论的思想),人们不再把艺术看成是对某种静止的观念的把握,而看成是判断的不断组成,本身就是判断的观念的不断组成,这样做就很容易地解释了艺术的全面性,因为每一种判断都是对宇宙的判断。因此,艺术就不会是简单的表现,而是带有判断性的表现,它仅仅在一个举动当中就能赋予事物地位和价值,并凭借宇宙的光辉渗透到事物中去。理论只遇到一个困难,而这困难又是如此难以克服,因而理论就碰得头破血流了。这一困难就是:常有判断性的表现不再是艺术,而是历史判断,亦即历史。除非人们想要继续把历史看成是对事实的纯粹而又恶劣的陈述,就像过去人们一度习惯做的,而至今仍有许多人坚持做的那样。但是,在这种情况下,判断或带有判断性的表现,就同哲学,同所谓的"历史哲学"等同起来了,而永远不是同艺术等同起来。总之,运用把艺术看作判断的这一理论,人们固然避免停滞不前和先验的弊病,却无法避免简单认识论的弊病(这种简单认识论在上述理论中体现为排他性的唯逻辑论),也许还会导致新的多少是潜在的先验,但是可以肯定,由此将会否认艺术具有唯一能使之成为艺术的那种因素。

艺术是纯粹的直觉或纯粹的表现,它不是谢林式的智力直觉,不是黑格尔式的唯逻辑论,也不是像历史思考中的判断,而是完全没有观念和判断的直觉,是认识的原始形式,没有这种形式,就不能领悟进一步发展的,更加复杂的形式。为了认识艺术所具有的全面性,对我们来说,绝不应当抛开纯粹直觉这一原则,也不应当对这一原则做什么修正,或者更糟糕的,加进一些折中论点;只消坚持这一原则的界限,以最大的严格性遵守这些界限,并在这些界限之内深入探讨这一原则,挖掘这一原则所蕴藏的永不枯竭的财富就够了。

同样,与那些认为艺术不是直觉而是情感,或者不只是直觉还是情感,并认为纯直觉是冷酷无情的人们相反,应当证明:纯直觉恰恰由于是缺少智力和逻辑根据的,因而充满情感和激情,也就是说,它绝不赋予别的东西以直觉和表现形式,只把这种形式赋予精神状态,因此,在这表面上的冷若冰霜下面,却有着炽热的情感,真正的艺术创作,只有在成为纯抒情的作品的条件下才能成为纯直觉。当我们看到一些近代理论家们费了好大气力绕弯子,用了拐弯抹角的手法,最后得出这样的结论,说什么艺术既是直觉又是情感时,我们就觉得,他们没有说出多少新的论点,甚而他们所重复的无非是艺术家们和批评家们的格言警句陈述过多次的滥调;这里用了连接词"甚而"(黑格尔在哲学上讨厌用这个词,是有道理的),就表明他们是置身于名副其实的科学创见之外,在美学上则是没有掌握分析性原则的统一,因为上述两种性质的东西看来只不过是一个同另一个凝聚在一起罢了,充其量是结合在一起,只要有必要,我们就可以从一个当中看到另一个,并把二者统一起来。

至于人们所确认的艺术表现的普遍性和宇宙性问题(也许没有任何人像威廉·德·汉博尔特在论 Hermann und Dorothea① 一文中那样,能把这一问题说明得那么好了②),上述原则本身对这一性质所做的证明是得到人们的仔细考虑的。因为人们考虑:情感或精神状态究竟是什么?难道是什么能脱离宇宙而自身得到发展的东西?难道说部分与全体、个体与宇宙、有限与无限,实际上都是彼此隔绝、相互分离的东西吗?这样,人们就会愿意承认,同一种关系中的这两个词语的任何相互分离和隔绝,都只能不是别的,而是抽象活动,只是由于有这种抽象活动,才存在抽象的个体性,抽象的有限,抽象的统一和抽象的无限。但是,纯直觉或艺术表现完全是同抽象不相容的;或者说,与此相反,二者并非不相容,因为纯直觉和艺术表现对抽象根本一无所知,这恰恰是由于其纯真的认识特点所致,这一认识特点我们曾称之为最初的认识。在纯直觉中,个人反映了全体的生活,而全体又体现

---

① 汉博尔特(1767—1835),德国著名语言、哲学、美学、政治学者。同歌德、席勒交谊甚笃。Hermann und Dorothea 系德文,意为"海尔曼和桃乐珊"。——译注
② 请特别参看该文第六节至第十节(《论文全集》,施里夫登出版社出版,普鲁士科学院编,第二卷,第129—140页)。——原注

在个人的生活之中；任何纯粹的艺术表现都是它自身，同时又是宇宙，宇宙存在于这种个体形式当中，这种个体形式又体现为宇宙。在诗人的每一个声韵当中，在诗人的幻想所产生的每一件事物当中，都有整个人类的命运，都有一切希望，一切幻想，一切痛苦与欢乐，一切人类的宏伟和贫困，都有现实的全部悲剧，这现实自身在不断变化和发展，既有痛苦也有欢乐。

因此，在艺术表现中竟然没有纯粹的特殊性，没有个性的抽象，没有体现在不完美中的完美，那实际上是不可思议的；当似乎发生类似的情况时（从一定意义上说，确实也发生了类似的情况），表现即不成其为艺术表现，或是不完全成其为艺术表现。在从直接情感到情感在艺术上的调和并得到体现这一曲折的过渡当中，从激情状态到欣赏状态的这一曲折过渡当中，人们并不是达到这一过程的终点，而是始终处于中途，即达到这样一种程度：黑的尚未出现，白的却已消逝，这种程度在这一美学矛盾中是不能停顿下来的，除非有种种不同的、多少自觉的干预。一些艺术家倾向于利用艺术不仅作为欣赏对象和净化自身激情的手段，而且还作为这种激情本身的表现和发泄这种激情的工具，他们让艺术渗透到他们的欲望、痛苦、激荡的心情所发出的呐喊和呼叫形成的表现中去，并依靠这种感染作用，赋予艺术以特殊的、有限的、狭隘的面貌。这种特殊性、有限性和狭隘性，并不属于情感，它既属个体性，又有普遍性，正如任何现实的形式与活动一样；它也不属于直觉，在这方面，它同样也是既属个体性，又有普遍性的；它不过是属于不再简单地作为情感的那种情感，属于尚未成为纯直觉的那种表现。以前多次提出的那种看法正是由此而来，那种看法就是：低级艺术家有关自身生活和他们那个时代的社会方面所反映的资料，要比高级艺术家多得多，因为高级艺术家作为实践的人是超越时代、社会和自身的。有些作品使我们产生那种困惑情绪，其原因也正在此，这些作品虽然充满了激情，但在使激情理想化方面，在使直觉形式纯粹化方面，却是有缺陷的，而艺术的特性也正在于这种理想化和纯粹化。

三 艺术表现的全面性

正是由于这个缘故,早在年轻时的著作《美学》中,我就提醒不要在美学表现和实践表现二者的交换当中把表现去掉,因为人们在理论上论述的正是表现,把它和直觉等同起来,并作为艺术的原则。实践表现固然称作表现,但它不是别的什么,只不过是欲望、抱负、意愿和行动本身的直接体现,随后则成为自然主义逻辑的一种观念,亦即一种特定的现实心理状态的迹象,例如,像达尔文调查人和动物的情感表现时发生的情况那样,不同之处是用人暴跳如雷的情景加以说明;人通过发泄怒气,也就使怒气逐渐消失;描绘怒气的艺术家或演员,主宰着情感上的风暴,同时把美学表现的彩虹投射到这情感上的风暴上方。艺术冲动和实践冲动是如此大不相同,以致——正如大家都记得的——这种差异性才使人想起埃德蒙·德·龚古尔小说中那个令人惊骇的场面,在这个场面中,一位女演员坐在垂死的情人床边,竟在她的天赋才华推动下,用艺术家的哑剧手法,模拟着她从垂死的人的面庞上看到的临终挣扎的表情。因此,给情感内容以艺术形式就等于同时给它打上全面性的标记,赋予它以宇宙的灵感,而就这一意义来说,普遍性和艺术形式不是两码事,而是一回事。节奏和韵律、对应和韵脚、比喻同以比喻来形容事物的相吻合、颜色和声调的一致、对仗、和谐,所有这些做法都是学者们错误地以抽象方式加以研究的问题,因此,他们把这些做法都看成是外向的、偶然的和虚假的东西,其实,这些做法都是艺术形式的同义语,艺术形式在实现个体性的同时,使个体性同普遍性协调起来,因而在同一个动作当中也便实现了普遍性。另一方面,也正由于这些理论早在现代美学初期就已经出现了,而且在古代,早就由亚里士多德有关艺术要摆脱任何利益(即如康德所说的 Interesselosigkeit[①]),亦即要摆脱任何实际利益的晦涩的净化理论预先提出过,所以应当把这些理论看成为反对如下倾向做辩护的理论:这种倾向是要把直接的情感注入艺术当中,或使之在艺术当中长期存

[①] 德文,意为"无私"。——译注

在下去,这种直接的情感犹如未被机体吸收的食物,它正在变为毒药,而且也千万不可把这些理论看成是认为应对艺术内容漠不关心,从而把艺术降低为简单而又草率的一种把戏。

在席勒的思想中,艺术就没有被理解成这样,尽管也应当看到,席勒在讨论美学时,对"把戏"这个词及其概念做了不大好的说明,虽然后来这个概念在极端的德国浪漫派所谓"讽刺说法"当中确乎变成上述情况,但是这种讽刺说法却被弗里德里希·施莱格尔①颂扬为"灵巧",被路德维克·泰克②颂扬为诗人"不把自己全部奉献给主题,而是使自己凌驾于主题之上"的能力,而最后,这种讽刺说法则成为一种小丑般的艺术,或是凌驾于艺术的广阔天地之上,成为唯一的理想,成为亨利希·海涅在少年时期的小丑般滑稽可笑的艺术,成为他所关怀备至和温情所向的对象。

后来,海涅记起了上述艺术,曾这样做了描绘:

> Wahnsinn, der sick klug gebärdet!
> Weisheit, welehe überschnappt!
> Sterbeseufzer, welehe Plätzlich
> Sich verwandeln in Gelächter!...③

这种艺术提供了一个明显的例证,说明诗人的实际个体性如何侵入纯艺术观里面去了,正如我们特别是从所谓"幽默艺术"中所看到的,这在当时并不是什么无足轻重的原因,从而使黑格尔判断艺术已在解体,并预言艺术将在现代世界中归于泯灭。如果我们想更好地从艺术自身的质量方面说明艺术应如何摆脱实际利益的话,那么我们就可以

---

① 施莱格尔(1772—1829),德国著名文学家、诗人,同其兄 A.G.施莱格尔共同倡导浪漫派。——译注
② 泰克(1773—1853),德国著名小说家和诗人。——译注
③ 译为中文即"胡言乱语,表情却精明透顶! /聪明睿智,又多么颠三倒四! /垂死叹息,多么叫人感到突然 /竟又变成捧腹大笑!"——译注

说,在艺术方面,问题并不在于要消除所有这些利益,而是要使所有这些利益都能一起在表现中起作用,因为只有这样,个体性的表现才能在摆脱特殊性和获得全面性价值的同时,具体地成为个体性。

根据纯直觉原则证明是不可调和的那个因素并不是普遍性,而是在艺术当中给予普遍性的那种智力万能主义和超验的价值,其形式是寓意性的或象征性的,是隐蔽的上帝显圣式的半宗教性的,同时也是判断性的,这种判断性在把主体和被宣扬的客体既区分开来又统一起来的同时,能打破艺术的魅力,并以现实主义代替唯心主义,以感性判断和历史考虑代替幼稚的幻象。这个因素之所以是不可调和的,不仅是因为它违反艺术的有效性,而且还由于这样一个理由,即玩弄这种捉襟见肘的论述伎俩是多余的,而且正因为它起不了什么有益的影响,也会妨碍纯直觉这个学说,根据这个学说,艺术表现作为宇宙情感的前提,会由此提供一种完全属于直觉的普遍性,这种普遍性从形式上说不同于无论以任何方式所设想的,作为判断因素被采用的那种普遍性。

但是,那些使用上述雕虫小技的人却是采取另一种行动的,主要是根据道德需要和唯道德论需要而行动起来;有时看到一些虚假艺术的表现而忧心忡忡,这是对的;有时看到另一些表现(这些表现却是真正的,完全是天真无邪的艺术之作)又胆战心惊,这则是错误的了。因此,进一步指出如下一点是适宜的:只有坚持纯直觉原则,不受任何道德倾向干扰,才有可能一方面提供有效的武器进行正当的论战,另一方面驱散毫无根据的恐惧心理,也就是说,只有依靠这一原则,才能真正地把非道德性从艺术中驱除掉,而又不致坠入唯道德论的无知泥潭中去。不论通过任何其他途径,都只会提出类似巴黎法庭在一八五八年审理《包法利夫人》作者一案时所做的著名判决的论点:"Attendu que la mission de la littérature doit être d'orner et de récréer l'esprit en élevant l'intelligence eten épurant les moeurs...;attendu que pour accomplir le bien qu'elle est applée à produire,ne doit pas seulement être chaste et pure dans sa forme et dans son expression..."①这一判决可以由这部小说人物之一，即药剂师欧麦先生来签署。这些人都是不大可信的人，因为他们认为，道德似乎是在人世间事物发展当中需要人为培植和保持住的，并且也依靠这种人为的做法，使它渗透到艺术中去。因为如果道德是一种伦理的力量的话（正如可以肯定，它确是这样一种力量），作为宇宙力量和世界的主宰（这个世界也是自由的世界），道德也依靠本身的德行而占据统治地位，而艺术越是能更纯粹地再现和表现现实的运动，也便越是完美，艺术越是能更好地体现事物的精神，也便越是能真正地成为艺术。如果有一个人抱着发泄自身嫉恨心情的意图来进行艺术创造，这又有什么关系呢？如果这个人果真是位艺术家，那么就会从他的表现当中产生爱来压倒恨，就会以正确的他来反对非正确的他。如果别人想要把诗贬低，把它看成是自身的性感和欲念的同谋犯，而在创造工作过程中，艺术意识又会迫使他把内心深处的纷乱情绪，即性感统一起来，把混浊的欲念加以澄清，使他在嘴上非自愿地唱起焦虑和忧伤的歌儿，这又有什么关系呢？最后，还有人出于自己某种实际意图，想要突出某个细节，渲染某个情节，说出某句话语，但他自己作品的逻辑、美学的连贯性却迫使他不去突出这个细节，不去渲染这个情节，不去说出这句话语，那又有什么关系呢？艺术意识的目的并不在于从道德意识中借来纯洁的情感，因为艺术意识本身就具备这种情感，这便是美学的纯洁、真挚和朴实，而且艺术意识本身也知道它应当不采取别的什么表现形式而只采取沉默这种形式来进行创造。相反，当一位艺术家破坏这种纯洁，违反美学意识，听任那种在艺术上没有任何根据的东西渗透到艺术中去时，即使他有最高尚的动机和意图，从艺术上说，他也是彻头彻尾地虚假的，从道德上说，则是罪孽深重的，因为他有违他作为艺术家的责任，这种责任对他

---

① 意为"既然文学的使命应当是通过提高智慧和净化道德来装饰和再造精神……既然为了完成文学所应做的好事，它就不应仅仅在形式上和表现上是贞洁和纯正的……"——译注

来说是近在咫尺的迫切任务。把性感和淫秽的东西注入艺术当中,这是胆小怕事的人们经常会大惊小怪的问题,因此也不过是上述非道德现象当中的一个事例,但这并不是说,它恰恰永远是最坏的事例,因为在我看来,那种笨拙地表现德行的做法几乎是更加糟糕的,因为这种做法使德行本身也变得笨拙了。

艺术活动,就其自身的逢迎和妨碍作用来说,经常被称为情趣;众所周知,情趣在不同的艺术家和真正的艺术鉴赏家身上是"同年龄相吻合"的。这恰恰就是说,在青年时代,人们往往喜欢热情奔放的艺术,它既充满旺盛的活力,又有浓重的朦胧色彩,在这种艺术中,直接而实际的表现(爱恋、反抗、爱国、人性或其他色彩的表现)比比皆是。但随着对上述廉价热情逐渐感到满足甚至感到厌烦,人们于是就越来越喜欢那些获得形式上的纯正、令人百看不厌、百读不烦的艺术作品以及艺术作品的某些部分和篇章了。艺术家在自己的创造工作中也就变得越来越难以驾驭、难以满足。批评家在自己的判断中也会变得越来越难下结论,不过,在自己的鉴赏中却变得越来越热烈,越来越深刻。

既然我们已经谈到这个问题,我就想继续谈下去,指出:艺术哲学或美学,犹如一切科学一样,都不能生活于时代以外,亦即不能生活于历史条件之外,因此,美学要依照时代来展示同自己的客体有关的这类或那类问题。这样,在文艺复兴时期,鉴于诗歌和艺术正处于自身的新的发展过程当中,并抵制中世纪的那种庸俗而粗糙的做法,美学理论就特别突出规则性、对称性、构图、语言、风格等问题,并在前人模式的基础上重新建立形式规范。而历时三个世纪,这以后,上述规范变得迂腐起来,压抑住情感和幻想在艺术上的发挥,同时欧洲在理智上得到全面发展,在诗意上则陷于枯竭,从而作为反应,导致了浪漫主义的出现(浪漫主义甚至曾试图促成中世纪的复兴),这时,与此相应的美学则又充满幻想、天才、热情等问题,推翻并打乱种类和规则,并研究灵感和自发创作的价值了。但是,如今历经一百五十年的浪漫主义之后，美学却又更加突出有关艺术真实的宇宙性或全面性的学说，更加突出艺术真实所要求做到的剔除情感和激情的具体倾向和直接形式这一问题，这到底有什么不好呢？确实，我们看到，在法国和其他什么地方，人们现在又讨论什么"复古"问题，即恢复布瓦洛①和伟大路易十四时代的文学的问题，这不是什么毫无轻率之嫌的举动，而且复古本身也是办不到的，正如文艺复兴不可能复古，浪漫主义不可能回到中世纪一样。此外，在我看来，上述古典主义倡导者们大多数似乎还醉心于充满激情和情感的诗歌，这种诗歌比他们所要打倒的对手更加糟糕，因为他们的这些对手往往是些朴素的灵魂，也正因如此，这些朴素的灵魂更容易加以纠正，也更容易变为古典主义类型的艺术家。总之，一般说来，这种需要是合乎情理的，因为它被当前历史条件证明是正确的。

根据一种多次更新的看法，现代文学，亦即近一百五十年的文学，就其总的面貌来看，具有一种深刻的忏悔的气息，这一时代的文学代表作也恰恰就是日内瓦这位哲学家②的《忏悔录》。这一突出的忏悔性质表明，在现代文学中充满了个人的、特殊的、实际的、自传式的因素，充满了我上面所说的那种"发泄"，我是把这种"发泄"同表现区别开来的。同时，这种突出的忏悔性质也显示出在完整的真理关系方面的相对弱点，因而也就是我们经常称之为风格的那种东西的虚弱性或贫乏性。虽然多次争论过妇女在文学中何以逐渐起着日益广泛作用的原因（一位《诗意》的德国作者，即博林斯基曾认为，现代社会热衷于为事业和政治进行日常的艰巨斗争，于是就赋予妇女以吟诗作歌的职能，就像过去嗜战的原始社会把这种职能赋予女主持和女预言家一样），但在我看来，显而易见的却是，真正的原因应当就在现代文学所具有的上述"忏悔"性质。正是在这种性质的影响下，才为妇女大开方便之门，因为妇女一般是多情的和求实的，正如她们经常阅读一些诗

---

① 布瓦洛(1636—1711)，法国著名新古典主义诗人。——译注
② 指卢梭，他生在日内瓦。——译注

歌，强调指出一切类似她们自己个人在爱情上幸与不幸的遭遇一样，当她们被邀请倾诉衷肠时，她们也总是悠然自得的；她们并不过多地忧虑缺乏风格，正如有人曾振振有词地说过的："Le style, ce n'est pas la femme."① 妇女在现代文学中称雄一时，因为男人本身在美学上已经大大女性化了，而女性化的标志就是寡廉鲜耻，正因如此，他们才把自己的全部贫困和那种真诚的狂热展示出来，其实，这种寡廉鲜耻如要成为狂热，就不可能成为真诚，只不过或多或少地做到灵巧地装腔作势，这种做法能使人依照卢梭首先提供的榜样，用玩世不恭的手法取得信任。正如病人，乃至病势沉重的病人那样，他们自愿地服用一些药品，这些药品表面上看能减轻病情，实际上却加重病痛。这样一来，在整个十九世纪，甚至到我们今天，接二连三地发生许许多多想要恢复形式与风格，恢复艺术的不受情感左右，庄重、平和的特点，以及纯粹的美的这样一种尝试；这些东西，如就其本身来进行探讨，能提供新的线索，证明我们所看到的那种缺陷，但是这种缺陷是无法纠正的。更加富有男性魄力的则是另一种尝试，即要通过现实主义和真实主义来超越浪漫主义，同时求助于自然科学和自然科学所提倡的那种态度。不过，在给予特殊性乃至一系列特殊性以突出地位方面，那种夸张手法，在这样一个学派当中并没有被削弱，而是得到加强：无论就其来源或性质来说，这个学派本身都是浪漫主义的。其他一些众所周知的文学表现方法也应当归诸夸张手法：从在法国主要以龚古尔兄弟为倡导和代表的"艺术性写作"，到我们的帕斯科利②为使直接印象得到现实主义的体现而做出的紧张努力；而正是这些直接印象，从一定意义上说，使帕斯科利成为未来主义和嘈音音乐的先驱。

现代文学的伟大躯体所感染的病态特征，很早就为人觉察到了，而且不是由一些小批评家们觉察到的，而是由大艺术家们，欧洲最大的艺术家们觉察到的；沃尔夫冈·歌德和贾科摩·莱奥帕尔迪几乎用

---

① 法文，意为"风格不是女人"。——译注
② 帕斯科利(1855—1912)，意大利著名诗人。——译注

同样的语言对比了古人和今人,尽管他们彼此并不认识。古人(这是德国的这位诗人说的)"代表着存在,而我们则通常代表着效果;他们描绘的是恐怖,我们则怀着恐怖的心情描绘着;他们描绘的是欣悦,我们则怀着欣悦的心情描绘着:……由此就产生了一切夸张之作,一切矫揉造作之物,一切虚假的优雅,一切羞怯之情,因为当人们从事制造效果的工作并为效果而工作时,绝不相信自己已经使人足够地感觉到这种效果了"。意大利的那位诗人则颂扬古人的"朴实"和"自然","正因如此,古人就不像今人那样追求事物的琐碎细节,从而明显地表明作家是怎样进行研究的,作家不是像自然本身展现事物那样对事物做出叙述或描绘,而是细心揣摩,观察环境,根据想要取得什么效果来缩短或拉长描绘:这样做就可以展示意图,摧毁自然而然的随心所欲和粗心大意,表现出艺术和情感,并更多地把诗人而不是事物注入诗歌中去,让诗人而不是事物说话",这样一来,古人"对诗歌或艺术所造成的印象"就是"无限的,而今人所造成的印象却是有限的"。歌德也曾因为自己创造过一个美妙的词令来讥讽浪漫主义者而扬扬自得,那就是"传染病院式的诗";他曾用"蒂尔德①式的诗"来同"传染病院式的诗"对抗,"蒂尔德式的诗"不只是歌唱战争歌曲的诗,而且完全是一种"鼓舞人们斗志,以坚持为生活而斗争"的诗。虽然奥斯卡·王尔德曾提出抗议,反对用形容词"病态"来形容名词"艺术",但这位抗议者自身的人品却证明这个形容词是贴切的。

  一种文学或艺术的"一般性"是不应当直接地搬用到这种文学或艺术所产生的诗作上去的,如作为判断,就更为不妥了。相反的,正如我们所知道的,这种"一般性"根本不能做出任何真正的美学和艺术的说明,而是只能表现出一种实用的倾向,而这种倾向只能在一种于文学上本不是真正艺术的作品当中存在,也就是说,只能在文学的素材当中,有时甚至是在文学的弊病当中存在。提醒如下一点,似乎是多

---

① 蒂尔德,生活于公元前七世纪左右的描写战争的古希腊诗人。——译注

三 艺术表现的全面性

余的,即天才的艺术家、才华横溢的诗人、伟大的作品和伟大的篇章,亦即所有那些只在诗的历史当中才有价值的东西,是不会屈服于病态或一般倾向的。伟大的诗人和艺术家从每个国家和每个时代汇集到这个光辉灿烂的范畴中来了,在那里,他们都作为公民受到欢迎,相互称兄道弟,不论他们是属于公元前八世纪,还是属于公元后二十世纪,不论他们是穿着希腊人的短衫,还是佛罗伦萨人的长袍,是穿着英国人的夹克衫,还是东方人的白色亚麻布衫;他们都是地地道道的古典主义者,而这个词,在我看来,是原始和开化、灵感与学派的特殊融合。但是,如果认为,确定某个时代的思想、感情、文化流派无助于诗的研究,那是错误的。因为,首先,这样做有助于使如下原则具有具体而有效的形式,即根据这个原则来区分和辨别真正艺术家的艺术同半艺术家、非艺术家和匠师的艺术;其次,这样做有助于认识伟大的艺术家,并做好准备去发现应当克服的困难和如何战胜须予以加工和提高到艺术水平之上的那种难以对付的素材的办法;最后,这样做也有助于解释那些伟大艺术家的某些缺陷(既然这些人也是要离开人世的)。

但是,确定主要倾向或一般性质对于艺术家来说,也起着警告作用,使他们警觉起来,防范他们在从事创作的条件下往往会遇到的敌人,而对于这种敌人,批评是无法给他们以任何其他帮助的,除了十分笼统的警告。

但是,批评可以更具体地做出这种警告,规劝他们不要听信这样一些人的话:他们过去和现在都解释说,上述心理状态是为某一具体国家的人民或某一具体的种族所固有,后来则传染给其他国家的人民;因为不论如下情况是多么符合实际,即日耳曼各国人民当中,使用这种直接、粗暴和庸俗的表现是十分常见的,正如那些社会进化历史更短的各国人民一样,实际上,这种表现却是说明一般人的心理状态,不论任何时代、任何地点都有;从历史上说,这种表现自十七世纪末以来在欧洲各地都曾存在,因为它符合一般的哲学条件、宗教条件和道德条件。

正由于前面所指出的情况,这种倾向只不过是间接地属于文学性质,首先而直接地,则是来源于哲学、宗教和道德。

试图以美学形式主义的办法来战胜这种倾向,那是徒劳的,因为这样做几乎是出自对修辞或技术的无知。

在这方面所做的任何尝试即使成功也并不可取,这是人们牢记不忘的。

通过欧洲人心灵之于新信仰的加强,病态必将减退,而且几乎必将消失,最终也必将获得以焦虑、辛劳和洒下鲜血为代价换来的成果;病态的减退和消失必将如过去遭到人们的抗击和战胜一样,而且它在每位艺术家身上也可以被抗击和战胜,这也正是由于艺术家们的哲学、伦理、宗教性格的健康发展所致,亦即他们的个性——艺术和任何其他事物的基础——所致。

如果病态不能减退,相反,却进一步加剧,而且在不久的将来变得更加复杂了,那就说明:我们经受过并且还在经受着痛苦折磨的人类社会必不可少地还要遇到更长期的考验,尽管如此,真正的艺术家还是永远能够从病毒的泛滥中汲取全面的真理和形式的古典特色,正如十九世纪期间那些伟大的艺术家所能做到的那样,现代文学正由于这些伟大的艺术家而备感荣幸,他们是歌德、福斯科洛①、曼佐尼②和莱奥帕尔迪,还有托尔斯泰、莫泊桑、易卜生和卡尔杜齐③。

1917 年

---

① 福斯科洛(1778—1827),意大利十九世纪上半叶著名诗人、小说家和评论家。——译注
② 曼佐尼(1785—1873),意大利十九世纪著名小说家,世界名著《约婚夫妇》的作者。——译注
③ 卡尔杜齐(1835—1907),意大利著名诗人,1906 年获诺贝尔文学奖。——译注

四　纯表现和其他所谓表现

1. 情感的表现或直接的表现

情感的表现或直接的表现，按一般说法，叫作"表现"，但是，无论从理论上说，还是从实践上说，都并非如此，也就是说，并不是积极意义上和创造意义上的表现，因为就直接一点而言，只有积极意义上和创造意义上的表现才是正确的表现。同样的，人们说，温度计的三十八度是发烧的"表现"，阴霾密布的天空是即将落雨的"表现"，兑换率的提高是某种货币的购买力减少的"表现"，面孔泛起某种红晕是羞涩的"表现"或是所谓愤怒的"表现"。正如在上述各种情况下，我们所看到的那些具体情节起着说明某些事实的迹象的作用（但其实就是这些事实的一部分，而且是无法同这些事实分割开来或区分开来的）一样，对于观察者说来，以具体声色显示的情感表现或激情表现，也是某种情感或激情的征兆，不过，对于那个怀有这种情感表现的人来说，则就是这种情感本身，而那种所谓的表现正是这种情感的组成部分。

也可以把这种情感表现缩小为它的一个细胞，亦即缩小为它的最简单、最起码的形态，这时，情感表现就会成为感叹词，例如"哦！""啊！""嘿！""唉！""噢！"等等。但是，这种感叹词并不是诗歌里面迸发出来的那种感叹词，文法家们根据他们的抽象说法，是把这种感叹词作为"讲话中各个部分"的一个部分来对待的，这样一来，这个感叹词就变为理论的或实践的感叹词，以至于可以把它看作"天然"的感叹词,它发自肺腑和咽喉,发自感受惊愕、欢喜、痛苦、烦躁、恐惧的人的肺腑和咽喉;是情感和情绪震动了这个人,从而转化为发出的声音。当人们想用抑制力来消除这种声音的表现(这种抑制力是依靠谨慎做法或良好教育来起作用的)时,则只能压抑住这种声音表现,而被压抑的情感本身却为自己又打开其他缺口,亦即转化为其他多少相似的情感色调,这些情感色调是用手势、模拟动作、面部肌肉的蠕动、抑制力本身的作用(这种作用有时是外露的)来表现的。从嘴唇里不仅会迸发出上面列举的种种感叹词,而且还可以涌现出悬河般的话语,这些话语要比拜伦《唐璜》中的女人朱丽亚被丈夫从床上惊起时佯作愤怒,用八行诗的流畅形式讲出的那些话语更为充实,更为急促;这些流水般的声响可以灌入写作之中,并在一些作品和一系列大部头的书籍当中得到发挥,不过,这种泉涌般的现象固然是情感冲动的结果,这些话语却毕竟始终是一些感叹词,而正因如此,情感,而不是情感在理论上的表现,就意味着一种新的精神活动,一种新的意识形态。查尔斯·达尔文虽然是一位自然科学家,但他却并不怀疑要确认两种事物的差异性,这种差异性被那种同音异义的现象掩盖住了;他当时在着手研究人和动物的情感表现时,曾希望从画家和雕刻家的作品中求得帮助,但从中他什么也没有得到,或者几乎是一无所获,显然——他曾这样写道——这是因为"在艺术作品中,首要目的是美,而面部肌肉的猛烈抽搐是同美不相容的"。

把情感表现和自然表现(亦即非表现)同诗的表现二者加以交换,这主要是浪漫主义者在其理论和判断中所采取的做法。他们的理论和判断尽管并不总是符合真正的艺术作品的,却是符合他们自己的幻想的;某些后浪漫主义学派和当今的浪漫主义学派也又一次陷入这种做法之中,前后二者仅有这样一点差别,即这些学派碰巧没有提供如我们往往在以往的浪漫主义学派的作品中可以看到的,那么高尚、那么富有人情味的激情表现。明确的诗的意识是反对这种浪漫主义倾向的,在意大利有乔苏埃·卡尔杜齐,他拒绝当时流行的做法,即把"心灵"奉为偶像,作为诗的天才,他那针对"有损伟大纯艺术的丑恶肌肉"而发出的讥讽和咒骂是众所周知的;在法国,则有波德莱尔和福楼拜,福楼拜出于维护艺术的过分热情,曾提出艺术"非人格性"的怪论。本文只想提一下这场长期鏖战中的几个人物和事件而已。在我们提及这场鏖战和在其中有时扮演鼓舞激情、情感和心灵的角色的人物(这些人物均非凡夫俗子,但由于他们有汹涌澎湃的崇高情感或善良情感,他们把艺术、诗的严格性和美的思想置诸脑后,或对艺术、诗的严格性和美的思想产生抵触情绪)时,我们就会有介于羞耻和烦恼之间的某种感觉,这时,我们也就会不得不重新听从那种把诗说成是情感的理论,而这种理论实际上是学究和教授式的内容贫乏的诡辩之谈,因为这些学究和教授既对艺术感觉迟钝,又对艺术学说的历史发展一窍不通。但是,还是应当指出,这些人所采用的论据,即认为情感不是什么不成形的材料,而是既有形式又能表现的,实际上是多此一举,因为我们非常清楚,而且这在上面已经得到承认了,即情感像任何行为和物体一样(正如诗的直觉本身一样,它从来不是不能表现的),并不是什么没有形态的精神,恰恰相反,它既是灵魂又是肉体,既属内在又属外在,它是被分裂在自然主义的抽象之中的,它整个化为现实,而在这个现实当中,概念也变为肉体了。但是,这些人的论据却没有采取另一种做法,这是他们不敢触及的,这一做法就是诗的表现,而诗的表现同情感的虚假表现是截然不同的。甚至那位长久以来几乎被奉为艺术狂热象征的伟人,即威廉·莎士比亚,在他的作品中不仅有同他自己相反的人物,而且当他使人看到他的某些理论信念时,也并不是停留在情感和激情上,他把诗说成是一种魔术,通过这种魔术,诗人把眼睛从天上转到地下,又从地下转到天上,使"空虚之物"有了形象、地点和姓名;他还叮嘱艺术家们不可发泄狂暴之情,即使处于急风暴雨之中,陷入感情的旋涡之内,也要保持 temperance 和 smoothness①。

只有根据随上述情感之后而来的诗的表现以及通过随上述情感之后而采取的行动,情感才不再是形式,而是物质,这是精神规律造成

---

① 意为"节制","冷静"。——译注

的,按照精神规律,在精神的生动辩证法中,那种原来属于前一阶段的形式的东西,由于在后一阶段接受了另一种形式而沦为物质。正如激情一样,激情在满怀热情的人身上有其形式,但当它在此人身上引起思索,从而成为这种思索的对象时,它也就沦为物质了。物质和形式的关系并不是什么自然主义的因果关系,这几乎是不在话下的,甚至不必用隐喻的手法,但是,物质和形式的关系也不是什么原型和复制品的关系,像一般议论当中所用种种譬喻似乎指出的那样,说什么语言"表达"或"代表"情感,艺术就是自然和现实的"形象"或对自然和现实的"模拟"或"效仿"。那种认为是复制品(Abbild①)的天真理论其实是把这类譬喻上升到逻辑关系,这种理论已经遭到认识论以轻而易举的证明给予的驳斥。认识论证明:这种天真理论想以有待认识的事物的两重性来代替认识行动,是徒劳无益的,因此,这种认为是"复制品"的天真理论,在艺术上是早已遭到大众以彩色蜡像为论据给予的驳斥,彩色蜡像使人对现实产生幻想,但也并不因此就成为绘画或雕刻。还有一种论据也驳倒了这种天真理论,即认为:正如有些人所知道的,对犬吠、猫叫和狮吼的完美仿造并不等于作诗或艺术创作。诗是不能抄袭或模仿情感的,因为情感在其自身的领域中有其自身的形式,而在诗的面前是没有形式的,在诗的面前没有任何确定的东西,有的只是混乱,而既然混乱只是一种否定因素,那就等于一无所有。诗创造其自身,正如任何其他精神活动一样,它既是问题又是解决问题的办法,既是内容又是形式,它不是什么无形的东西,而是有形的东西。在诗迸发出火花之前,从光亮和阴影中是看不出什么形象来的,所看到的只是一片黑暗;只有诗的火花才能照出光亮;正是有了这一光亮,荷马的出现才能比作旭日东升,普照大地;"荷马的光明"仍然是任何真正诗歌的特征。

虽然黑暗并非不存在的东西,正如"无"之并非"无"一样,但是,

---

① 德文,意为"模拟"。——译注

按照上面所说的,黑暗毕竟是一张底片,而作为底片,它是从正片产生出来的。如果那个不成形的情感不带来这一正片,诗也便不会由此产生,因为精神并不是什么抽象之物,同样,精神的各种形式也不是彼此互不关联的("nulla ars in se tota versatur"①),不过,精神的每一种形式却是依靠其他形式的生活而生活的。此外,经常可以从那些批评家们、诗人们以及精细的行家里手身上看到过分热衷于辩护的意图,他们认为,诗是美的创造,但却没有任何内容,没有任何含义,几乎等于说,美并不是情感的转化,这种情感的转化正如《马太福音》里所描述的另一种转化一样,是"resplendet facies sicut sol, vestimenta facta sunt alba ut nix"②。

如果对属于艺术和诗歌的东西毫无认识,而又不像实际上所做的那样信口雌黄,另一方面,如果那种把认识看成复制的顽强观念以及把精神创造作为抽象创造的顽强观念不继续存在下去,那也就不会有什么刺激的东西,使人去论证和说明诗是有别于情感的,情感是诗的必要材料,诗是情感的转化了;所有这些命题都是不容争辩,也无可争辩的。确实,每个人都能从自己身上发觉诗表现的产生,不论这种表现是多么微弱,它们总会从人们所感受的激动心情中迸发出来,这种激动心情只有在语言中才能获得自我确定和自我承认。每一个人都可以从自己的这些经历中假设得到那些作为真正的诗人或卓越的诗人的同样感受,尽管他并不清楚这些诗人的激情生活究竟如何,因此,可以轻而易举地想象出一些谈情说爱、英勇壮烈、悲苦凄惨、令人断肠的小说和悲剧,而且把自己当作其中的主角或蒙受损害的艺术家和诗人,同时还以同样的想象力把幻想同情感联系起来。歌德不厌其烦地一再指出,任何诗歌都是"即兴诗歌",因为只有现实才能为诗歌提供"刺激"和"材料";他在谈到自己广泛而多样的抒情作品、悲剧作品、

---

① 拉丁文,意为"任何艺术都不是自身包揽一切的"。——译注
② 拉丁文,意为"面孔像太阳般地容光焕发,衣服像晨曦和白雪一样洁白无瑕"。——译注

田园作品以及诗歌和短篇小说时甚至写道:他把这些作品看成是"一次大忏悔的若干片段"。他还说:他曾使自己摆脱令他感到欢悦或痛苦的那个东西,否则自己就会被这种东西所占有,其办法就是把这种东西变为"形象",也就是说,用那种理论工作来做到这一点:这种理论工作在有关诗与激情的关系上被命名为"净化"。

2. 诗的表现

那么什么是平息和转化情感的诗的表现呢？正如上面所说的,诗的表现与情感不同,它是一种论述,一种认识,而正因如此,凡情感符合特性时,不管这种情感的产生是多么崇高,多么高尚,它也必然是在激情的片面性当中活动的,是在善与恶的对立当中,在享乐和受苦的追求当中活动的。诗把特性和普遍性结合在一起,容纳痛苦和欢乐,并一视同仁地超越它们;它还提高对整体的各个部分的看法,超脱某些部分同另一些部分之间的对抗,使和谐压倒反差,使无限的广度压倒有限的狭度。这种普遍性和完整性的痕迹就是诗的特征。凡是在虽似乎有形象,却觉得诗的上述特征显得薄弱和欠缺时,我们就可以说,形象不够完整,这个形象是指"最高的想象",是创造性的幻想,内在的诗。既然诗同任何其他形式一样,若没有精神自身的内在斗争,在本文所说的情况下,是若不与情感做斗争,那么就无法实现,因为情感在为诗提供材料的同时,也给诗带来来自材料方面的压力和障碍,一旦斗争获胜,材料就会转化为形象。这种胜利是以已经获得的平静为标志的,尽管在这平静当中依然还有激动的情绪在颤动,就像微笑中含着一滴泪水,这微笑使泪水变得更为晶莹透彻。这种胜利还有一种标志,即新的、净化的情感,而这情感正是美的喜悦。

诗的作品在古希腊人看来,是如此令人神往,几乎像是奇迹般的东西,因此他们曾把诗的作品比作神的启示,比作热情、愤怒和神的狂热。古希腊的行吟诗人把缪斯所钟爱的弟子同凡夫俗子区别开来,盛赞他们是受上帝的启示,因而他们的歌唱可以响彻辽阔的苍穹。现代人也没有完全否定他们这种可敬的特点。确实,现代人往往一致对诗人表示钦佩,甚而几乎是怀着敬仰之情加以保护;"启示"的特权和"才华"的天赋主要(虽然不是唯一)是归于诗人的。严格地说,启示和才华以及 quid divinum①,都是存于每个人身上和每个人的作品当中,不然,它们也便不是真正属于人的了。这些特征在诗的创作中似乎是很突出的,不过,这种突出恰恰来自这样一点,即从个性转到普遍性,从有限转到无限,而这种情况并不存在于,或是并不以前面所说的那种方式存在于实践和激情当中,因为在那里,情况恰恰相反。这种情况虽然存在于思维和哲学当中,但所处的地位是次要的,并被诗加以调和。同哲学的认识比较,诗的认识似乎是另一种样子,不只是一种认识、生产、冶炼、塑造和 ποιετν②(诗这个名称正是由此而来的,并且保留在我们的语言里),而正是由于诗的关系,才破天荒第一次抛弃了把认识作为接受力的思想,而提出了把认识作为行动的思想。

但是,为了使诗所具备的普遍性、神圣性和宇宙性不致被人误解,不致通过把诗单只限制在某一种诗的声调上而使之物质化,或者为了使诗不致遇到更糟的情况,竟给自己制定一项有待实行的诗的纲领和某种必须做到这一点的学派的纲领(我们过去和现在都可以看到有这种不自量力的打算),应当还是把这些说法变为不致使人产生上述含糊概念的其他说法为是。因此,我们要说,那种普遍性和随之而来的种种同义语,只不过是对诗的看法的完整而不可分的人情味罢了,而且不论这种看法在哪里形成,也不论其特殊的内容如何,我们都可以从这个特殊的内容本身当中找到这种普遍性,也无须由无限性、宇宙性和上帝以直接的形象插手其中,正如在 Coeli enarrant 或 Laudes creat-

---

① 拉丁文,意为"某种神圣的东西"。——译注
② 古希腊文,意为"吟诵"。——译注

urarum①中所说的那样。此外,不仅这一点,而且还有任何一种把诗的材料同非诗的材料加以区分的做法(过去,在这方面,许多论著作者和哲学家曾白白花费了力气,如今看来是幸而没有人再想这样干了),都只限于去从诗的材料中寻找诗意,而这种诗意只存在于,而且也不能不存在于诗本身当中。有诗意的不仅是赫克托耳、阿亚西斯、安提戈涅、狄多、弗兰切斯卡、玛格丽特、麦克白、李尔王之类的人物,而且也是福斯塔夫、堂吉诃德、桑丘·潘沙之类的人物;不仅是考狄利亚、苔丝狄蒙娜、安德洛玛刻之类的人物,也是曼侬·列斯科和爱玛·包法利或费加罗世界里的伯爵夫人和舍鲁班之类的人物;不仅可以聆听福斯科洛、维尼或济慈的诗,而且还可以聆听维庸②的诗;不仅维吉尔式的六音诗是充满诗意的,而且梅尔林·科卡伊③的非规律的六音诗也是如此,因为科卡伊的六音诗具有非常优美的清新的人情味的特点;不仅彼特拉克④的十四行诗有诗意,甚至连菲登齐奥·格洛托克里西奥⑤的那些带有学究气的讽刺性十四行诗也是如此。最朴实的民歌只要闪烁出人性的光辉,也便是诗,它能同任何其他上乘的诗相媲美。一种自抬身价的骄矜之气会使人不愿承认这一点,即使面对着一些展现欢颜笑语的作品,但是,面对着一些凝聚着浓重的庄严、沉痛、哀伤、可怖的气氛的作品,却又倾向于做这样的承认。不过,如下情况也屡见不鲜,即上述最后一类作品的语调表现得既死板又生硬,既粗暴又缺乏诗意,然而那种欢颜笑语,对于那些阅读此类作品的人来说,却也能展示出痛苦的迹象和对人类的了解。

能表达诗在人们心目中留下对它本身的那种印象的,是"忧郁"一

---

① 拉丁文,意为"上天的解释","生命赞歌"。——译注
② 维庸(1431—1474),法国著名诗人,《被绞死者之歌》作者,曾被判死刑,获赦后改为放逐,后下落不明。——译注
③ 科卡伊(1496—1544),意大利诗人。真名福莱哥,擅长写讽刺诗、幽默诗。——译注
④ 彼特拉克(1304—1374),意大利文艺复兴时期最伟大的诗人之一。——译注
⑤ 格洛托克里西奥(1526—1565),意大利诗人。真名斯克罗伐,以写爱情诗和讽刺诗闻名。——译注

词,因此,这个词就自然而然地出现在人们的唇边。的确,种种反差的调和(只有蓬勃的生命才会在种种反差中挣扎)、激情的丧失(激情会给人带来痛苦,同时也会带来无限柔情)、脱离尘寰(这尘寰使我们变成猛兽,然而我们在其中也可以享乐、受苦和陶醉于梦境)、把诗抬高到天上去,所有这些都一概是一种向后看的行为,这种行为尽管无所惋惜,却仍有一些惋惜的味道。过去人们把诗同爱并列在一起,犹如爱的同胞姊妹,并使之同爱相结合,水乳交融般地化为一个整体,这整体又像是爱,又像是诗。但是,一旦整个现实都消耗在爱的激情之中,诗也就成为爱的没落了;这是爱在记忆的无痛消亡中的没落。这像是有一层哀愁的面纱遮住了美,但这又不是面纱,而是美本身的面貌。

3. 散文的表现

认为诗是想象、梦幻、非现实的范畴,这是共同的认识,但也并不是不容修改和纠正的,因为应当更确切地给诗下定义,说明它是这样一种接近把现实同非现实二者区分开来的东西,因此,不能用上述两种对立的类别中的任何一种来说明诗的性质。诗是一种纯质量的范畴,没有存在的头衔,也就是说,既没有思维又没有批判,思维和批判在把幻想世界同现实世界区分开来的同时,又把幻想世界变为现实世界。散文的表现同诗的表现没有什么两样,除非是作为有别于思维的幻想,有别于哲学的诗。任何其他以具体区分发声和发声的不同部位以及声音的连续性、节奏和韵脚为基础的区别,都没有也绝不可能得出任何结果,不管对我们现在正在研究的这种表现形式,还是任何其他表现形式来说,都是如此;所有这些表现形式都是来自外部的,它们呈现出同样的声音、同样的部位和连续性,或者呈现出微弱的、无中生有的差异性。关于诗表现和散文表现的不同之处,可以说,这个问题早从亚里士多德断言它根本不存在的时候起就已经完全解决了,亚里士多德当时就指出,既有语言连贯或押韵的哲学,也有语言松散的诗;

在现时代,也绝不可能在希望得出与此不同的结论的情况下重提这个问题。

根据过去在诗和哲学之间所确立的关系,我们一眼就可以看出,而且几乎会抱着惊奇之感地看出:有些理论是非常错误的,它们虽然没有索性把诗和哲学等同起来,却把诗放在从属哲学的地位,由哲学引导诗走向某个目的,为诗做有关各个部分的合理安排。哲学对诗没有任何权力("Sorbonae nullum ius in Parnasso"①),因为诗的产生不需要有哲学,并且是先于哲学。不仅如此,哲学一旦靠近了诗,不仅不能使诗产生或给诗带来活力,反而会使诗死亡,因为诗世界的死亡正是在它转入批判的世界和现实的世界中去的时候。不过,上述错误看法同所有错误一样(只要这些错误不致像那些学究和教授们所犯的那种陷于僵化的错误,不致沦为机械地重复一些公式),也包含一些生动的真理因素,其中之一就是正当地要求反对胡乱地发泄激情、滥用温情主义和肉欲,而确认诗的思想性和哲理性以及诗的哲理论述。在这种关系当中,人们看得很对,但说得很糟,因为人们断言:在诗当中应当有批判,而且确实也有批判,若没有批判,就不会臻于完善,不会获得美。而人们没有注意到,在上述情况下,"批判"只不过是一种比喻,这种比喻在我们前面已经讲到的或下面就要讲到的其他情况下,则会变为一种口角,这时,它就同比喻所据以产生的思想混为一谈了,这样一来,就有了名副其实的批判,而这种批判就是把现实同非现实加以区别,从而使诗黯然失色,正如我们前面所看到的,使诗寿终正寝。但是,另一种批判,即比喻式的批判,则不过是同一个诗罢了,而诗若没有自我管辖的能力,没有内在的抑制力,用贺拉斯的话来说,即"sibi imperiosa"②,无所受和无所不受,无所感和无所拒,只是"tacito quodan

---

① 拉丁文,意为"在帕尔纳索斯山,不存在任何被人吞没的权利"。帕尔纳索斯山传说是太阳神阿波罗和诗神缪斯的山。——译注
② 拉丁文,意为"自我约束"。——译注

sensu"①，那它是无法完成自己的作品的；只要诗不能从声响所表现的形象当中得到自我满足，也是无法完成自己的作品的。在这方面，诗正如人的每个行为一样，即人在做每一件事时内心都会感到哪些有利，哪些有害。或者，也许我们可以把一个人的这样一种动作叫作"经济理论和批判"吧？这个人在椅子上把自己的身躯转来转去，直到找到合适的位置，找到同椅子取得一致的地方，一旦问题解决了，他也就坐得舒服了。或者，我们可以把产妇分娩时的用劲、间歇和再用劲叫作"妇科的批判"吧？我们之所以举出这第二个比喻，因为人们往往谈论的恰恰就是什么"天才分娩的痛楚"。真正的诗人并非想当然地会有轻而易举的分娩的，况且每件事若能立即化为诗句，这种轻而易举的现象也并非什么好迹象，而"piget corrigere et longi ferre laboris onus"②，奥维德③做过这样的自供，他这样说对他而言并非什么光彩的事。

　　这并不是说，名副其实的判断不能对诗的创作过程进行干预，或者不如说，不能对诗的创作过程的停顿和间歇进行干预，而是说，如果这些判断是思考和看法，那么这种名副其实的判断虽然有助于驱除理论上的偏见，但在诗的问题上，却是不起作用的，因为丰富多产的才能仅仅取决于显著的自我支撑力和自我纠正力，而这一点又不是什么非自觉的、本能的东西，正如其他人有意这样讲的那样，相反，这是主动的、自觉的东西，尽管不是什么自动的觉悟，理所当然地与众不同，而相反，批判的判断力却恰恰如此。由于这个缘故，拒绝承认批判对诗的创作起局外的、无效的作用，同时提醒人们注意对那些认为"自然不意味着"诗的语言的人来说，"成千个雅典和成千个罗马"都不会意味着诗的语言。这从另一方面来说就等于抛弃那种竟认为有缺乏情趣

---

① 拉丁文，意为"以某种方式使感觉不起作用"。——译注
② 拉丁文，意为"纠正特别是经过长时间顽强进行的艰苦劳动是令人遗憾的"。——译注
③ 奥维德（前43—17），以多产、出口成章著称的古罗马诗人。——译注

的天才的自相矛盾的概念(除非人们所要指的是一种变化无常、时断时续的天才),相反,就等于重申了:天才与情趣是相一致的,天才与情趣就是一个东西。

另有一个原因也使诗同哲学之间的虚假关系具有表面的真实性,那就是把哲学看成纯思想的冥想;这些纯思想由于从抽象转为形象,就成为神化的东西,展现出某种神话的力量,这种力量比最初流行的神话更为细致,但从实质上说,其幻想性并不逊色。正因为具有幻想性,这个由理想因素构成的超凡世界,也就有了一种人世间的形象,既有人的音容笑貌,又有人的行为举止,是类似荷马史诗中神的世界的一个新的奥林匹斯山;因此,这样一个世界就像任何其他自然现实一样,将自身献给了诗,而且对于那些冥想这个世界或从幻觉中看到这个世界的人来说,这个世界就像是最有价值、最高深的问题一样。但是,认真地思考和用哲学推理,是与那种抽象地或神话般地冥思苦想大不相同的,因为它是在判断,亦即在进一步考虑思想、问题和观念,但其唯一的目的在于判断事实;判断意味着弄清性质,把现实和非现实区别开来,而这一点是诗所不为、不能为和无心为的,因为诗只满足于自己。如果有谁了解思维和哲学的其他定义,那就请不吝赐教,来纠正和扩展我们的视野,因为我们的视野是被约束在我们认为是无法逾越的这些界限之内的。如果这一点不说明的话,那么以下情况还是不能改变的,即其他思想是不可能有的,除非是判断;其他确定判断的东西也是不可能有的,除非是确定现实和历史的存在。即使在考虑纯思想,亦即纯属判断类别的问题(现实与非现实、存在与不存在、真与伪、善与恶,等等)时,这些纯思想也无非被认为是从事实中辨认出来的,其办法就是提出并解决围绕这些纯思想历史地形成的问题;这些纯思想本身不过是思维,不过是永远作为认识的主体而非认识的客体的思维。

那么,如果思维只不过起把现实形象同非现实形象区别开来的作用,它本身并不能创造形象,创造那些由幻想和诗向它提供的材料的形象的话,则散文的表现与诗的表现不同,它不会成为情感和情绪的表现,而只能成为确定思维的表现,因而,它不是成为形象,而是成为概念的象征或符号。

散文表现的这一特点在抽象科学的散文中相当明显,在数学中则极为明显,而在物理和化学中,以及在自然科学的各类学科中,明显的程度就略差了。此外,在哲学的专门研究部类也一样,因为这些部类只是根据其据以成立的事实本身,加以人为说明来划分的。但是在史学散文中,这一特点就不那么有效和肯定,而史学散文成为根本的范例,则因为它是做出具体而完整的判断的根本行为,其中许多符号似乎都是隐藏在一大堆形象的背后的。这些符号是那么多,以至于古代修辞学家认为,历史不同于其他散文,犹如不同于演说一样,因为它"proxima poetis et quodammodo carmen solutum"①,而这又是由"verbis ferme poetarum"②构成的。

如果我们拿一页小说,把它同一页历史放在一起,那么我们就会在这一页和那一页当中发现有同样的或类似的词汇,类似的遣词造句或音韵节奏,类似的形象描述,这样一来,就看不出二者之间有任何重大差别。但是,在一页小说当中,形象是存在于本能的统一当中的,并且依靠自己的力量保持自己在本能的统一当中的地位,而这种本能的统一也使某种特殊的情感具体化。在一页历史当中,形象则为某种看不见的,只是人们所设想到的和可以设想到的线索所牵动,正是从这种线索,而不是从本能和幻想当中获得一贯性和统一性。这些形象看起来像形象,但实际上则是已经实现了的概念,是正在起作用的种种类别的符号,这些符号体现在人物和行动当中,又彼此互异,相互对抗,以辩证的方式发展着。在小说页中,中心是一股热气,它传遍了这一页的各个部分;在历史页中,中心是一股寒流,它有力量熄灭或削弱每一朵能点燃起诗的熊熊烈火的火苗,它还有力量使思维线索抵制火

---

① 拉丁文,意为"类似诗,特别是在某种程度上类似互不联系的诗句"。——译注
② 拉丁文,意为"几乎像诗一般的词汇"。——译注

苗焚烧或拯救其于烈火之中,它把这些线索抖散开来,又结集在一起,然后又把它们解开,再次结集在一起,其目的就是要使这些线索符合自己的心愿。

  这也是一种按照它自己的方式演出的戏剧,思维的戏剧,即辩证法。那种寒流其实是包裹起来的一团烈火,它之所以显得冰冷,只不过是因为它要维护自己不被外在的烈火烧灼。某些旧学派的美学家,即那些在制造种种艺术的等级和体系方面浪费精力的美学家们,他们并不懂得要下决心把辩证法从他们所描绘的美的王国中排除出去,却正如我们的塔里①所说的,要把辩证法放在"边界"上,"犹如一个太阳,它虽然已经西斜,却仍在地平线上留下慰藉人心的一抹阳光,尽管是苍白无力的"。实际情况是,散文的灵魂与诗的灵魂完全不同,散文的灵魂在形成过程中采取的也是相反的态度。散文家所孕育的理想也是不同的和相反的,因为他的理想不是追求形象的感触性,而是追求符号的纯正,以至于不止一次根据这一理想构成如下空想,即要把每一个散文表现都降低为数学式的象征表现。而且,不仅斯宾诺莎和其他哲学家都曾以研究几何学的方式从事写作,或是试图采用计算的方法,更有历史学家(并且绝不是什么庸俗不堪的历史学家),如温琴佐·果科②,他们也企图在叙述历史时以字母表的字母来代替人物的姓名。我们把这种做法叫作空想,因为上述所用的都是符号,不论姓名、数字,还是代数上的字母,既不应当,也没有理由把适合于某种学科的符号移植到另一种学科上去。

  既然散文表现是象征或符号,它就不是语言,正如从另一方面来看,情感的自然表现也不是语言一样,诗的表现才是真正的语言。这就揭示了一种古老说法的深刻含义,这种古老说法认为:诗是"人类的母语"。还有一种古老说法则认为,"诗人先于散文家来到人世"。诗

---

① 塔里(1809—1884),意大利作家、美学家。——译注
② 温琴佐·果科(1770—1823),意大利著名历史学家和政治家。推崇维科思想,在主张民族统一方面,则先于马志尼。——译注

是纯而又纯的语言。过去当人们要深入探讨语言性质问题时(即使从半神话的形式方面进行这种探讨;在这种半神话形式中,人们把这个问题作为语言的历史根源提出来,几乎就在说,语言是一个以时代为根源的事实),人们曾不得不把一些肤浅的理论一个一个地排除掉,这些理论时而以感叹词来解释语言(激情或情感),时而又用象声词来解释语言(抄袭或模仿事物),时而用社会协议来解释语言(确定符号),时而用反复思索的思想活动来解释语言(逻辑分析),于是,人们最终还是诉诸诗所提供的解释原则。这样,维科就认为,"语言起源于诗"。而且其他人,如赫尔德,也曾描述过诗的创作过程,为的是以戏剧性的方式表现第一个创造第一个词语的人:这第一个词语并不是字典里的一个词汇,而是指由自身加以完成的一种表现,正如孕育在待放的蓓蕾中一样,是第一首诗。过去有人认为,那第一个诗一般的语言后来败坏了,沦为实用的语言和功利主义的手段,只是依靠天才所创造的奇迹,由为数不多的佼佼者才时而使它重获脱颖而出,像一条清澈的小溪在阳光下重新闪烁出晶莹的光芒。但是,语言是从未败坏过的,而且也从未丧失过自己诗一般的性质(否则便是违反自然的),那种无中生有的功利主义语言,更不过是一系列不成其为诗的表现,也就是说,是一系列感情用事的、散文般的表现,横竖是一些演讲术,我们下面就要讲到这个问题。即使在日常自我表白和讲话当中,也应当看一看——如果我们加以注意的话——话语是如何沿着自己的生动活跃的进程不断更新,不断通过想象来加以创造的,诗又是如何不断地像花一般地开放,而这诗是争奇斗妍、五彩缤纷的诗,有庄严肃穆的,也有温情脉脉的,有优雅纤巧的,也有娓娓动听的。

4. 演讲的表现

实践活动利用清晰的声响来激起特殊的情绪,这便是演讲的表现。为了诉诸最简单的形式,例如,为了表现感情,我们曾用一些感叹词来说明；为了演讲，我们则可以用命令式来表示："上去！""快！""滚！""下来！"诸如此类。但是，演讲利用这些命令语气，是作为声音，而不是作为话语，也不是作为概念符号，它并不是使诗的语言和形象服从和"屈就"它的目的，它这样说只不过是为说而说罢了，而且可能继续为说而说下去。

指出这一点是重要的，因为在旧的美学和艺术哲学里，曾有过"非自由的艺术"这个等级，这种艺术恰恰就是被用来屈就不相干的目的的。在这些"非自由的艺术"当中，除了那种被人们奇怪地称为"感性的非自由艺术"，亦即除了那些物品和用具，如房屋、花园、酒杯、项链（它们都有双重作用，既可以用于实践，又可以充当美学享受），还可以包括"幻想的非自由艺术"，即语言的非自由艺术，亦即演讲术，它是要使一系列诗的形象服从于实践用途的。但是，这样一来，就会犯下与精神对立的错误，尽管不晓得会这样去做，也不愿意这样做。与此同时，还会从哲学上容许并确认一种使幻想和思维处于屈就地位的做法，而幻想和思维本来是绝不能让别的东西来加以利用的，也绝不能让自己去屈就别的东西，它们从来不会让自己压住自己的声音、全部声音，充其量也不过可能使自己发出另一种声音，这种声音是矫揉造作的声音，因而就使真正的声音变得更为响亮了，也使悔恨的痛苦更为剧烈了。

演讲的表现就其内在结构来说是实践性的，它只是从经验主义方面，而不是从任何实质性方面有别于任何其他实践。看到昆提利安[①]陷于尴尬境地，几乎令人感到十分痛快，因为他试图给演讲表现指出一种确实与众不同的特性。他首先从"说服"作用中发现这种特性，但是，他在这样做的同时却发觉，这种说服也同样可以依靠发声以外的别的手段来起作用："verum et pecunia persuadet et gratia et auctoritas dicentis et dignitas postremo aspectus etiam ipse sine voce, quo vel recor-

---

① 昆提利安（35—95），古罗马作家、演说家，著有《雄辩术原理》十二卷。——译注

datio meritorum cuiusque vel facies aliqua miserabilis vel formae pulcritudo sententiam dictat."①他就此以那个使佛琳妮的美丽乳房裸露出来的伊佩里德斯为例,也以那个把阿奎利奥斯的衣裳撕开,发现他那光荣的疤痕的安东尼奥为例②。但是,随后又下决心说服对方从而"讲出一番话来"的做法,也并未使他感到满意,因为"Persuadent dicendo... vel ducunt in di quod volunt, alii quoque, ut meretrices, adu latores, corruptores"③:这种关系并不是那位严厉而庄重的演讲人所欢迎的。说实话,人们也没有能够从内在的角度把用声音和动作来进行说服,同用行动来对别人的意志施加影响二者区别开来。特米斯托克尔斯④说他在他的连队里曾用两个主意来让安德罗斯岛上的居民缴纳税收,这两个主意就是 Peitho 和 Anankaia,亦即说服和压服,二者实质上是一个东西,这个东西不论是用语言还是用行动,都只能设法使安德罗斯岛人产生某种情绪,而绝不能迫使他们信服,把意志强加给他们:自由的行动只能由每个人自由地做出。最后,必须抛弃那种要培养和促使别人拥有某种意志的企图,因为这是蛮横无理地限制演讲的范围,这个范围本来只能以激起人们的情绪为限度,我们从下面进一步提出的论点中就可以看出这一点。

　　由此可见,古代的雄辩家除了让演说家做说服工作之外,还让他负起"教导"和"协助"的任务,虽然这个"教导"不是什么理论上的名副其实的"教导",本身就是一种"说服",其办法是进行实际的诱导,使人产生某种信念。虽然"协助"往往更像是屈从别人意旨,但有时则

---

① 拉丁文,意为"真理和金钱都是有说服力的,而讲话优美,又有权威,并保持尊严气度,也能如此。最后一点就是要用自己的声音,可以追述人们的功绩,也可以摆出悲天悯人的面孔,还可以采取优美的判断姿态"。——译注
② 佛琳妮是公元前四世纪著名的希腊美人;伊佩里德斯(前389—前322)为雅典演说家;阿奎利奥斯和安东尼奥是与西塞罗同时代的罗马演说家。——译注
③ 拉丁文,意为"通过讲话来说服别人……可以设法带动别人的欲望,不论是要达到什么目的,也不论是否采用伤风败俗、阿谀奉承、腐化堕落等言辞"。——译注
④ 特米斯托克尔斯(前535—前470),雅典著名将领和国务活动家,曾挫败波斯战船,拯救希腊独立。——译注

又被理解为自身起作用,被看成是独立的东西。因此,应当正确地理解这个"协助",要把它看成一种特殊的实用范畴,把它同另一个范畴并列在一起,这另一个范畴则全部是致力于培养意愿的:一个实用的范畴,其作用更加明确,即要促使人们感情冲动,以消愁解闷,要引起各种各样的感情冲动,而不仅仅是令人欣悦的感情冲动(因为欣悦和喜爱对于感情冲动来说,都来自这样一个作用,即二者都是用来获得消遣的)。这种实践符合人的精神需要,而人的精神是永不会静止不动的,正是精神而不是自然,总是憎恶空虚。这样一来,人在不愿或不能继续从事某项工作时,就会立即使自己去做另外一项工作,只要这项工作是别人提供给他的或是他觉得更加顺手的,或者则是为了使自己从事人的幻想训练,在自己面前,把一生中所遇到的种种情况都一一巡视一番,接踵而来的则是相应的感情冲动,而这种感情冲动本身也属幻想一类,因为它们是幻想的产物,而不是从行动和现实当中产生的。正因如此,把感情冲动作为感情冲动本身来加以享用,而不是因为它是一种特殊材料,才加以享用,这就使消遣的动作有别于通过想象来享用感情冲动了。而且,从另一方面看,这种消遣动作也有别于游戏,而过去往往会把这二者混为一谈(艺术和诗竟然被亵渎地同游戏混淆起来!),因为游戏者是一种更为全面的概念,它并不是指某一种特殊的行动,而是指从一个行动转到另外一个行动,为的是摆脱前一个行动所带来的疲惫;这种情况可以从勤劳的人选择他们的游戏中看出,因为这些游戏总是会起某种作用的,它们能在一定程度上做到那位十分勤劳的穆拉托里用全力做到的事情,这时,穆拉托里就会给自己写上一首十四行诗,吟诵道:"不是要安逸,而是要改变劳累——只不过让劳累得到歇息罢了。"这是一种消遣的需要,一种带有享乐主义、功利主义或经济主义性质(爱怎样说就怎样说吧)的需要,道德意识是没有任何理由来责怪他的,除了在如下情况下会对他加以申斥,即消遣从必不可少的放松竟变为浪费时间,变为浪费时间的习惯;就像可能发生另一种情况一样,即用不那么劳累的工作来改变更加劳累的工作,而这种改变又是为了不去完成一项紧急任务。

演讲术的扩大一直扩大到既包含说服的目的,又包含另一个目的,即消遣的目的,这就造成这样一种状况:在法庭和大会的演说家旁边,出现了令人通过消遣而产生激动之情的人,这种激动之情既有最严重、最悲哀的感情,又有最轻松、最戏谑的感情,既有圣洁的感情,又有凡俗的感情,既有最崇高的感情,又有最低贱的感情,既有健康的感情,又有不健康的和邪恶的甚或放浪形骸和荒淫无耻的感情,戏剧家、小说家、演员、哑剧演员、电影明星、低级演员、丑角、跳绳的、杂技演员、田径选手、斗牛士,就是这样一个包括三教九流在内的团体,而且必须接受这样一个团体,它肯定不会比一帮妓女和拉皮条的更坏,而善良的昆提利安自然也无法把这帮人从自己的身边赶开。既联合又有竞争,因为在那些制造激动之情的人们当中,非作家往往是会战胜作家的,正如泰伦提乌斯①所证明的那样。泰伦提乌斯曾三次看到人群纷纷离开了戏院,那里正上演着他的著名喜剧《婆母》(一次是看走钢丝的,一次是看拳斗,第三次则是看角斗士)。这件事说明,横行霸道的"体育运动"在我们时代取得了对艺术和文学的竞争胜利,同时也说明,在世界上任何一个角落,这种情况都会使那些习惯于采取另外一些划分等级的形式的人感到伤心,因为这种竞争胜利可能会使人想起以往几个世纪中一些类似的胜利,如果"体育运动"重又吹嘘其历史成就的话。我们可以从诗人和文学家身上看到他们对戏剧有这样一种相互对立的双重态度:一方面是猜忌和厌恶,另一方面则又被其吸引。这种态度正是从一种恐惧心情中产生的,因为他们害怕自己会被一种非诗的、反文学的和低级趣味的力量所压倒,同时又被这样一种欲望所征服,即要在这方面也取得胜利,亦即要为诗和文学取得胜利。

古代的雄辩家们强调如下一点是有道理的:演讲艺术不应当 ab eventu② 来加以判断,也就是说,不应当根据它是否在特殊情况下取得

---

① 泰伦提乌斯,古罗马喜剧作家,生活于公元前二世纪。——译注
② 拉丁文,意为"根据成功与否"。——译注

它所要收到的效果来加以判断,因为这样做就等于像过去他们所说的那样,要使人们相信,医生是要根据他们的能干与否来加以判断,供人消遣的作品也只能是以它掌握适应其目的的手段,而不是以效果来加以判断,而不是要根据病人是治好了还是治死了来加以判断。而如果作品是精心制作的,那么听众是无动于衷还是感到厌烦,或者说,听众是否不是简单地得到消遣,而是从幻想的感情冲动转为其他实际的感情冲动,例如,用石头子儿投掷作者,因为作者成为一个可憎的人物,就像在平民百姓看戏时不止一次发生的那样,而且也像堂吉诃德所干的那样,他曾用这种动作来显示他那勇猛的冲锋陷阵,那么,在上述情况下,作者就是没有罪过的。但是,演讲艺术就其全部内容来说,是属于实用性质,而不是属于美学性质的;它要根据它所要对之施加影响的那些人的品质如何来加以衡量。演说家对于那些所谓"群众"(昔日叫作"平民")来说,是合情合理地须求助于声音手势,"l'onestate ad ogni atto dismagano"①。如果在上述听众面前,演说家是文质彬彬,举止庄重,那么这位演说家就必将是个糟糕的演说家,必将是个未能履行自己职责以获胜诉的律师。同样的,既然眼前的听众是聚精会神的,怀着激动的心情倾听着演说内容,随着演说家所大致描绘、简单渲染的形象哭泣或欢笑,对这样的听众来说,那些安·拉德克利夫、欧仁·苏②、保罗·德·科克③、加包里欧④、奥涅⑤、蒙台班⑥之类的人物,还有令人赏心悦目的短篇小说家们、"惊险小说"作者们,以及露天剧场的剧目,等等,都必将是良好的消遣。从如下迹象就可以看出何以这种消遣是良好的:人们在谈到上述列举的人物中的一个时会说,教皇格列高利十六世因为是这位作家的小说的热心读者,对来访的一

---

① 拉丁文,意为"加强每个软弱无力的动作"。——译注
② 欧仁·苏(1804—1857),法国通俗小说作家。——译注
③ 保罗·德·科克(1794—1871),法国多产小说家。——译注
④ 加包里欧(1835—1873),法国侦探小说作家。——译注
⑤ 奥涅(1848—1918),法国通俗小说作家。——译注
⑥ 蒙台班(1823—1902),法国通俗小说作家。——译注

位法国人士说的第一句话,会是询问"这位保罗·德·科克先生究竟是干什么的?"并不是只对一位教皇产生这样的吸引力(况且这位教皇又是个天真无邪的教士),而且往往一些谈不到什么艺术的书籍,还会对具有十分高雅的文学修养的人产生吸引力,也许这是由于反差的缘故吧。例如,拉卡尔普雷耐德①的小说对塞维内夫人②就产生过这种吸引力,这位夫人曾认为,他的这些小说是"令人厌烦"的,而她却陷入其中不能自拔,就像掉进了泥潭。好几个世纪过去了,读者也发生了变化,人们一直很难理解何以这类书籍竟然能够引起兴趣乃至狂热,而《忠实的卡洛安德罗》这类小说竟然一版再版,并被译成各种语言,《漂泊的犹太人》等也同样如此。不过,如果沿着社会阶梯或生命年龄的阶梯往下走,就会看到,甚至在今天这些作品还拥有一些对它们爱不释手的读者。

演讲术的实用性在古代雄辩家的脑海当中是极其牢固的(我们现在很喜欢特别借用这些雄辩家的权威,因为上述艺术从未得到过如此细心、如此精辟的研究和说明),正因如此,这些古代雄辩家曾排斥那些 quaestiones infinitae,亦即纯属理论性和科学性的问题,把他们的研究仅仅局限于"提出假设",或仅仅局限于 quaestiones finitae,局限于 contentiones causarum③;这些问题都曾经提供便于著述这些作品的最初机会,并成为雄辩家们的最充实的主要研究对象。这些雄辩家们还多次对阅读和模仿诗人的做法表示猜疑,尽管也看出他们与诗人具有某些共同之处,他们认为,诗人抱有同实用利益无干的利益,诗人还像西塞罗曾说过的那样使用"aliam quandam linguam"④,因为昆提利安就曾确认诗人和演说家是势不两立的,如果不经常考虑到如下一点的

---

① 拉卡尔普雷耐德(1610—1663),法国剧作家、小说家。——译注
② 塞维内夫人(1626—1696),法国十七世纪女作家,侯爵夫人,以致女儿格里尼昂伯爵夫人的书信集闻名。——译注
③ 均为拉丁文,意为"无限性问题","有限性问题","诉讼式的争辩"。——译注
④ 拉丁文,意为"生翼似的舌头",意谓能说会道。——译注

话,即"sua cuique proposita est lex,suus cuique decor"①。由于这种实践性,有关讲话或讲演的形式的理论在古代研究工作当中就占有次要地位,逐渐才得以另立门户,成为一种学科,而真正做到这一点还是在现代。与此相反的情况则是:古代修辞学书籍曾广泛而具体地研究人的"习俗"和"情绪",这是演说家必须十分了解的,为了达到这个目的,理论于是就来助经验一臂之力。

起消遣作用的演讲术有这样一些对头,这些对头不仅谴责演讲术中的这个部分或那个部分,而且还索性否认演讲术有存在的权利,正由于这个缘故,同时也由于在这个问题上,教会对戏剧的迫害是众所周知的,这种迫害甚至发展到禁止演戏的人作为基督教徒来安葬,因此,早从古代起,说服性的演讲术就遭到反对,被称作是"fallendi ars"②,缺乏"bona conscientia"③,是一味追求"victoria litigantis"④。一位像伊曼努尔·康德这样高水平的思想家,竟然向这种演讲术宣布:他完全藐视它,因为它是一种利用人的弱点的艺术,这种事在任何时候都是不正当的,哪怕用心乃至行动都是好的。同时,他竟然还说什么演讲术的盛行与雅典和罗马的国家及爱国热情的衰败是同时发生的。他对这种艺术所持的反对态度与一个对事物有明确而肯定的认识的人大不相同,有这种认识的人有一颗热烈而慷慨的心,讲话凭效果而不是运用技巧。过去曾有人为起消遣作用的演讲术做过辩护,他们所用的论据实际上可以比作主张把琴弦拉得过紧的那种论据。也没有其他的论据可以再提出来了,也许,除了如下一点,即教会本身尽管谴责戏剧,后来却也不得不盖起戏院来,或是听凭人们盖起戏院来,在那里演出神秘莫测的激动情景,演出神话戏目和醒世悲剧以及圣贤的 autos⑤ 和生平,所有这些剧目必然都包含许多凡俗的材料,而这些

---

① 拉丁文,意为"有人提倡制定法律,有人则提倡讲究美"。——译注
② 拉丁文,意为"骗人伎俩"。——译注
③ 拉丁文,意为"善良的意识"。——译注
④ 拉丁文,意为"在争执中获胜""胜诉"。——译注
⑤ 拉丁文,意为"自述"。——译注

材料同神圣的材料也是不可分的,且不必说戏剧本来就是同神圣的剧目和单独一位演员所做的神圣弥撒紧密地联结在一起的,而那位侍候与应和这位演员的辅祭者则是他的配角。但是,对于说服性的演讲术来说,从道义上承担义务并不足以为它辩护,"omnes animi virtutes"①,这种义务正是西塞罗和昆提利安强加给演说家的,因为对说服性演讲术来说,与对前一种演讲术一样,辩护必须来自内在的东西,来自演讲本身的目的,而这目的又无非是功利、谨慎、政治,总而言之,是某种精神和实践形式,这些东西是康德出于其狭隘的反感情绪几乎一向要回避和无视的,这就在他们要开列的"人类精神的项目单"中留下了一个危险的漏洞。这种形式是其他许多哲学家,同康德一起,都不去仔细观察或是不懂得如何深入探讨的,这也许是由于经验不多,有关的推动力也不足的缘故吧。同政治一样,整个说服性演讲术(它也属于政治范畴)可以被人在口头上拒绝,但实际上则为那些拒绝它的人不得不接受。那些基督徒作家们起初对雄辩家的学派是深恶痛绝的,最后却也皈依这种学派,并且很快就有了他们自己的巴西利、纳西昂的格列高利和约翰·克里索斯托②一类人物。托尔斯泰在他的《日报》中说道,"对于女人来说,话语不过是为达到某个目的的一种手段,她们把话语的基本含义给剥夺掉了,这个基本含义就是表达真理"。但是,在这种情况下,所有男人也便都是女人了,因为他们大家在必要时都使用一些演讲式的表现,也就是说,都不说出一些表达真理的话语,而是发出一些声响,并随之采取一些动作,而且也并不因此而犯下什么无中生有和信口雌黄的罪过。毛里丘·巴雷斯③也许在此之前从未重视过话语固有的这个性质,有一天,他竟然发生这样的事,即他枉费心

---

① 拉丁文,意为"使每个人的灵魂都成为有道德的灵魂"。——译注
② 巴西利(1575—1632)为意大利小说家;纳西昂的格列高利(329—389)系希腊教父,《论诗》作者;克里索斯托(347—407)也是一位希腊教父,能言善辩,口若悬河,有"金嘴"之称。——译注
③ 巴雷斯(1862—1923),法国民族主义小说家,法兰西科学院院士。——译注

机地探讨甘贝塔①的一句名言的逻辑含义,这时,他却灵机一动,悟出话语的这一性质来了。他写道:"是否有必要把话语像这样堆砌起来以便使它具有某种含义呢?是否教它们能够产生业已产生的那种印象就足够了呢?"在战争和战役正在如火如荼地进行当中,发出某些著名的声响当然并不是为了说明什么有逻辑含义或诗的含义的事,而只是为了造成某种特定印象,这在历史上是有记载的,正如希腊将官对那个向他汇报敌人力量大于他的力量的人所做的回答那样,即问题不在于晓得敌人有多少,而在于在哪里可以同敌人一决胜负;普鲁士的费德里科二世向逃窜中的士兵发出的叫喊也是如此,他的叫喊是要弄清是否这些士兵真的想永远立足于土地之上,这样他们就可以停顿下来,从而有可能推动他们再次向敌人进攻;康布罗恩②将军说的那句话也同样如此,这位将军曾变成上流社会的人物,并成为一位英国夫人的丈夫,他却从来不愿意公开承认他曾在滑铁卢说过的这句话。

1935 年

---

① 甘贝塔(1838—1882),法国著名国务活动家。参加过巴黎公社起义,以抗击普鲁士、德国著称,其名为"报仇雪恨","要永远想着它,而永不要讲出来",在1871 年至1914 年大大鼓舞了法国人民的抗德斗志。——译注
② 康布罗恩(1770—1842),法国将军。据说,在滑铁卢之战时,他说过一句名言:"卫队宁死不投降。"当时法军被英军包围,英军迫降,康布罗恩于是向英军喊出这句名言。——译注

五　诗,真理作品;文学,文明作品

可能你们会觉得,我们这次谈话①涉及诗和文学的关系问题,是关系到你们那些有待做文学艺术的批评与历史研究,而与政治和道德历史的学者们关系不大的问题。但是,我并不想向你们提起那个伟大的原理,即一切真理都是相互验证、相互支持、相互澄清的,也不想再次向你们提出柏拉图经常向他的忠实但又难以对付的弟子塞诺克拉底②做出的忠告,即要"为优美做出牺牲"(也就是说,在我们所要研究的问题上,要把诗和文学作为名副其实的历史学家在精神上所需要的东西加以培育),我只想告诉你们这一点:在这次谈话里,他们将发现有关一个不能不使这些历史学家关心备至的概念的某些新的说明;这个概念就是文明的概念。

诗和文学早在古希腊时期就已经成为理论研究的对象和两个不同学科研究的对象了。亚里士多德在他的两本著作中都曾阐述过这两个问题:一本是《诗学》,如今我们仅保留其很长的一个片段;一本是《修辞学》,如今还保存完好。修辞学过去主要是律师,一般说来是担任公职的人所用的课本;说到这里,我想告诉你们,这一词汇在意大利

---

① 本文是作者于1949年在那不勒斯历史研究所所做的一系列谈话之一,这些谈话曾刊登在《评论手册》杂志上。——原注
② 塞诺克拉底,古希腊哲学家,继柏拉图、斯佩乌西波斯之后领导雅典科学院。——译注

文中的发音和书写,用一个 t 或两个 t(后者是同希腊的字源相反的),其理由在于,这个学科在十三世纪和十四世纪曾被认为是"主持"、法官所必不可少的,因为当时他们负有管理或"主持"土地的任务,正如我多年以前从一本书的附录中,从手抄的文本中所看到的说明那样,这本书是别人让我阅读的一份抄本,是一位法国学者佩查尔论但丁《地狱篇》中布鲁内托·拉丁尼的书籍,据我所知,这本书至今没有出版过,因此,这个消息不会不令人感到惊奇,是个新鲜事,也许还是什么泄露天机,这一点还请有关作者见谅。

诗学和修辞学之间的联系是十分紧密的,这是因为后一门学科的最后一部分是研究说话的艺术——περὶ ῆs λεξεωζ①;它开始脱离前者,在现代形成与之分离的整体,最后被看成几乎是诗学的续篇和补充,而诗学则是研究文学类别的,在这方面,说话的艺术提出了如何写好的种种规则,正如正确书写的文法那样。因此,有关修辞学的一切概念都倾注在诗学当中,如区分**内容**与**形式**,区分**赤裸裸的**说话和**有装饰的**说话,区分**本义**词和**比喻**词,区分种种比喻和形象方式,等等,包括指导如何使用上述一切区分的一般规律,亦即有关 πρε̄πον② 或适宜的概念。

但是,当我开始从事美学的新的建设时,我就把诸如"文学类别""美的变化"理论和"艺术划分"理论等其他东西抛到九霄云外了,而且我把它们从诗的理论和"修辞学"艺术的理论中驱除出去。我尤其强烈地反对"修辞学",因为在每一篇有关修辞的文章里,我都觉得有一种对属于诗的东西的否定和侮辱。

那么,我们就从把内容和形式区别开来和加以划分开始吧。我过去究竟在什么地方竟然就有关诗的问题说过诗的内容要同诗的形式区分开来呢?正如前面说过的,虽然有作为人的感情这样一种材料,但是,这种材料恰恰是采用了诗的形式,而当人们想要确定诗的特征

---

① 希腊文,意为"围绕说话进行论述"。——译注
② 希腊文,意为"适宜"。——译注

时,就不能做别的而只能阅读诗或朗诵诗,不能丢掉其中的一个音节,也不能丢掉其中的一个逗点或音符,因为所有这些东西以及其他一些东西都有助于确定诗的特征;如果为了说明问题起见,人们把这个或那个细节加以突出的话,那么这些细节不论是单独的还是集结在一起的,都永远不会用来使人了解诗,用来确定诗的真正的独特风貌,因为这一风貌要求有直接的视觉和直觉。内容和形式在诗中是交融在一起的,是不可区分的,正如二者形成一个整体一样。如果情况并非如此,那么诗就不会是真理,而是披上真理的迷人外衣,也就是说,诗就不成其为诗了。语言在诗中并不是披上诗的外衣,而就是诗本身;我所说的是精神上的语言,而不是像在哥吉叶①对米诺斯和帕西法埃所唱出的奇怪的,也许还带有嘲弄意味的颂歌中的那种抽象的自然声,在马拉美②或其他颓废学派的无病呻吟的歌颂中也有这种抽象的自然声。那么究竟什么是"有装饰"的表现或"赤裸裸"的表现呢?既然表现是要有表现力的,那么表现又怎么能是赤裸裸的呢?同样,又怎么能是有装饰的呢?因为有装饰,就是指要有一些多于表现的东西,亦即同表现毫不相干的东西。既然诗的表现始终是诗所固有的东西,始终是形象,亦即创造性幻想的产物,那么又怎么能把诗所"固有"的语言同"比喻性语言",亦即出于想象的语言区别开来,加以划分呢?上述 πρε̄που,"适宜"或"适当"这个东西究竟指什么呢?——既然在这些词当中包含着表现形式的价值和判断的标准,而诗的唯一价值和唯一标准又是美。美是理论的闪光,但是适宜则是实践的特点,就像一只鞋子,它同脚很好地结合在一起,或者就像某个举止,它有助于取得人们所要达到的效果。总之,如果想否定诗,只要把属于修辞和文学表现的所有素质都作为诗的素质加以一一列举就够了,这样,诗就是美的和没有生气的;而如果想要说明诗究竟是什么,那么只要确认上

---

① 哥吉叶(1574—1644),为赫胥黎教皇效劳的法国戏剧家,为闹剧的创始人。——译注
② 马拉美(1842—1898),法国名诗人,同魏尔伦一起创立象征派或颓废派。——译注

述素质中的每一个素质的反面就够了。

既然我如此为诗仗义执言,拒绝把诗同修辞或文学混为一谈,除了我要保全和细心地加以维护的东西之外,我是不再十分关心"文学"了,因为当时我的兴趣首先就不在于"文学"。况且,科学研究的正常发展也是这样,这种发展是间歇地进行的,间歇中断了,只是当一个新的问题在心灵中产生并促使我们运用我们的头脑时,工作才重新进行下去。一个新的问题是一种新的折磨,但也是一种新的欲念,一种"甜蜜的爱",正如圣托马索①在向但丁宣布他就要加以阐述的新的论点时所说的那样:

……当一捆稻草已被切断,
稻种已经播下的时候,
另一个甜蜜的爱又在召唤我去打稻谷了。

确实,他曾拒绝修辞学理论或文学理论(且不论人们怎样称呼这种理论)在诗的理论方面占用表现形式和篡夺表现形式,或者试图做到这一点;他是否拒绝了文学,这并不重要,是否拒绝了文学理论,这也并不重要,因为文学理论如果以诗为依据,那就是虚妄的,尽管在另一种领域中,它很可能并不是虚妄的。为了拒绝文学本身,必须否定它的积极意义和价值,确认它的内在消极意义,也就是说,要使文学本身变成某种错误的概念。如今,这一点是千真万确的,即早在我年轻时,"文学"的名词就往往带有贬义("Et tout le reste est littérature!"②);但是,人们这样说,并不是指别的,也并不是想要指别的,无非是想说:诗不是文学,而是音乐("De la musique avant toute chose"③),也就是说,是纯艺术。过去人们还说"坏文学",那就等于承

---

① 圣托马索(1225—1274),意大利天主教哲学家。——译注
② 法文,意为"而其余的一切才是文学!"——译注
③ 法文,意为"首先是属于音乐"。——译注

认,还有"好文学";况且,我们每一个人都设法在自己的著作中写出尽可能令人接受得了的文学,为达到这一目的,就要进行研究,就要做出不断的努力,要反复纠正自己写作中最初的一些文句;确实,谁也不喜欢被人称作白丁或野蛮人,或小丑或趣味低级;因此,文学的高尚性和权利是根本谈不上的。修辞学这个名词,名声也不好,这特别是由那些浪漫主义者造成的,况且,这些浪漫主义者还为自己创造出另一种修辞学,这种修辞学当然比今天还应当在院校中加以阅读和研究的修辞学更为肤浅,更为无用。例如,今天在院校中还要阅读和研究昆提利安的修辞学。亚历山德罗·曼佐尼,这位古典主义者和维吉尔学派的曼佐尼,曾在《约婚夫妇》一书的序言中嘲笑那位十八世纪的无名氏的修辞学,概念和譬喻像雹灾似的比比皆是,但是,他还是承认需要略微讲究一些修辞,即要"适度、典雅、趣味高尚"。

现在提出的问题并不在这一点,而是在另一点;为了明确起见,可以把问题分为三个方面:一、文学是根据什么需要产生的;二、文学是以什么方式形成的;三、文学是以哪一种精神形式塑造的。关于这一点,我在我的有关诗与文学研究的引言一书(《诗》)中恰好论述过,我现在就再谈一谈这个问题,目的不仅在于要就这个问题同你们交换一下意见,而且也在于要补充一些我当时没有想到的看法。正如每个对于自己所做的事感到要负责的人一样,我经常喜欢反复思索我写过的并发表过的那些东西,我经常喜欢回味和审查这些东西,以求看一看是否可以从中发现一些不妥之处和漏洞,是否可以进一步将这些东西加以展开;有时,由于我这种要做纠正和改进的慎重态度,我竟奇怪地发觉我被指责为自相矛盾、出尔反尔,仿佛首尾一贯似乎就该是一成不变似的,而不是应具有不断加强这种一贯性的能力,而要做到后一点,就要求我们不断地动。那不勒斯有则成语说,人"不是生来就什么都会的",这就是说,他所懂得的事情只是慢慢才学会的;似乎还应当加上一句:人也不是死了才"会"的。因此,人往往要像前几年那不勒斯一位外科医生那样做法,这位医生是我在参议院的一位同事,他有一次做手术时突然感到不舒服,他觉得自己要死了,于是把手术刀交给一位同行,说道:"你干下去吧。"

关于上述第一点,我要指出,鉴于人的灵魂是诗意的或音乐性的(随你怎么叫吧),并且感到和谐与美的魅力,于是它就会在自身当中感到有必要日益扩大这一和谐与美的地基,取消和修改那些由于自身的存在而妨碍和谐与美,干扰和触犯和谐与美的东西。事实上,这一点并不总是能够做到:轻微的痛苦能使人说话,但大的痛苦就使人难以启口了,或是只说些断断续续的话和做一些断断续续的动作;军官在战斗正酣时发出吼叫,正如帕里尼①所说的,这吼叫"使长得十分结实的耳朵也被震破";他后来只是在记述古代历史的篇章时才高谈阔论一番,因为古代历史喜欢有这样一些装饰烘托;有的人强烈地感到这一点,甚至觉得如果能够做到的话,对研究其中有关的美妙情节感到羞耻,于是就把其中强烈的神圣激情(因为这种强烈的激情在他看来是神圣的)加以冲淡;有的人则热烈渴望达到自己的目的,情不自禁地反复大声疾呼他所要求得到的、使他牵肠挂肚的东西;甚至对于一个灵机一动、认识真理的思想家来说,他往往也逆来顺受地不把真理化为适当的美的表现,只满足于某个符号或标记,满足于一个线条,一点墨渍,甚至一句司空见惯的格言,并把这些东西牢记在心,用来作为备忘录,作为推动力,使真理不断再现和重放光辉,当他感到有此需要并在头脑里也有适当的可能这样做的时候。在上述所有情况下,人们都遇到一些障碍,正如染上某种病症一样,他们虽然不想接受,不想迁就,但只能叹息,只能发抖,只能一旦有可能就立志摆脱病症,使自己的情感、愿望和思想发出光辉,这光辉正是诗在灵魂深处点燃起来的,它是永不熄灭的光辉。这光辉映照在情感、愿望和思想之上,或是将会映照在情感、愿望和思想之上,使它们变得优雅脱俗,把它们身上的野蛮之气一扫而光,使它们变成"城里人"或"城市人"(正如希腊人所

---

① 帕里尼(1729—1799),意大利大诗人。——译注

说的, ἀστεῖοι①);文学于是完成了这项工作,使直接的或自然的表现变得文明化,从而成为目前称之为文明的东西的一大部分。

让我们再谈一谈第二点。毫无疑问,上述情况也曾出现,并且还在出现,别的不说,我们的文学流派就证明了这种情况;但究竟是怎样做到这一点的,却并不清楚,那些理论家——我也不知道他们是怎样的理论家——没有说明这一点,也许只有少数人曾留心过这个问题,并曾设法确定这种情况。因为显而易见,依靠诗的精神或天才进行干预和起作用,并没有做到这一点,而且也不可能做到这一点,诗的精神或天才是不会让自己屈服和为人效劳的(除非只是说说而已),它就像卡门的爱情,是 un oiseau sauvage, que l'on ne peut apprivoiser②,除非它是自己发生冲动而起作用,把一切都拉到自己身上,把一切,把一切感情、一切愿望、一切思想都拉到自己身上加以解决。因此,只有把采用诗的形式(或称美学的形式,随人们去叫吧)转移到精神的实践活动当中去,而这种诗的形式又是为了用于其本身并非属诗的东西而从诗中提炼出来的。这是否办得到呢? 首先,在美学范畴之外,是否有其他例子说明这类活动呢? 即是否有某种东西类似这种活动,能解释并证明具有"形式"性质,或说得更确切些,具有"形式主义"性质的一种转移呢?

有的,我不知道人们怎么没有想到这一点:在逻辑学范畴就有这样的例子,在那里,除了深刻而属于实质性的逻辑学之外,亦即除了认为普遍性寓于个性当中这种思想之外,人们还看到有另一种逻辑学,即可以称之为属于表面性的逻辑学,即纯属推理式的和形式主义的逻辑学,这种逻辑学可以采用一些并非真理的论点,它容忍甚至促使人们有时这样做,因为这样一来,它就可以得到缩短争论的效果,更容易地通过批判而达到确立或恢复真理,或至少像在某些实践问题上发生的那样,达成一项幻想中的逻辑协议,一种阿泽卡布里式的协议,但

---

① 古希腊文,意为"住在城里的人"。——译注
② 法文,意为"一只无法驯服的野鸟"。——译注

是，它毕竟因而可以结束或中止一场争吵，这场争吵如延续下去，对它是有害的，这样一来，它就可以把解决这场争吵的事推迟到更合适的时候。这就是 logica utens①，这种逻辑学是欧洲文明主要从亚里士多德学说学来的，并由于充分使用和充实这一逻辑学，它就成为中世纪的经院哲学。没有说出本应说出的真理，没有驳斥本应驳斥的错误，这当然是不好的，或者说，是非常不好的，应当设法纠正这种做法；但是，如果错误是处处以模糊、混乱、不正确和矛盾百出的形式表现出来的，而且在它整个发展过程中还掺杂着一些感情冲动的论调，这种做法能使批评家和勘误者束手无策，他们在这种一贯粗暴的愚昧无知面前甘拜下风，最后不是战胜这种愚昧无知，而是退避三舍，听之任之，那就更糟糕了。因此，比较起来，还是最好这样做，即虽然错误暂时还没有被论述，但是，在论述展开过程中，错误就会出现，这样它就可以做好充分准备，到论述顺利进行的最后，适可而止并得到辩护，这样的论述也便使原来的那种虚假内容明朗化，从而表现为一种 reum confitentem②。教育人们"从形式上"进行说理，这是两千年来欧洲在中世纪天主教大学里从希腊的诡辩家和哲学家那里学来的东西，这种教育后来又在世俗的大学和中学里继续下去，但是，它并不总是能获得本来应当得到的正确承认，这既是因为它没有足够地颂扬当时已成为共同掌握、共同使用的那些事物，又是因为当时的精神已转向另一种深刻的思辨哲学和辩证法的逻辑，而那种形式主义的逻辑有时却对此不屑一顾，并且还不自量力地要同它竞争；但是，在这种思辨哲学和辩证法的逻辑中却存在着明显的缺陷，其后果人们也是感受得到的。我现在特别记起一个俄国人，即恰达耶夫在一八二九年说过的一句话，他当时从这种缺乏逻辑性中看到俄国人民的缺点，并曾伤心地告诫道："Le syllogisme de L'Occident nous est inconnu."③

---

① 拉丁文，意为"实用逻辑学"。——译注
② 拉丁文，意为"当事人的招供"。——译注
③ 法文，意为"西方的推理法是我们所不熟悉的"。——译注

如今,形式逻辑所做的事,即让自己掌握真理,使这一真理更为可靠地传达到人们心中,同样,也让自己掌握谬误,使这一谬误变得更加清楚,以致人们更易于加以揭露,也就是说,它使真理和谬误都保持完整,并为它们两者制成一件逻辑性的外衣,从而为它们帮了大忙,不论如何,是保持住在说理范畴中的讨论,阻止人们诉诸情感上的冲动和其他脱身之计。它所做的这种事,也同样正是美学形式主义所做的事,即研究它作为判断和哲学的东西,作为历史、科学、甚或激励、威胁、谄媚或爱与痛苦的东西。总而言之,是研究本身似诗而实际非诗的东西,注意说话的和谐,注意节奏、旋律、形象的连贯以及不同程度上的突出,研究所有具体东西,研究一篇优美的散文,亦即上乘文学所必需的那些细枝末节。如果在这一上乘文学上偶然掠过纯粹的诗的灵感的话,那么心灵就会为此而欢悦;但是,也正是在这同一个地方,心灵却又会自行封闭起来,把这诗的灵感驱走,因为认为这灵感是一种诱惑,它把人们引向现在禁止的东西,或把这灵感推迟到以后另一个时候。文学家或散文家都不愿意作诗,因为他们认为,诗是敌人,只要碰一碰它,就会把他们所精心编织的布匹一扫而光;但是,他们愿意让诗的"思想"为自己所用,这诗的思想即"美学性",也可以说是没有"诗意"的"美学性",是诗的没有深度的表层,是诗的形式,但这形式如脱离了内容,也就是说,脱离了诗本身,诗的形式也就不成其为诗的形式了;这样一来,这种"美学性"就是一件空无一物的外衣,它只是作为外衣才为人所赞赏罢了,这是一件五颜六色的外衣,色调深浅不一,不时同文学家和散文家的精神相符,这样,他们就可以根据情况,时而严肃,时而明快,时而庄重,时而谈笑风生,时而又喜笑颜开了。有时还会发生这样的事:这位文学家和散文家居然说自己或者认为自己不屑搞文学,因而断言自己愿意用出自肺腑的话语和一般大众说话的方式来从事写作;但是,不应当相信他说的这番话,因为他虽然没有说谎,但是他肯定欺骗了自己,而在这种情况下,他往往比过去任何时候都更带有文学气,更带有自发的文学气,因为优美的文学在他身上已经变为自然的东西,以致他感到自己是投向自然和大众之中,实际上他则是更加矫揉造作,更加隐约含蓄,更加富有贵族气了。还有些时候,他对诗也抱有不屑一顾的轻蔑态度,在他看来,诗同文学比较,是种轻浮的东西,如果需要的话,我本可以引用一些适当的材料来加以说明,但如今,为了扼要起见,我就不引用了。前面已经提到,古希腊人和古罗马人都严格地注意从作者身上把诗和散文加以区分,索福克勒斯或欧里庇得斯,维吉尔或卢克莱修或普罗佩提乌斯①,都不真是散文作者,至于西塞罗,他既是散文家又是文学家,他尝试用诗句写作,那些 ridenda poëmata,亦即可笑的诗句都变成了成语。过去和现在的那些写过一些上乘而严肃的散文的现代诗人,他们的作品却更容易改写成诗句,但是,这些事情我现在只是作为情况来介绍,而并不想从中得出什么结论,或者充其量也只是为了让别人对此做些思考。我宁可不忽视如下一点,即"文学"作品并不仅是在所谓的语言的或声音的艺术中可以遇到,而且同样也可以在其他艺术中,在绘画和造型等艺术中,在音乐和建筑中遇到;内行和批评家能立即认出这些作品来,尽管他们的不妥之处是轻视这些作品,即使这些作品实际上还是有自己的价值的,是各得其所的。

剩下的是第三点:散文或文学的造物主究竟是怎样的呢?当然,必须否定这样的解决办法,即无论是诗人还是非诗人,两者在创造文学或散文时都采用这种办法,而且也必须否认有什么 coniurent amice②,因为这种协同一致是根本办不到的(除非只是说说而已),否则只会造出一些低劣的产品,因为这些产品是用一系列偷梁换柱和左道旁门的手法制造出来的。但是,也不能说只有诗人才能解决创造文学或散文的问题,因为诗人的性格是令人不能容忍的和骄横跋扈的,他要凌驾于别人之上,轻视任何内容,要求内容只为他自身而存在和立

---

① 卢克莱修(约前99—前55)、普罗佩提乌斯(约前50—前15),均为古罗马著名诗人。——译注
② 拉丁文,意为"友好地联结在一起"。——译注

足,这一点我们上面已经谈到了。内容从其严肃性和决定性来说应当受到人们尊重,或者说,应当由哲学和史学思想以及科学创造或人们所理解的那种意志的内容来促使其他人产生一种特定的精神状态,以便推动他们或说服他们去采取某种行动,或者则由自己的激荡灵魂的迸发来做到这一点;内容的严肃性是如此重要,以致在满足美学要求方面,如果这一要求没有被人感到是思想,或是行动,再或者是人们所产生的冲动心情的补充和完善,那么这种内容是无法同美学形式结合起来的,这样一来,美学形式对内容来说就会始终是一种不相干的东西,像是一件不得体、碍手碍脚的衣服。只有实践技巧(它是长期培育的结果)才能做出得体的衣服,几乎是运用一种灵活的外交手腕使两种意志达成一致,而不致使其中一种意志因另一种意志而受到压制,相反要做到:使其中一种意志能从另一种意志中找到二者共同的兴趣;自然表现的力量正在于只放弃那种于它无利又无用的东西,取得于它有利又有用的东西,像美的光辉,这光辉并不是靠自身而存在的,而是靠它赋予其他东西的那种力量而存在的。"实践技巧"在文学方面所起的作用类似在诗的形成方面起作用的"美学情趣";其作用并不像创造性的天才 quodam sensu sine ratione et arte①,而是靠它所盘算和选择的手段,正如一个人在制造一件技术工具时所做的那样。因此,造物主在这个问题上就是实践的智慧,这在任何实践劳动中都是一模一样的,但是要根据他所要解决的不同问题而有所不同,当然,这不像一位工程师要制造一部机器那样,或是一位化学家要配制一剂药或一位军人要部署炮兵和空袭活动那样,但是,他却要像一个人想把他作为哲学家、史学家、科学家、演说家和政治家所生产的东西仪表堂堂、十分自信地向人们展示出来,或者只简单地展示使他们感到激动的东西,展示他的心情和情感。

这位修辞学的宿敌对修辞学憎恨已久,因为它被人引进或是任意

---

① 拉丁文,意为"只靠感觉,而不靠理性和技巧"。——译注

渗入诗的神圣禁地;那么,在这位修辞学的宿敌所进行的研究中,他在多大程度上做到了我们民族复兴运动时期的一位诗人在一首著名的诗中所希望的那样呢?这位诗人曾希望,意大利人对日耳曼人应当采取的态度是:把这些日耳曼人看成兄弟,在他们重新越过阿尔卑斯山之后,同他们一起归来;这位修辞学的宿敌在把修辞学远远逐出诗的禁地之后,又感到自己有责任,并且也喜欢同修辞学取得和解,同时还保护它,甚至建议别人也为它辩护,而这种辩护,修辞学本身是做不到的。他会对修辞学说:修辞学不自觉地提出一种并不属于诗的,而是属于文学的理论,并且为文学提供了,或试图为文学提供它所固有的那些观念,而首先就是首要的基本观念,即适宜或合适的实践观念,亦即 πρέπον。修辞学在文学方面把内容和形式加以区分,把身体和衣服加以区分,也是有道理的,这衣服就叫作修饰物;此外,善意地或慷慨大度地解释表现的品质,这也是公平合理的,而修辞学把这种表现品质不叫作修饰物或比喻词,却叫作"固有之物"或"素朴词",因为修辞学把它理解为自然的表现,不加雕饰或野蛮式的表现,因为这事物是未经美学雕琢的,是冒风险而来的,是保持其本来面目,仍然与艺术无干的。

  在结束这次谈话之前,我还想略谈几句关于文明作为使人文雅化的概念,而文学表现的培养和进步正如我们前面所说过的,就是这一概念的重要部分。但是,实际上,诗或美学的长处传播甚广,不仅反映在一部分文明当中,而且还反映在整个文明当中,因为人类社会中存在的温文尔雅和见义勇为的习俗和关系都是由此而来的,甚至一切行为都是由此而来的(我能说出什么东西会更好地体现真理而损伤想象呢):在举行极刑仪式时(至少是旧时代的极刑仪式),执行崇高任务的刽子手(其姓氏都是要加封为贵族的)在把手触到被处死刑的人之前,要向他下跪,请求他饶恕,因为刽子手这样做并不是为了仇恨,而是因为法律的维护者下令这样干。在我的一篇论文中,我曾认为,美学对哲学所有其他部分都起着头等有效的作用,因为哲学的问题从美学的问题中可以找到类似的和相符的因素,并且在相应的解决办法方面,也可以从中得到帮助(而各类学派的哲学家却认为,美学是次等重要的一门专业,并且轻率地对待美学);但是,除了上述作用之外,还应当同时加上另一种有效作用,这是诗和艺术不是作为理论而是作为具体的艺术和诗对社会、政治、道德体制所起的作用。如果我所承认的艺术科学在理论范畴、艺术本身在实践范畴具有的上述威力被看成是一种奇谈怪论,而且我又由于偏爱这类研究而对此感到自鸣得意的话,那我是会感到痛心的;为了使我在本文中所说的话不致有任何奇谈怪论之嫌,我想指出这一点:思维本身早在诗人的旧思想中就已经有了,因为诗人是各国人民的教育者,他把人民从野蛮中解救出来,并以竖琴的音响推动人民建起自己的城市。

这样,诗在文学的产生当中,正如在社会习俗的产生当中一样,起着上述主要有效作用,既然如此,在这里简略地评论一下有关歌德的一个重要思想是适宜的。对于歌德的这一重要思想,我已经不是第一次提请人们注意了,但是,它却始终鲜为人知,因此,人们也就无法从中获取它所包含的果实。连在法国也没有人注意到这一点,尽管在法国,这一重要思想本来应当使人十分感兴趣,因为它直接涉及法国精神的一个特点;据我所知,这一思想只是由圣伯夫①在他的《十六世纪法国诗歌一览》一书中讨论过;圣伯夫了解这一思想,并且根据一个比译得令人不知所云更为糟糕的想入非非的法文译本采用了这一思想,这个译本是由两个外行翻译的,他们对此像是一无所知。其中有一页是给狄德罗的《拉摩的侄儿》一书译本做的注解,题为 *Geschmack*(意情趣),在这一页当中,作者指出,在法国,特别是自路易十四时代以来,"诗的不同种类被看成是不同的社会流派,其中每一流派都根据它是独自处于男人们当中,还是与妇女们或名人们做伴而相应采取一种特殊态度";而在这上流社会的关系中他们所采取的 convenances②,则照

---

① 圣伯夫(1804—1869),法国著名文艺评论家、诗人、小说家、心理学家。——译注
② 法文,意为"适当态度"。——译注

搬到悲剧、喜剧、颂歌和其他文学类别里去了,按照所采取的适当态度来排除或采纳某些形象和言语;因此,goût① 在法国有一种和德国的 Geschmack 不同,甚至几乎相反的意义,而德文这个词的意思就是诗的情趣。于是,把上流社会的规矩运用到诗上去的这种做法,肯定是比修辞学的那种错误的,但实际上也是委曲求全的区分做法更加古怪、更加有害,因为这些规矩令大诗人感到羞愧,却让平淡无奇的小诗人感到舒畅;但是,在法国,竟然能够把上流社会的加拉泰奥规定②运用于诗的作品,这种事又怎么会变得那么轻而易举,除非正是由于这类和那类规定,亦即文学规定和良好社会风尚的规定都来自同一个源泉,也就是由作为社会关系的直接自然表现在形式上的美学化所造成的。我过去想对你们谈歌德对法国 goût 的概念的这个看法,也正像是要给我今天所讲的话打上一个美好的印记,这就使我不得不做许多困难的区分(之所以困难,是因为一些陈腐的思想习惯抗拒这种区分),我很清楚我没有能,而且也根本不能把我自己的解决办法注入你们的头脑中去,除非你们依靠你们自己的努力发现这些解决办法就是你们自己的解决办法,或者说,除非你们找不出其他更好的解决办法,以致能超过我的这些解决办法,代替我的这些解决办法,从而对我向你们谈到的这些问题重新做一番思考,并从理论上加以论述。

1948 年

---

① 法文,意为"情趣"。——译注
② 指十六世纪由曾任教皇保罗四世国务秘书的大主教乔瓦尼·德拉卡萨所撰写的礼节条例(该条例于 1802 年又由 M. 乔亚改写为"新条例"),条例的题目就叫"加拉泰奥"。——译注

六　历史-美学的解释

　　同一般怀疑论一样,美学上的怀疑论也是想象的结果,即一方面是事物,另一方面是人和人的总是形形色色的感触;人是可怜的幻想家,他们总以为他们各自的这种感触就是思维和对事物的判断,而实际上,他们却始终脱离不了他们的情感牢笼,因而他们也就永远不能从这些事物当中汲取真理。但是,现实并不是由事物和情感构成的,不错,正相反,现实只由行为构成;有其思维,就有其幻想,没有什么行为不是其自身的结果,而且它们的任何一个目的都是同它们的性质相一致的。硬说人们在其思想和判断方面不一致,在其道德理想、分清善恶方面不一致,这种不一致其实是怀疑论轻率地采用的一种战斗武器,它可能在表面上是符合实际的,并且听任自己在随意的谈话中摆出一种熟谙内情的架势,但是,在真正的实际当中,这种不一致是根本不存在的。仔细地看一看我们现在所考虑的诗的范畴当中的这种不一致,经过一番分析,从中发现的并不是不一致,而是行为上的差异,这些行为之间并不是互相矛盾的。让我们以卡图卢斯①的一首小诗为例吧:"Vivamus, mea Lesbia, atque amemus"②。而对这首诗来说,一群人当中有些人把它朗诵得很美,另一些人则把它朗诵得很糟。此外,

---

① 卡图卢斯(前87—前54),古罗马著名抒情诗人。——译注
② 拉丁文,意为"我的莱丝比娅啊,我为你活着,甚至为你发狂"。莱丝比娅是卡图卢斯所爱的女人的假名。——译注

首先对这群人就该做出区分,因为这群人当中有些人,或者有许多人实际上既没有感觉出这首诗是美的,也没有感觉出它是丑的,而他们不过是重复别人的话,或是偶尔说出这些话来假冒斯文,表示热情或轻蔑。因此,这些人在感觉上并没有表现出什么不一致,而无非是夸夸其谈罢了;而且我们从日常经验当中也知道,他们在侈谈的王国中做了多么大的贡献,在那里设立了名利场,既有诗,又有别的艺术,正如还有哲学、政治以及其他一切东西。要是把他们抬举为反对派,那就给他们过多的荣誉了;实际上,人们并不那么尊重他们,人们听任他们去唠唠叨叨,既不听信他们的赞赏,也不听信他们的诅咒,或者,只不过是听到他们说的话感到好笑罢了。此外还有两种情况:一种是有些人确实感到一种赞同和欣悦的感情,另一种则是有些人确实感到不同意并感受到不愉快。但是,如果那首小诗确实是美的,那就不可能有这样的事:同美已经建立了关系的灵魂竟然会不分享这首诗的欢悦,不为这首诗拍案叫绝。因此,对于其他一些确实感到与此相反的感情的人来说,就没有其他可能的解释了,除非是这样一种解释:实际上,他们同作为诗的诗根本没有建立什么关系,同他们建立关系的只不过是诗的材料,因为他们把这材料(我们还是以卡图卢斯的那首小诗为例)看成是有关一种道德行为的消息,他们认为这行为是不足挂齿的,因而就说这首小诗是丑的,因为这小诗颂扬性感的愉快,要人们沉湎在相互千百次亲吻的旋涡当中,忘记清心寡欲,而若是考虑清心寡欲,就永远不会犯罪。我们经常遇到的情况就证实了这一点,也就是说,我们往往看到有些人把诗的美硬诅咒为丑,我们朗诵这诗,为的是让他们能够听到,并且能成功地触动他们的美学神经,于是,我们就可以听到他们回答道:"不错,从形式上说,这诗是美的,但作为诗,它则是丑的。"或者,还可以听到他们做出其他类似的回答。而且有这样感觉的、说出这样道理的、做出这样回答的人也为数不少,我们也不会把这些人抬举到反对派的高度;我们会把他们称作道学先生,他们是没有能力打破他们那种排他性的酷爱壁垒的,他们既缺乏心灵又缺

六　历史-美学的解释

幻想。因此,作为这一分析剩下的问题,就只有这样一种情况了:有人确实感到美的东西是美。这样一来,围绕诗的作品产生的那种对立情感的洋洋大观场面也就烟消云散了,正像一场噩梦消失了一样。

但是,只要有"auctoritas humani generis"①,就足以使人把这种噩梦看成白日做梦,而无须求助于从方法上加以论证。不断地、热烈地争论美和诗的问题,对规定美和诗的那些原则进行冥思苦想,以及过去人们早已谈到的那些大量的为美和诗服务的文字工作(而且这种文字工作现在一直在不断增多、不断完善),这种情况,从亚历山大诗体的文法学家或皮西斯特拉托②时代的规范者(从时间上姑且从此开始)到意大利文艺复兴学派,到法国、荷兰、英国、德国学派以及欧洲和美国的当代学派,一直存在着;对于这样一种工作,一些像《杂文集》作者安杰洛·波利齐亚诺③那样的诗人是不会不肯参加的,并且还会成为这种工作的倡导者。看来,如下一点是可靠的:这样一种如此广泛、多样、严肃的工作,是本不会由人类进行和继续下去的(因为人类总的说不习惯浪费时间),除非人们非要做一些根本办不到的事,要去重新体验一下具有实践性质的那种快感,例如:让人们有极好的口味和胃容量去品尝并消化他们的远古祖先吃得那么津津有味的橡子和生肉,乃至那些斯巴达人做的"黑粥",以致他们也能兴高采烈地把这些东西拿来享受一番,把它们同当代的烹调、中世纪或十六世纪和十八世纪的烹调混合在一起;这样一来,只要看一看这些菜谱,就会吓得我们退避三舍,只有上帝知道,如果"重温过去的生活",会发生什么事情。当然,没有任何东西会比达西埃夫人④的宾客们的感受更好了;因为按照掌故或传奇的说法,达西埃夫人为他们选定的菜正是"黑粥"。看来,

---

① 拉丁文,意为"人类权威"。——译注
② 亚历山大诗体乃法国诗歌中的主要诗体;皮西斯特拉托系公元前六世纪雅典暴君,但对促进文化发展有贡献,为第一个下令收集荷马诗歌的人。——译注
③ 波利齐亚诺(1454—1494),意大利诗人,语文学家。——译注
④ 达西埃夫人(1654—1720),法国拉丁文和希腊文学者,其夫安德烈·达西埃为法国著名语文学家,曾译荷马诗歌。——译注

这位博学多才的夫人语文常识丰富异常，竟能选出这道菜的佐料并且找出怎么烹制它的方法；但是，她却忘记把她请来进餐的学究们的胃口变为古代斯巴达人的胃口。

那么，既然人们不能把这种恶性循环抛开，不然就会把诗本身的思想也同时抛开，于是就只能更好地加以注意，最后则会发现：这个循环并不是恶性的，而不如说是魔术般的（如果这样来欣赏它会令人感到愉快的话），因此，我们作为这一魔术的这一方和那一方时时刻刻都相互渗透着；我们之所以能生活着和思索着，也只是因为别人也是同我们一起生活着和思索着；在这同一个行动当中，我们既是个人，又是社会群体；既有个性，又有共性；既是人，又是人类。

正是依靠这种魔术，每日都发生学习和理解我们称之为外国语言的那些语言的奇迹；在这奇迹的影响下，是否拥有用这种语言谈到的那些客体、习俗、事态变迁和男女老幼，对感官和思维来说，就没有任何价值了；同样也不值得去了解从我们所习惯的讲话方式中所归纳出来的抽象声响同他们的声响在含义上是否大体上有抽象的相应关系。语文学向我们提供的全部知识当然是极其有用的，但是，如果缺少这一基本的、主要的条件，即我们是说话的人，我们的说外国话的对话者也是一个说话的人，因而我们和他们的声音颤动是一模一样的，二者都是人类共同的声音颤动，如果缺少这一条件，那么，这些知识就会是四分五裂的、不起作用的，因此，无论是出自赞同还是出自同情，一方的声音颤动最终都会为另一方所感受到。

我们所认为的新的语言和外国语言，并不仅仅是我们在通常描述中称之为新语言和外国语言的那种语言，而且还包括我们所听到的每一个词（这是就事物的实际状况和概念的严格性而言），因为这样的词过去从未讲过，而且与过去人们所讲过的任何一个词都不相同；我们是头一次听到这个词，也只是依靠我们所承认的那种基本的和主要的赞同及同情的动作才理解这个词。这种赞同的动作始终都要通过努力才能做出，也就是始终都要事先有一番"文学修养"，或多或少的修

六 历史-美学的解释

养,突出的或暗地的,几乎是无法看到的修养,这种修养来自书本或来自个人的记忆,它要么是艰巨地、缓慢地得来的,要么则是轻而易举地、迅速地得来的;它是那么轻而易举,那么迅速,那么显而易见,以致听到人们用"语文学"这样郑重的字眼来形容它,就不能不感到某种惊奇。每一首人们所创作的、我们本身又再创造的诗,都不过是新语言的表现,因为诗人们,一般说则是能言善辩的人们,都幻想能利用发出的声音,就像能利用他们所发现的现成的编织方法一样,这种编织方法只需按照某种次序加以安排就可以了;这种幻想实际上只是一种有关词汇和文法的神话罢了,本文下面马上就要驳斥这种神话。况且,关于每首新诗都是一种新的语言的这种判断,属于普通的经验和共同的思考;如果这新诗成为旧的语言,那就糟了,因为这就等于说,它是早已确定的形式和早已讲过的词语的机械堆砌! 当语言,亦即早已产生的种种表现的总和,把诗人撇到一边而冒充诗时,也就是说,当它未经过诗的精神的创造性千锤百炼时,这样做出来的东西或这样发生的情况,就纯粹是开玩笑(尽管有时是拿威信开玩笑),要么则是纯粹的怪事(就像阿佩尔①的神乎其神的海绵似的)。

这样一来,形象同发出的声响全部都进入听众和读者的心目之中,而这形象正是表现在这声响之中的,而且也就是这声响本身。如果在了解和意会方面仍有一些晦暗不明之处和漏洞,那就应当要求并从"语文学"方面等待新的补充(这"语文学"是从我们采用这一描述的广义和纯粹狭义的意义来说的),这新的补充将会澄清晦暗不明之处,堵塞漏洞,在这样做时,不应当求助于我们个人的想象。厌恶这种拼拼凑凑的做法乃是在诗的再创造时应有的情感,也是对诗本身的敬重心情;对待诗,按照一种众所周知的对比作法,那就是像面对一位德高望重的人,人们应当手持帽子,聆听他讲话,而不可打断。

这样做的解释就是一种历史性的解释;但是,这并不是说,应当作

---

① 阿佩尔,公元前 324 年前后希腊最著名的画家,据说能用神奇的海绵作画。——译注

出什么历史学的判断,因为这样做就会使我们离开诗,而跳进思考的另一个范畴;同时,这也并不是说,历史性解释就成为语文学了,因为语文学本身并不是历史,况且,在这方面,语文学只起工具的作用。之所以成为历史性的解释,是指它不是创造,而是再创造,是指现已存在的一种诗,而既然除历史之外就不存在任何东西,那么这诗也就是历史性存在的诗。这种历史性解释总是这样形成的,它也不可能变成别的;但是,果断地终止这种论述,并从中得出一种具体的方法,这曾是更深刻地认识历史的一个成果,这种概念是通过十八世纪逐渐成熟起来的,而这种概念的树立则又在十九世纪通过许许多多曲折过程和停顿而继续进行下去,至今仍为达到其目的而备受磨难。反对这种解释的人是相对论者、否定自然规律者、现象论者、现实主义者,这些人在诗和艺术的特殊范畴则都变为享乐主义者。

但是,既然提出对诗的解释要有历史性这个问题,就产生这样一种情况,即这种解释同对我们所分析和确定的任何其他所谓的表现形式所做的解释都有共同之处,不论这种表现形式是散文,是演讲,还是消遣性文学、通俗性文学;只要人们不能依靠语文学的帮助从上述表现形式的任何一部作品的历史存在这一角度来感受它、理解它的话,那么这种作品就都是不可理解的。甚至直接的表现或非表现也要求做这种历史性解释,因为正如我们所知道的,这种表现是一种迹象,它不应当以想象来加以补充,要补充它,就该用观察,用对现实的思索,因为它本身就是现实的一种迹象,就像医生在诊断病情时采取的方式一样。诗是一种历史事实,但是这种历史事实有自己特有的品质,它不同于其他历史事实;如果它像所有其他历史事实那样,从现有现实出发,并且像所有其他历史事实那样还超越这一特定的现实,它的这种超越和创造就表现为把特性和共性、个性和宇宙性本能地联系起来和混合起来,正如歌德有一次谈到一般艺术时所说的那样,它的出发点是"有特征",而它的结果则是"美"。因此,对诗做历史的解释同时就是美学的解释;美学解释并不是否定历史性,也不是对历史性的补充,而是诗的真正历史性;正因如此,重又回到要把这种解释称为"历史的"解释原来的问题上了,因为它是指"诗的历史性",或"美学性",它是指"历史地存在的诗";只是为了明确阐述起见,而不是为了玩弄什么折中主义的手法,我们才把诗称为"历史-美学的",我们并不想独出心裁,创造什么词汇,让它能更有力地混合这两个因素,而这两个因素在抽象分析中原是两个,但在现实当中,它们则只是一个行动。

因此,应当领会这两个争夺解释诗的阵地的学派所持的理由,同时,也领会二者的非理性;这两个学派在意大利,特别是在本世纪最初几年(当时思想生活是如此活跃)打得相当厉害。如果考虑到,这两个学派经过这场不合逻辑的战斗而致两败俱伤,而换一种方式,它们也不能落到这种地步:把阵地拱手让予双方的对手,即上述那种唯一合情合理的真正的对诗的解释的话,那么,这两派的争论倒也并不是无益的。其中一派以"历史学派"为名,而且充其量它也应当以此为名,同时给它打上一个恶劣的印记,即"历史主义",因为这一派的主张是把诗不是理解为诗,而是理解为散文、演讲和前面说的其他东西;这些东西有时包括在诗当中,是作为结合的部分,却没有诗意,有时则根本不包括在诗当中,而是这一派硬把它们弄进去的,也就是说,是想象它们是诗的一部分,从而曲解和破坏那些带有诗意的部分;更经常的则是,它只把这些东西当作诗以外的历史文件来对待,目的是撰写作者的生平,描绘不同时代和不同国家人民的生活情景。第二个学派自诩为"美学派",但是,这一派也配得上"美学化"这一恶劣印记,因为同上述那种歪曲从历史角度解释诗的做法的情况相反,这一派是同样歪曲从美学角度解释诗的做法,也就是说以丑化对丑化;这些丑化式的人物看来同样是若有所思和郑重其事的,然而他们又是幼稚天真的,把诗解释为非诗,同那些讲笑话的人一模一样,但又没有那么天真,却同样自欺欺人,用他们自己的那种半诗的东西或他们对伪诗的论述来代替诗人的诗。如今,这种战斗正如上面所说的,在意大利已被人遗忘了,因为在意大利,前一学派的信徒们已经为数很少,重要性也已降低，后一学派的信徒们则几乎不复出现，对于这一部分地区来说，人们在思想上已经有了某种澄清。但是，对于其他那些有文化的国家来说，看来情况并非如此，在这些国家中，讨论并未得到开展，或者没有得到同样紧张和彻底的开展，因此，从中获得的好处也就少得多，而且没有那么牢靠。

即使作为理论而言，那种历史主义的和美学化的理论也可以说已经过时，因而与其把它们作为争论对象，现在倒不如把它们作为历史事实加以讨论，提防这种理论所代表的倾向也毕竟是另一码事：它们所代表的倾向中有一种倾向就是笨拙地把诗加以历史化，另一种倾向则是以新的个人的想象来代替诗；之所以要谨防这些倾向，是因为：这些倾向是错误和危险的永久性根源，以致会使那些本来在理论上论述正确并倡导正确理论，从而在下判断时有善良的愿望来遵循这种正确理论的人，也步入歧途。

有两个例子可以用来说明当前存在的危险和由此而来的错误：其中一个可以说是来自有关如何解释古代诗歌这个问题的争执，古代诗歌这个说法是指古希腊-罗马时代的诗歌，尽管它也可以指任何一种诗歌，指所有那些多少属于古代、属于过去的诗歌，即离我们甚远又同我们有联系的诗歌；总之，是任何一种不属于当前创造的，因而无须加以解释的那种诗歌的诗歌。不过，强调如下必要性还是适宜的：要谨防用当代和近代的思想和情感去解释这类诗歌；这样做确实就会使我们不是做什么解释，而是产生新的幻想。这种新的幻想同如下一种幻想没有什么区别：这种幻想把西塞罗时代的荷马描绘成一个戴着假发、留着小辫、身着花团锦簇的衣衫、佩带利剑的人物，哪怕今天也许可以更容易地把他描绘成二十世纪的颓废派形象而不是十八世纪的绅士也罢。换句话说，这样一来，我们就会重犯早已批评过的那种美学弊病。但是，如果在拒绝上述美学的同时却又产生这样一种想法，即认为，古希腊-罗马时代的诗歌应当用古希腊-罗马时代的情感加以解释的话，那么我们就会犯相反的错误，即历史主义的错误；因为我们忘记了,这种思想感情以及这种思想感情所归属的全部现实,都在诗中被篡改了,它们已经丧失了历史的、片面的印迹,而拥有了人类的、全面的印迹。赫克托耳和安德洛玛刻的故事①以及瑙西卡和斯刻里亚岛的故事②,并不是在希腊或地球上的其他地方发生的,也不是在当时那个时代的一个特殊时刻发生的,这些故事的发生是在一个理想的国度,在一个永恒的时代。希腊语言、对历史事件和习俗的了解以及所有其他为语文学要求我们理解的问题所必需的东西,都不过是一些阶梯,沿着这些阶梯,可以上升到另一个地方,在这个地方,这些阶梯就不再有用处了;沿着这些阶梯,还可以上升到天际,而大地则从这天际中消失了。如果我们想要对这一真理有显著的感受,那就应当在阅读荷马的诗歌时看一看某些有关荷马诗歌的书籍刊印的人物肖像,这些肖像选自瓶壶器皿、珍物异宝、绘画雕刻,那是些驾驭战车的武士、古代的天神、缠系飘带的古罗马祭司、乘坐古代船舶漂洋过海的人以及其他,等等,这时,我们就会有一种感觉,这种感觉比烦恼更糟糕,而是厌恶和恶心。这些矮小丑陋的家伙,这些野蛮成性的偶像,这些随阿基里斯、阿亚西斯、雅典娜、阿佛洛狄忒③展开的刀光剑影、漂洋过海的作品既有《伊利亚特》的种种战斗,又有《奥德赛》的茫茫大海,究竟有什么作用呢? 如果我们还想追述一下其他显著的经验,那就应当想到:真正的诗人(他们与诗痞迥然不同)是反对把他们自己的肖像摆在他们的诗歌著作前面的;同时也应当想到:读者从那些现实主义描绘的肖像中不能重新发现他们的诗人是会感到沮丧的;因此,也就应当想到这些理想肖像的起源问题(这样一来,上述那些诗痞们就往往会把自己描绘进去:长长的发髻,眼朝天看,迎接灵感)。再者,众所周

---

① 荷马史诗《伊利亚特》中的男女主角,特洛伊英雄。——译注
② 瑙西卡是斯刻里亚岛国王阿尔喀诺俄斯的女儿,荷马史诗《奥德赛》说她救起了落海遇难的俄底修斯。古代注释家认为,斯刻里亚岛即克基拉岛(或称科孚岛)。岛上居民为淮阿喀亚人。——译注
③ 阿基里斯、阿亚西斯均为希腊神话中的英雄,曾先后攻占特洛伊城;雅典娜为战神,同时亦为知识、艺术之神;阿佛洛狄忒为爱与美女神。——译注

知,诗人们总是处心积虑地要把为他们提供机会和材料的那些人物和事实掩盖起来,而那些博闻广识的人们却以为用揭示办法就能说明诗歌,这种做法是多么愚蠢和可憎啊!当歌德仍然在世时,这些博闻广识的人们竟也使他遭受同样的痛苦,却以为这是在预示他即将名扬天下,当时,歌德曾为此而感到多大的愤慨啊!亲身认识列斯比娅、钦齐娅、贝阿特丽克丝、劳拉、夏洛蒂、芳妮、阿斯帕西娅、耐丽娜和西尔维娅,亲身认识这位"棕色头发的妇人"和那位"戴着面纱的妇人",究竟能得到多大好处,能享受到多大安慰呢?也许只能就此又一次权衡出世人对恋爱事迹的想象同实际现实二者之间存在着大家都很熟悉的距离,恋爱事迹同诗二者之间则存在着更大的距离;甚至,也许只能证实一位作家曾怀疑过的事(我现在想不起这位作家的姓名了):他怀疑上面所说的所有这些女人都是丑陋不堪,而且就情感、言语、举止而言,她们都和女仆差异不大!

另一个例子是有人竟然如此顽固不化地继续调查研究诗人的目的和思想,说什么了解这一点是对理解诗人的诗所必不可少的;从方法论角度,我们似乎应当首先提出这样的问题:在上述情况下,我们又怎样才能理解这些诗人的诗呢?既然这些诗人本身并没有给自己提出什么真正的"目的",对于他们亲身所体现的那种情感也不曾有过什么真正的思想,因为我们肯定不能硬说这位诗人必不可少地要有上述这个或那个东西,也就是说,硬说这位诗人必须身兼两职和三职,即又是诗人,又是演说家和哲学家。但是,实际情况则是,诗人只有是演说家和哲学家才会有目的和思想,因为诗人本身是不能表达目的和思想的(这是由于目的和思想只能从演说和散文中表达出来),因此,在诗人的创作过程当中,诗人就把目的和思想撇到一边,或是把它们甩掉,再或者虽然保留了它们,却只是作为情感的特殊色彩,抛开它们的那种冷酷的概念化和严峻的实用性。看到希腊悲剧中有天命的思想,或者在信奉基督教的诗人的作品中有天意的思想,这些都是视觉上的幻想结果,因为"天命"和"天意"都是思想,因而是可思的,而不是可表现的,诗人所表现的将永远只是以天命为名的一种恐惧和无可奈何的情感,永远只是以天意为名的一种信仰和希冀的情感;是光明面和阴暗面,但不是思想。如果问起诗人们对天命和天意的想法,对正义与非正义、神的法旨和人的法律的想法,并且指责他们在这些问题上是无情的,那么诗人们就不该用不同于保罗·韦罗内塞①的方式来做出回答:当时,保罗·韦罗内塞曾被传到宗教裁判所,因为他在自己的一幅绘画中画了一个同圣史相抵触的人物形象,从而把圣史中原来的主题给抹杀掉了。也就是说,他绘制这幅画是"根据他的智力所能理解的那种考虑";作为他被指控的罪状的那个人物形象,是"为了作为衬托"而画上去的,因为他认为,必须使用某种色彩或某种色调,而不论这种色彩或色调是否符合"历史";于是最后,画家们"就像诗人和疯子一样为所欲为了"。

1936 年

---

① 韦罗内塞(1528—1588),意大利威尼斯画派著名画家。——译注

七　宽容真正的诗人

一首诗的读者,同诗作者打成一片,把自己的心灵扩大到诗作者的心灵那样的程度,使自己的心灵同诗作者的心灵相一致,像诗作者一样,在特殊的兴趣和情感上提高自己(即在诗作者处于特定条件下所特有的那种兴趣和情感上提高自己);读者像作者一样,在一种类似的净化当中洗涤自己,并像作者一样,迎接美的欢悦。

但是,读者在谈到那些自称为诗的诗歌时,也会发生完全相反的情况,因为这些东西是以诗的矫饰和外表出现在他面前的,而且在他开始要在自身当中对这些东西实行再创造并加以享受时,他却只发现一些实用的东西,即那些由于自欺欺人而被叫作"丑"的东西。一经这样的发现,读者就会感到厌恶和不快,而那个制作这些东西的人却得意扬扬。

的确是得意扬扬;而且也不可能不如此,因为他在制作这种丑物时曾抱有这样的信念和幻想,即相信和幻想自己相反是在完成美的作品,于是,他满足了自己的奢念,迁就了自己的虚荣心,在自己和别人的眼中,竟成为天才的人物,成为艺术家和创作者。糟糕的诗人"gaudet in se et se ipse mirarur"①,正因为他自鸣得意,他往往在社会生活中表现得彬彬有礼,讨人喜欢,"venustus et dicax et urbanus"②,正像卡

---

① 拉丁文,意为"自鸣得意,自我欣赏"。——译注
② 拉丁文,意为"风度翩翩,谈吐俏皮,举止文雅"。——译注

图卢斯雕刻苏菲诺头像一样,当卡图卢斯后来又吟诗作歌时,"unus caprimulgus aut fossor videtur"①。卡图卢斯在吟诗作歌时成为一个刽子手,他一味折磨别人的耳朵和幻想,因此,凡有文化、有情趣的人都对他敬而远之,退避三舍;但是,相反却有人追求他,谄媚他,吹捧他和崇拜他,其目的是要把他拉过来,叫他来称赞自己的幻想,加倍满足自己的虚荣心。讽刺文章和喜剧想要对这糟糕的诗人进行报复,但是,任何报复行为也许都无法缓解这糟糕的诗人给人造成的创痛,他在造成这种创痛时表现得比任何一只折磨人的、嗡嗡不休的、叮人刺人的蚊虫更加令人讨厌,更加顽固不化。

而如果说,最低劣的诗人还不如那些平庸的或简直是糟糕的诗人那样令人憎恶,那是因为:他们还不致那么可怕,他们更容易被大家发现,从而遭到谴责。如果说,上述那种憎恶之感并非针对那些公开而坦率地制造和兜售丑恶东西的人,那也正是因为他们并不给那些不找上门来的人带来任何烦恼,往往还恰恰相反;他们很清楚他们的作品价值多少,他们既谦虚又聪明,他们会对你们说:别读我的小说,它不合你们的口味;或者他索性就模仿娜娜的班主的那种率直的热忱:当有人同那班主谈到他的"戏班子"时,他竟然又气又恼地打断对方的话说道:请别叫我的戏班子;您干脆就称呼它是我的窑子吧。

不过,也不应当把对丑的憎恨发展到极限,以致成为一种"odium auctoris"②,同时还带有偏见,这就会使人在有诗的地方无法欣赏诗,因为正如有时鲜花也会在干涸的智慧岩石上和另一些无法生长的地方开放一样,诗也可能在丑恶的东西中间绽放蓓蕾。布瓦洛就曾说过"Parmi son fatras obscur, souvent Brébeuf étincelle"③,弗朗切斯科·彼

---

① 拉丁文,意为"同一个人又被看成是羊倌或大粗人了"。这句话系卡图卢斯的一句名言。——译注
② 拉丁文,意为"不共戴天的仇恨"。——译注
③ 法文,意为"在一堆晦暗的杂物当中,布勒勃夫往往也会放射出光芒来"。布勒勃夫系法国十七世纪的诗人。——译注

特拉克从另一种意义上也曾说过"tarde non fur mai grazie divine"①,也有这样一些人,他们经年累月只能写出糟糕的文学作品,但是有时也会出人意料,拿出一部构思不同凡响的短篇小说或副本来;正如众所周知的,确有一些只写过一首精美的十四行诗的诗人。

　　苏菲诺对自己感到满意;维吉尔则对自己并不满意,因为他总是感到自己的作品不是十全十美,总是对自己的作品思来想去,他想方设法改动这些作品,却总是不成功,他的不满甚至发展到临终时做出这样的命令手势:把包括《埃涅阿斯纪》在内的文稿付之一炬。一部作品并非十全十美,却并不等于是一部糟糕的作品,因为这部作品的诞生并不是作为诗,而是依靠别的手段存在下去的;但是,它是另一种带有诗意诞生的天赐之物,在它降临大地的披风上就带有这种天赐之物的痕迹。诗人就像一位德高望重的人一样,这种人认为,自己的一言一行绝不允许有半点肮脏之处;因此,诗人发现自己的作品中有污点时,就会感到痛苦不堪,就想要把这些污点统统除掉,甚至连最小的一点残迹也不许存在;诗人总是梦想能把自己的作品传遍寰宇,就像法兰西国王想要把自己的女儿传遍寰宇一样(这正是雅科波内②为自己的灵魂求得的那种形象),法兰西国王把自己的女儿看成掌上明珠,唯一钟爱之物,她"身着雪白的长衫",在"所有地方"的目睹者眼中闪烁着这种圣洁的光辉。但是,诗在接近人们脑海时则像闪电的霹雳,人的工作则紧随其后而来,被它牵动,被它陶醉并竭尽所能来捕捉它,徒劳地要求它停下脚步来,让人欣赏它的面部的每个线条,因为诗这时已经消失了。诗有时也会回来,让人们把它看得更完全些,但有时却不会回来;而诗人则总是存留下来的,既有他那明朗的语言,也有他那朦胧的语言,正是那朦胧的语言在期待,在要求,期待和要求能澄清这些朦胧语言的光束,这一点也许会做到,也许不会做到。因此,维吉尔为了不致因局部或因小小的局部而失全体,不致因小而失大,同时也

---

① 古意大利文,意为"晚成绝非神之所赐"。——译注
② 雅科波内(1230—1306),意大利法学家,后入圣方济各会做教士。——译注

七　宽容真正的诗人

为了不致徒劳地让幸福的时刻从自己身边溜走,根据他的生活传记所记载的情况,他曾勉为其难地写下几句不尽完美的诗,或只是暂时表达的诗("dum scrideret, ne quid impetum moraretur, quaedam imperfecta reliquit, alia laevissimis versis veluti fulsit"[①]),他自我解嘲,并且也同朋友们开玩笑,把这些诗句称作"支架"(tibicines),这些"支架"是用来支撑建筑物的,可以一直支撑到维吉尔能找到一些结实的圆柱来取代它们为止。诗人虽然为这些不尽完美之处感到痛苦,并且渴望能加以改善,但是,往往又踟蹰不前,就像对自己存在的一种奥秘抱有笃诚的敬意一样,不敢对它动手,因为他害怕会造成破坏,因为冷静的头脑不再会有热烈的幻想了,锉刀是一种危险的工具,它虽然可以"磨光",但是也会"弄巧成拙",正如昆提利安所说的,亦即把精华剔除掉。那么,这时他就只有一个办法了,即乞求宽容,就像但丁所隐晦地要求的那样,但丁当时曾承认:很多时候,形式并不同艺术构思一致,"因为材料是懒于响应的",也正如歌德所明确地要求的那样,他当时曾请求不要伸出纠正或告诫之手,并且不要在诗人的磨盘转动时加以制止,因为"谁理解我们,也就会懂得原谅我们的"。

凡是有诗性的人、有严肃情趣的人、有海阔天空的头脑和慷慨大度胸怀的人,都会立即表示这种宽容态度,不论是在论诗方面还是在道德方面,都会如此,因为他们着眼于一部作品的实质问题,正如着眼于一种行为、一种生活的实质问题一样;而与此同时,任何时代也都有佐伊洛[②]之流采取那种无事生非、不顾情面的作风(这种人在道德范畴则可以从这样一些"仆人"身上看到:在这真"仆人"眼中,"伟人"是根本没有的,他们对东家的衣服无时无刻不吹毛求疵);这些佐伊洛之流能详详细细地罗列某位诗人的一大串不尽完善之处,罗列这位诗人

[①] 拉丁文,意为"当你兢兢业业地进行写作时,你会写出一些很不完善的陈词滥调,另一些时候,则又会写出极为可喜的诗句,亦即站得住脚的诗句"。——译注
[②] 佐伊洛,古希腊修辞学家和文法学家,生活于公元前三世纪。据称,他曾尖刻批判荷马的诗,因而被冠以绰号"荷马的鞭子"。——译注

的一大串疏漏和缺陷，然而，当他们又想夸奖一番时，则又在上述毛病的旁边罗列一大串优点和好处，甚至不懂得：缺点也可能有助于优点，特殊的举棋不定或茫然失措也可能有助于发出触动全体的那种冲击力，因此，必须始终从中心出发，而不应停留在外围边缘。阿尔菲耶里①在每首诗作中都展示出思想上的严峻和抽象，而正因如此，他才成其为诗人，那诗意要比圆滑而又具有自己独特完美性的梅塔斯塔西奥②要浓厚得多；曼佐尼的《五月五》曾多次逐句逐段地遭到谴责，而且也并非总是受到冤枉，而正因如此，他才成为一位伟大的抒情诗人。凡是懂诗的读者和有严肃情趣的人，看到那些自吹自擂、被赞誉为"高雅"和"精巧"之士的诠释家们经常指出和强调一些诗人的欠缺和弱点（他们的这种做法竟被称道为依靠他们的敏感性和敏锐性所做的光荣发现），就会感到按捺不住，不胜其烦，像是要说：不错！我也早就发觉这些问题了，比你们还早；只不过，我和你们的作风不同，我不想指出和强调这些问题，因为我不该这样做。

在诗中，我们不仅可以遇到不完善之处（从定义上说，这种不完善之处也就等于可以纠正之处，这种情况也确实在创作过程中和再创造过程中得到纠正），而且也可以遇到非诗的东西，然而这种非诗的东西就无法纠正了，因为这些东西在读者身上，犹如在作者身上一样，并不引起不快和反感，而是被读者或作者以某种冷漠的态度加以看待。这都是一些常规的或结构方面的部分，这在每部诗作中都有，时而略能看出，时而彰明昭著，特别是在一些内容浩繁的作品中是如此。这类常规和结构方面的部分有一种众所周知的情况，即附加和补充部分，法国人把这些部分叫作"chevilles"③，意大利人则称之为"楔子"，伽利

---

① 阿尔菲耶里（1749—1803），意大利最伟大的悲剧作家，意大利近代悲剧的奠基人。——译注
② 梅塔斯塔西奥（1698—1782），意大利著名诗人，曾使意大利音乐剧达到最高的完美境界。——译注
③ 意为"插销"。——译注

略把它们叫作"镌刻",吉诺·卡波尼①则称之为"算术部分",因为它们是把自己加进诗本身部分中去的;福斯科洛说过,这是一种"毛病",是任何写诗的才智都"无法避免"的;这也是一种"缺陷",是"人所不能逃避"的。后一种说法就等于承认,缺陷和毛病恰恰是无法避免的,否则,说可以避免只不过是一种估计。缺陷和毛病到底是怎么来的呢?是来自这样一种必要性,即必须保持表现在节奏上的统一,其至在某些部分要牺牲形象同声音的一致性,而声音本身也就是一种形象,它是符合诗本身的主旋律的。谁记得阿里奥斯托的那四句令人赞叹的诗②(它们表现菲奥迪丽吉看到布兰迪马特在大战中的两位战友——两位男爵来晋见她时感到的那种惊恐困惑的神情)就一定会发觉:在第三句中"宣布"和"通知"虽是两个词,但说的却是一件事,也许两个词中的任何一个都没有自己完全的个性,"通知"一词只不过是选用来押韵罢了:

> 他们刚刚进入,她就看见他们的脸,
> 看到这脸没有胜利欢乐的容颜,
> 既没有宣布,也没有通知,
> 她却知道他的布兰迪马特已不在人世!……

但是,这加快了的节奏感,是依靠两个词的连用获得的,两个词的分离和连接均由一个休止词起作用,这就像是菲奥迪丽吉的心在急促地跳动,从而造成一个高度诗意的形象,诗末的韵脚把这心的跳动导向两位男爵的出现而引起的表情和惊恐神态,导向他们那没有焕发胜利欢乐光彩的"容颜"。

人们有时往往把这种弄巧成拙的企图归罪于"韵律",说它是个大

---

① 卡波尼(1792—1876),意大利著名文学家、历史学家、教育学家。——译注
② 以下引用的人物和诗句出自意大利文艺复兴时期大诗人阿里奥斯托的代表作《疯狂的罗兰》。———译注

诱惑者和大破坏者,为了不致继续为这种诱惑所俘虏,从而有葬身其内的危险,人们建议写没有韵律的诗即"无韵诗",或纵有韵律,这韵律却可随心所欲地出现,而无须事先规定其押韵之处;还有些时候,人们则又把这个问题归咎于韵律诗本身,归咎于其封闭式的诗段,于是人们就建议写所谓"自由体诗",在节奏和段落方面不必体现一律和对应。但是,这种无韵诗、开放性段落、自由体诗,固然都出自诗的灵感,并有各自的必然性和规律,但它们却总是会使人达到这样一种程度:不得不接受某些补充、楔子或修饰;相反,正如一般发生的情况那样,一旦它们主要被写成自由体诗,成为冷静的思想产物,那就可以预料,它们必然就此要求助于楔子,其不同之处仅仅在于:这些楔子是丑的东西的丑的楔子,而且任何人都不会对这种丑的楔子笑脸相迎,最多不过是表现宽容和迁就,正如对待有些诗人的那种做法,人们往往所采取的态度,即称这种做法为"可爱的缺陷"。但是,诗人们因表现和谐的要求而采用楔子的做法,其本身并无所谓美丑,因为这种做法本身不过是为求得诗意的效果而采用的支撑点罢了。

在探讨这些相当微妙的问题时,不妨追忆一下埃克哈特[①]大师的一句话,这位大师曾说过:上帝的眼睛正是人们用以看上帝的眼睛,如果没有上帝,也就没有人,但同样,如果没有人,也就没有上帝;他说过这句话之后,几乎像是有些害怕说出这种寓意深刻的话,因为这话有亵渎神灵的危险,于是,他连忙又告诫道:"然而,这些事情并非必须知道的事情,因为它们是很容易被人误解的,而且只有从概念上才能理解它们。"的确,必须知道的是我们同哲学家、诠释家和批评家有关的事情;但是,诗人们无视这些问题或是不停留在这些问题上,并且始终保持其神圣的永远不满足的朴素性格,不断追求尽善尽美的朴素性格,这样做还是对的,因为正由于以上种种,诗人们在不能不诉诸不得已的修饰手法时,也只是用以为求得尽善尽美而服务。诠释家和批评

---

① 埃克哈特(1260—1327),德国哲学家,神秘主义代表人物。——译注

七 宽容真正的诗人

家如能以受到良好教育而养成的礼貌态度来绕过这些问题,那是很好的,因为这种礼貌态度能使人不致强调这样的事实:人既然是活的和能动弹的,就该戴上眼镜,以便瞧得更清楚,或拿起手杖,以便在走路时靠它做支撑。

另一个使用常规或结构上的手法的类似情况就是:在采用这种方式的同时,配以两段诗;为了举例说明这个问题,前面已经提及阿里奥斯托的最美的八行诗中的一首,现在则可以提一下但丁的最富有诗意的情节之一,即在里米尼的弗兰切斯卡叙述了她乃至他们的爱情以及导致他们同归于尽的悲剧,并且用一句愤恨的话诅咒杀人凶手和手足相残的惨剧来结束她的谈话之后,那位地府的游历者①向她表示他听到这番叙述之后所感到的激动心情,并向她提出一个问题:

> 但是,请你告诉我:在发出甜蜜的叹息时,
> 通过什么迹象、什么方式
> 使你们明白了彼此心里的朦胧的欲望?②

为什么又插进这样一句问话呢?难道是为了好奇、说三道四或是不怀好意的好奇吗?算了吧!这问话仅仅是为了把第一段和第二段诗联系起来罢了,在这第二段里,弗兰切斯卡神情恍惚而又痛苦,追述他们怎样被火一般的激情所战胜和俘虏。这几句诗就像一架小木桥,从绿油油的河岸的这一边通向那一边;任何人都不会注意那架小桥,而每个人一旦观赏到第一种情景,就会整个地沉浸到对第二种情景的观赏之中。这里,常规或结构上的诗段同样也是用来完整地体现弗兰切斯卡的诗的意境的,因为但丁的全部诗作在结构上完全是由灵魂的相遇和问答形式构成的,因而他也不可能以其他方式来表达这种诗的意境。

---

① 指《神曲》中幻游地狱的诗人但丁。——译注
② 见但丁《神曲·地狱篇》第五歌。——译注

诗歌、戏剧、小说的叙事和注释部分都属于上述但丁诗作的同一种性质，由一个角色的口述来表白以前所发生的事情，以及了解人们不曾亲眼看到的，而是由某种"通告"来宣布的事态发展情况，这些往往也属于这同一种性质，有时，希腊悲剧中的思索和评论、史诗中对事物的一一回顾和追本溯源、小说中的心理描述，以及所有这些诗作形式中对人物的介绍（这些人物起着促进情节发展的作用，因而不能，也不应达到强烈的诗的境界），也同样属于上述性质。如果说——姑且举一例而明之——维吉尔笔下的"Pius Aneneas"①没有把幻想和心灵看成被他抛弃的狄多②的话，这并不是因为他是"Pius"，并且如人们所认为的，是道义上和宗教上的理想人物；也并不是因为这些情场上的负心人没有向诗的心灵倾诉（他们也不能做相反的事，这并非没有根据）；更合乎实情的却是：因为他之所以被作者构思出来，正是为了说明和歌颂罗马历史，无非只是为了在诗中说明罗马同迦太基长期不和及发生战争的根源所在，而正因如此，他才不得不抛弃那热情似火的迦太基女王。《被解放的耶路撒冷》中的高弗雷多③是虔诚的，然而他也富有诗意，或者可以肯定，他比埃涅阿斯更加富有诗意，而埃涅阿斯是作者"塑造"的，这一点要甚于高弗雷多。不必多举例子来说明这种联系和塑造的状况，因为这都是些显而易见的事；而且也只是为了说明这一点，应当再次指出：这种联系和塑造的状况从诗的角度来看，虽然没有什么区别，但是，在这样做时，劣等诗人是笨手笨脚的，而优等诗人则举止得当，挥洒自如。

因此，正如在另一种情况下发生的事一样，这种权宜办法之所以被采用，是为了让诗的长河能尽情地、丰富多彩地畅流，与此同时，又不致丧失诗的全部和各个局部的总体性的高度和谐，而如果诗的长河

---

① 拉丁文，意为"虔诚的埃涅阿斯"。pius 为"虔诚"之意。——译注
② 狄多，公元前880年建立迦太基的女王，维吉尔诗中，称她爱上埃涅阿斯，后因被埃涅阿斯抛弃，愤而自杀。——译注
③ 指意大利文艺复兴晚期诗人塔索名著《被解放的耶路撒冷》中描写的十字军东征统帅高弗雷多。——译注

七　宽容真正的诗人

化为涓涓溪水和细流，化为小小湖泊和清泉，这种和谐就会丧失掉。正如夏多布里昂①曾想到的，这已经不是什么诗人时而感到的那种厌倦问题了，在上述种种情况下，诗人会求得休息，也让读者去休息，而读者也会为此而感激诗人，因为诗人本身也因为他所享受的强烈的，甚至过于强烈的诗意感到厌烦了。夏多布里昂还说道，对他来说，他绝不会希望把《熙德》和《贺拉斯》②的美丽意境"par des harmonies élégantes ou travaillées"③连接起来，而是用那种虽然贫乏但却实实在在的联系连接起来。此外，"精美片段"的选集虽然对开宗明义有益或是必不可少，却不能充分满足诗的爱好者，这也正是因为这些选集只选辑了孤立的篇章，正由于这些篇章是互不协调的，因而它们缺少那种保持它们之间联系的"结构性段落"。

但是，正确地采用这种"结构性段落"不应变为不正确地把它们作为诗本身来加以采用：这正是那些不懂行的解释家们常犯的错误，这既是因为他们让自己被一种对名气很大的诗人的迷信崇拜所驾驭（况且，他们也并不能通过把诗人的诗和他的人为技巧等同看待的做法来向诗人表示推崇），又是因为在美学上他们往往是孤陋寡闻和麻木不仁的。也有些时候，我曾把他们的这种做法比作特洛伊人的做法，即特洛伊人当时曾在吃过别人递给他们的面包之后，感到这面包并不能使他们饱餐一顿，因而他们就拼命啃吃麦饼，而这麦饼又是用作祭品的；不过，面包是面包，祭品则是祭品，一幅画的画钩和支架并不等于绘画本身。正由于做出这种结论，我才赞赏高乃依和卡尔德隆④以及阿波斯托洛·泽诺⑤，同样也赞赏其他人，因为他们曾分别为法国悲

---

① 夏多布里昂（1768—1848），法国著名浪漫派作家。——译注
② 《熙德》和《贺拉斯》系法国十七世纪古典主义剧作家高乃依（1606—1684）的两部悲剧。——译注
③ 法文，意为"用华丽或矫揉造作的和谐"。——译注
④ 卡尔德隆（1600—1681），西班牙著名戏剧家、诗人，曾打破传统，采取浪漫主义创作方法。——译注
⑤ 泽诺（1669?—1750），意大利著名剧作家、诗人、文艺评论家。——译注

剧、西班牙喜剧、意大利歌剧以及其他形式的作品找出传授给后世诗人与非诗人的结构和技巧;我要祝贺埃斯库罗斯①,因为他给希腊悲剧增加了第二个演员;我还要把功劳归于八行诗和十四行诗的创造者,把功劳归于把这些公式介绍到其他国家人民当中去的人。其结果是:由于人们误解了结构因素的质量问题,诗就被看成是一系列常规和技巧,诗人则被看成是这些东西的创造者;"创造"和"玩弄技巧"几乎就像是诗人们采用的狡诈和圆滑手段,这些手段竟成为人们进行特殊研究的对象,在这研究之中充满令人叹为观止和拍案叫绝的内容。

尤其必须谴责并抑制这种不分能否消化就一概如狼似虎地生吞活剥的做法,因为由此相应地就产生了一种与此相反的,但又同样是错误的理论:这种理论除承认诗作中有诗意的"部分"之外就不愿承认还有别的东西。这种理论有两种形式:一种形式是断定,只有短诗才能算是诗,亦即只有能一气呵成地全部读完的短诗才能算是诗,最多也要在一刻钟之内把它读完,于是悲剧就不能算是诗了,因为悲剧要用好几个钟头才能读完,或者那些要用好几天才能读完的诗歌和小说也不能算是诗;还有一种形式则认为,诗只能"断断续续"地或"零星片段"地存在,而所有其余部分都是一堆无大用处的东西,这些"片段"都是镶嵌其内的,因而必须把这些"片段"从中剔除下来,每一片段都是"粘贴"上去的,因而必须把它们揭下来。在第一种形式中,人们在逻辑上犯了严重的错误,竟把时间概念纳入思想过程当中,仿佛写一首诗或读一首诗要么是持续一分钟,要么则是持续好几年,却不是在某种思想节奏当中进行的,这种思想节奏能抓住作者和读者,使他们摆脱时间概念。事实证明这种形式是错误的,因为诗歌、戏剧、小说的诗意(这些诗歌、戏剧、小说是在诗意的启发下写成的)并不仅在某些单独的片段中存在,而是贯穿在整体当中,而且有些作品,我们是不能从中剔除任何片段的,也不能因为某个片段是美的,就把它收入

---

① 埃斯库罗斯(前525—前456),与索福克勒斯同时代的古希腊悲剧大诗人。——译注

七　宽容真正的诗人

选集之中,不过,在这选集当中,我们却仍然会感到它所包蕴和散播的诗意。同样的看法也可用来驳斥这一理论的第二种形式。也许指出如下一点不是没有好处的:在这第二种形式中,这一理论已经形成一种所谓"片段论者"学派,这些"片段论者"特意写出一些片段,以便保证自己仅写出没有联系的诗和不相干的补充诗句;我们可以想象,从这种意图中会产生怎样枯燥乏味的东西。

第三种情况值得牢记,即有关结构和诗的关系问题;在这种情况下,诗人采用了某个寓言,不论是传统的寓言还是由他本人编出的寓言,其目的并不是把它糅合在自己的诗歌当中,把它转化为由他的感觉所创造出的种种形象,而是因为这寓言使他或读者都感到喜欢,他或读者都热爱那种行动和激情,热爱那个故事,热爱那些人物和姓名;诗人把所采用的这个寓言作为布局,把自己的诗歌浸透其内,而这诗歌有时又把这个布局完全遮盖和隐藏住了,这样一来,实际上是取消了布局,但是,另有些时候,诗歌则又未把布局完全遮盖住,却听任它自行存在下去,或多或少地自行存在下去。即使在这种情况下,诗的解释家的态度也应是对布局漠不关心,而只是对浸透其内的那个东西感兴趣。但是,即使在这种情况下,那些不大懂行的人和不大懂诗的读者也往往会把布局和渲染混为一谈,拼命地把布局本身就看成是实质性的诗或诗的主调;正因如此,才有这样一些刊印出来的论著:这些论著全都是论述应如何以符合他们自己的思想的方式来研究诗,论述不同作者如何以不同的研究方式来探讨普罗米修斯和奥雷斯特、露克蕾西娅和索佛妮丝芭、浮士德和唐璜以及数不胜数的其他种种人物的问题,不过,似乎应当明确的一点是:诗人绝不会卷入这些事件中去,也不会同这些人物产生瓜葛,而只是同他注入其内或增添进去的那些属于他自己和带有普遍性的东西有关。鉴于以这种方式采用的布局在莎士比亚作品中也有(莎士比亚就曾多次飞向高空,同时又轻轻落脚到一些民间故事和童话上面),人们曾一直批评莎士比亚的作品前后不连贯、自相矛盾和幼稚可笑;最近这类批评之一就是列夫·托

125

尔斯泰,他竟把李尔王的布局同李尔王的诗意相互调换了。

最后一种情况——它是上述第三种情况的另一种表现——不仅值得牢记,而且还应加以特别强调,因为它至少是由我们的欧洲世界的两位最伟大的诗人所代表的:这种情况不是由荷马,也不是由莎士比亚所代表的,而完全是由但丁和歌德所代表的,他们两位都不仅具有非凡的诗的气质("Natur"①,正如歌德谈及但丁时所说的),而且在思想形成上也具有强大的思维能力,他们两位都是拥有宗教般虔诚感情和道义感情的炽热生灵,他们的这种感情是由于对人类命运和由人来主宰生命这种关怀所促成的。上述思想感情同诗的幽灵一起,在他们的脑海中翻腾着,都倾注于他们的诗篇当中,而他们也都愿意把上述思想感情全部变为诗。但是,实际上,他们所能改变的只不过是他们身上化为情感的那种东西,而绝不是那种已经在他们的脑海中和心灵中具有并保持思想形式的东西(即科学和哲学形式),或具有并保持实用形式(演讲、讽刺等,诸如此类)的东西。这样,但丁和歌德才在《神曲》和《浮士德》中(又不仅是在《神曲》和《浮士德》中)汇集了他们的理论信念、他们的主张和告诫以及对他们情感的歌颂;由此就产生了两部相当复杂、从内在精神上说具有强烈的不协调因素的作品,其中一部从外在表面形式上看几乎像几何学那样规范,叙述了遨游地狱、炼狱和天堂三界的情况,对每一界都写出三韵句体的三十三歌,加上一首开场白式序曲,从而形成完整的百首歌;另一部则根本不注重上述外在排比:两部作品中,不同的因素时而交错一起,时而相互分离,时而又彼此对立,不过,这些因素都是人类智慧所能创造的最宏伟的篇章。在解释家们看来,在这些宏伟篇章周围,产生了所谓"统一性"问题,这个问题或是在这个或那个因素当中提出来,或则是就所有这些因素本身的综合提出来,既然指出了这些因素的存在,那么"统一性"问题之所以产生也就完全自然了,但是,问题既然这样提出,而且

---

① 德文,意为"本性"。——译注

必然是无法解决的,那也就同样是很自然的了。这个问题只有在如下情况下才算是提得好,因而也是可以解决的,即考虑到这些不同因素的产生,并根据哪些是诗、哪些又不是诗的思想,就会从这两部作品中把结构同诗区别开来:只要注意到一点,即对于那些不仅在诗意上,而且也在思想上和道义上如此坚强的精神来说,结构并不是什么无足轻重的布局(这在只具备诗意的其他诗人的身上已经可以看到),而是诗人们灵魂的绝顶重要部分,它既同诗有别,又同诗结合在一起,并从诗中汲取营养,从而构成一个并非静止的,而是辩证的统一体。对于我们来说,结构在我们理解诗人的灵魂方面也不可能是无足轻重的,而且在使我们理解诗人的诗的面貌方面,同样也如此;但是,只有在如下条件下,结构才应当是无足轻重的(其他所有结构也同样如此),即在这一结构中,诗人们的诗无法歌唱。

1936 年

八 爱情诗和英雄诗

爱情诗和英雄诗(或称雄壮诗、伦理诗、宗教诗、超凡入圣的诗,或随人们喜欢称呼的其他说法),在一般议论当中是以一种不致引起困难和异议的方式加以区分的,只要人们考虑到经验之谈,并满足要把弗朗切斯科·彼特拉克(爱情诗人)和但丁(伦理诗和宗教诗人)的各种不同面目加以汇集和引导以及——比如说——要以大致的轮廓把这些面目勾勒出来这一简单的需要,就可以做到这一点。

但是,既然我们试图使这种经验主义的分门别类实现严格的确定性和具有绝对的价值,那就会陷入进退维谷的境地,因为诗的一贯性和统一性并不意味着要具有品质上的双重性,这就使人感到必须降低或是索性否定两种诗意中的一种而维护另一种,必须把其中一种看成是真正的、淳朴的诗,而另一种则是不纯正的和人工雕琢的诗。

过去和现在我们都看到有这种现象:人们并不总是否定英雄诗而赞许爱情诗(虽然有一些读者尽管对英雄诗持有冷淡而又得体的敬重态度,内心深处却一味只接受爱情诗),相反却抱着另一种态度,这种态度正是理论家和哲学家所固有的,即轻视或容忍爱情诗,把英雄诗则提高到爱情诗之上,认为英雄诗才是最好的诗,才符合诗本身的概念。

乔尔丹诺·布鲁诺①曾明确而果断地支持上述第二种理论②,他

---

① 布鲁诺(1548—1600),著名的反中纪蒙昧主义的意大利文艺复兴代表人物,后被教会以异教徒罪名烧死。——译注
② 见《英雄的怒火》为西德尼所写的题词。——原注

八 爱情诗和英雄诗

谴责对女人的崇拜,并曾说过(在某种程度上是提前表述了叔本华的受人拥护的理论),女人"以喀尔刻①的那种迷惑力,为一代人服务,特别是以美来欺骗世人",因此,女人单只由于她所提供的欢乐和从事的服务就应当获得荣誉和爱;布鲁诺公开地对抗和直接地反对彼特拉克的诗的盛名,认为彼特拉克是这样一种人:"由于他不具备能创造最美好东西的才能,便处心积虑地转向宣扬伤感之情,为的是在这个基础上得以同样显示他自己的才能,展示一种顽强而又庸俗的、动物似的、兽性的爱的情感",在这方面,彼特拉克正类似那些颂扬驴、苍蝇或蟑螂的人。

　　这样的指责是不公平的,从这种不公平的指责中也就产生了错误;这种不公平和错误都可以公开地表现出来,只要具备一个条件,即人们能从某一个英雄的、伦理的、宗教的,或换言之,崇高的精美诗段中感受到这段诗的全部力量,不言而喻,也就是只要这段诗确属纯粹的诗。因为如果这段诗确乎如此,那就可以肯定,在我们抽象地确定的某一点上,这段诗并不是什么实践的决心和道德的意志(正如人们稀里糊涂地所设想的,居然以不该有的方式用伦理范畴取代了诗和美学范畴,或是把这两个范畴糟糕地结合起来,从而把二者混为一谈),犹如布鲁诺本人所说的,这段诗战胜了恋情,战胜了"庸俗的、动物似的、兽性的"感觉因素,成为对生活的一种直觉和观赏,直觉和观赏到真正的全部生活、生活的内容和必然的对立过程,正是这种对立使生活得以继续下去,得以实现统一和成为现实。一种耿直的态度,一种英雄的行为,一种宗教的虔诚,它本身并不是什么具体的人性,同时也不能为了追求更高尚的爱或初恋的复归而脱离一般的爱,并且不断地努力去脱离这种一般的爱;此外,它也不是要做什么斗争,要接受与它相反的做法,尽管这相反的做法也同样是合乎人性的,这正如它既不属于现实,同样也不属于诗的形象一样。在这方面,人们并不愿去直接想到那些像意大利骑士时代的英雄,想到既有信仰又同时为爱所俘

---

① 喀尔刻系希腊神话中的女巫,会魔法,曾同《奥德赛》主角俄底修斯有过一段情史。——译注

房和奴役的极为淳朴而坚强的武士,或是想到塔索的坦科雷迪和里纳尔多①一类的人;相反,人们则是不把自己束缚在通常被认为是爱的小圈子里,以这种话语并根据真实去理解全部感觉和感情因素,理解与尘世有关的并散发出胸中的情欲、激动、性感、怀恋、忧愁的全部心绪,尽管这种心绪趋向于升华,有时还会从升华中汲取力量。因此,那些被关闭在硕大的特洛伊木马里的希腊英雄们,在听到海伦呼唤他们的名字时竟觉得里面有远方爱妻的声音,他们已经就要做出回答,站起身来跳将出去,如果不是俄底修斯把他们拦住的话;同样,我们的曼佐尼的法兰克英雄们在横跨阿尔卑斯山时,在寒夜中枕戈待旦,他们一直在怀念着自己远离的温暖甜蜜的城堡,心中感到自己所信赖的人的暖烘烘的绵绵情话。一首将人世间的感情提升到神的境界的诗,就其整体来说,就是这种表现既热烈又富有现实感的情感的诗,哪怕这种情感已成过去,哪怕这种情感在神的爱恋中是热烈的,而神的爱除非是尘世的一部分,除非神本身是有血有肉的,否则他的爱也就不可能是爱。从另一方面来看,一首真正成其为诗的爱情诗究竟在哪里呢?这样的诗不该包含伦理和宗教因素,不该包含无限无穷的追求,不该包含对已成过去和已经消逝的东西的伤感,不该包含朦胧的罪恶感,不该包含自我饶恕和饶恕别人、把自己和自己所爱的人提高到纯净的天界的需要,不该包含痛苦而又徒劳地拼命要打碎相爱的恋人之间的永久性壁垒的那种冲动情绪(这种壁垒正存在于为造物而实现的爱情当中,存在于这种爱情的无法逾越的局限当中)。而这种真正成其为诗的爱情诗,是要贯穿着矛盾、焦虑、痛苦、欢乐、希冀、绝望和野性的贪婪,以及把这种野性的贪婪加以掩饰和冲淡的纯真和端庄等七情六欲的,是要描述灵魂的完善和优美,描述灵魂为获得更牢靠的成果而准备做出牺牲的那种英雄主义的,要描述灵魂超出一般人性而变得具

---

① 坦科雷迪和里纳尔多都是大诗人塔索笔下的人物;坦科雷迪为十二世纪中叶第一次十字军东征的将帅之一,塔索的名诗《被解放的耶路撒冷》中有他的形象;里纳尔多为宫廷卫士,塔索十八岁时曾写诗歌颂过他。——译注

有更大的广度和深度的尽善尽美的人性的。谁在聆听彼特拉克的诗句"优美的海般深沉的爱"时又能不感到那种苦恼之情呢？而谁又能不感到其中正有着彼特拉克的诗意,有爱情诗呢？

因此,过去多次有人觉得,并且说过:诗的主要甚至唯一的主题就是爱情,这并非没有根据的;但是,另一方面,有人过去也认为,并且有相反的说法:诗的唯一固有的主题就是理想、无限、上帝,这也是有根据的。上述两种论点彼此间相辅相成,如有必要,二者又是相互纠正的,从而构成一个东西。对于这种统一体,人们往往正确地摒弃那些诗的爱好者和内行们不切实际的意图,即硬要把某种道德强加给诗,这种道德是有别于诗本身所具备的道德的,而正因为诗本身具有自己的道德才成其为诗,这样一来,他们就摧毁了诗本身自发的道德观,从而让位于一种干巴巴的、抽象的道德说教。

指出如下一点不会是多此一举的:谈到"爱情诗"时,人们对这两个词持善意的态度,这两个词是符合共同的理解的,也正因如此,人们把爱情诗看成是同通俗性质的其他表现和文学艺术的其他表现有差异的东西,并加以维护,而这两个词也力求使这种诗具有其实质在表面上与其他表现相类似的力量。从一般的判断、分类从而采用恰如其分的词语来说,这些其他表现本身也同爱情诗有别,因为它们被称为色情诗、艳诗、淫诗、纵欲诗、风流诗、情歌、野调,总之是不同程度上的"轻浮"和"一瞬即逝"的诗歌。爱情诗则既不是轻浮的也不是一瞬即逝的,因为它有分量,有内容,它不像蝴蝶般轻飘飞舞,而是像鸽子或雄鹰般展翅翱翔;相反,在那些其他诗人喜欢的文学构思中,却缺少内在的力度,占上风的则是自娱和取悦他人的主调。从另一方面看,人们也反对把爱情诗同淫荡、色情和性欲的表现和形象相提并论,尽管这些表现和形象的主调并不是要取悦于人,并不是要满足于令人开心和舒畅,并不是轻浮,而是沉闷,尽管这些表现和形象是从强烈的痛苦刺激中产生的,同时还充满了毁灭、摧残和死亡的情景,但是,这些表现和形象却无法上升到人的严肃性和尊严的高度,无法闪烁出理想的光辉,无法投身于与死神的搏斗,也无法进入死亡、实际上也是再生的那个精神境界之中。

在这个问题上,正如前面论述爱的定义时所说的,也应当给性欲这一概念以其逻辑上的引申意义,超脱通常专就这一概念人们对性的问题所做的解释标准;因为性欲是一切试着以单方面性要求的所谓戏剧、悲剧、史诗和抒情诗来取代人在灵魂上的道德水准的东西,这种单方面的性要求是封闭在自身之内的,它没有能力把自己加以提高,它绝望地从自身当中寻求解决方法,尽管热衷这种不可能办到的事的色情狂比某位纯真的伊波利托斯更能逃脱女神阿佛洛狄忒,从而在这方面,居然成为一个禁欲主义者。因此,性欲不仅仅是那种正如布鲁诺所说的、由于同"一代人"的自然生活有联系而看来占有首要地位的东西,而且也是另一种同战争、流血、冒险和赌博,同形形色色陶醉和迷恋于某种事物的人有联系的东西,一般说,是属于那种因丧失自身自由而拼命地要把自己同个别人和个别事(不论是什么人和什么事)结合起来的人、提出某种崇拜对象和偶像而不是神灵和宇宙性因素的人的所有一切(这种神灵和宇宙性因素能在每件事物上发出光辉,并能超越每件事物)。淫秽是性欲的赤裸裸的极端形式,过去也曾就此指出,它不是诗,因为它不真实;但是,所有那些以散文和诗的形式、以绘画和音乐形式所做的这种表现也不真实,或者说,在大小不同的程度上缺乏真实性,因为它们也从性欲中吸取灵感,或多或少陷于实践的狂热和疯狂的痉挛之中。这些表现可以以其自身的表现方式简要地显示其魄力,使人迷惘困惑和惶惶不安;它们也可能使哲学家对其作沉痛的反思,使科学家对此作为"人的资料"加以认真的调查;但是,既然人们对上述种种表现从内心深处不会为纯形式而庆贺欢乐,从口中也不会发出"美啊!"的赞叹之词,因此,这些表现也只能从美学上加以判断和否定。但是,如果随着做出这种否定的判断之后,需要做某种解脱,那么首先就必须使道德的灵魂、人的正直而纯真的灵魂得到苏醒,从而严厉地触动这表现,以沉思和怜悯的心情来对待它们,把它们

八　爱情诗和英雄诗

驱逐到自身的境界以外,不给它们留下其他东西,而只给予它们以振兴的推动,以发展和增强其自身的能力,要使它们的戏剧性得到发挥和加强,而这种戏剧性本身在不发生冲突和净化从而形成精神的戏剧性的条件下,是不能成其为戏剧的;可是,正是在这朦胧的性欲主题上,后来才产生了旷世的诗的杰作,产生了但丁对弗兰切斯卡·达·里米尼通奸情节的描绘,或产生了莎士比亚写安东尼和克莉奥佩特拉之恋的悲剧。

　　诗的辩证法在这一部分是以其自身固有的规律来迎合道德意识的辩证法的,而道德意识的辩证法,在具有各种各样、形形色色的相对立或彼此否定的表现形式的性感的性欲冲动面前,一直是占据统治地位的,是小心翼翼地、严格地维护自己的统治的;这种情况在有关性的严肃伦理的历史范例中可能具有象征意义,而原始的文明正是按照这种性的严肃伦理来加强自己的地位和走向更高的目标的。而当一种虚假的学说论述如何在道德意识和道德意识的敌人之间促进相互服务的交易、迁就和关系系时,这种学说就会被加上纵欲和伪善的丑名。此外,人们也往往以怀疑的态度来看待性爱和热恋的升华问题,把这种爱恋的升华提高到柏拉图式恋爱和浪漫主义式恋爱的意识形态上去,其条件则是:一旦最初的天真无邪业已丧失,上述升华就有变为自我满足的幻想和虚伪的危险。但是,从另一方面来看,道德意识,正如诗本身一样,是反禁欲主义的,它把禁欲主义的僵硬性看成是一种荒唐的企图,即想要一下子就把它本来接受并经历的一场斗争加以结束,连根铲除,而这场斗争本身是成果丰硕的,因为这场斗争并不取消感官的活动和情感,而是要把这种活动和情感只作为更高的精神生活的条件、手段和工具。道德意识接受这场斗争,并且也从事这场斗争,而正因为这场斗争属于战役的一部分,道德意识也便不会害怕意外遭到失败和挫折,不会害怕被痛苦和羞耻所折磨,因为它会把这种失败和挫折转化为经验,并加强从事这类经验的意志和自由。只要这种不断的纠正和不断的收获能进行下去,道德生活就会基本上是健康的。

道德生活会丧失自己的健康性,会变成邪恶的生活,而且也会面临死亡,只要它背弃上帝,同魔鬼打上交道,从而把性欲奉为理想之物,接受性欲的许许多多自欺欺人的表面现象;只要它从性欲当中寻求无限,从永不满足的色情淫荡当中寻求无限满足,从最卑劣的奴役当中寻求最大的自由。当这种理想和与之相应的态度在人的心灵中出现并占据了这心灵本身时,当这种理想和态度得到扩大,并成为一个社会或某些社会团体的习俗时,这就会产生所谓的堕落,这种堕落从我们目前所论述的起源问题中可以找到其唯一确切的定义。

"颓废派"这个词自十九世纪中叶到现时代,在世界上如此经常地被人引用,这并不是什么文学想象力的作用,而主要是说明一种实际的精神境界,表明现代意识在经历深刻痛苦的过程,这种痛苦过程对于一种新的信念的形成甚或树立来说,是必不可少的,这种新的信念本身包含着昔日宗教信仰的遗产,同时又加强它和净化它。同这种道德上的颓废派相应产生的是一种伪美学作品,这种伪美学作品不再是与英雄诗、伦理诗和宗教诗不可分割的爱情诗,亦即从其内在性质来说已不再是诗,即使它有些抱负,并从外表上加以模仿,甚或力求使人把它那种结结巴巴的印象派性感诗句看成是呆若木鸡地观赏宇宙,看成是对偶像的崇拜,它也仍然不再成其为诗了。是谁或者什么东西将会扼制这种颓废派文学,或使之陷于没落境地呢?正如在文明生活当中道德意识的复苏和宗教革新精神的作用一样,在美学生活当中,也要有一些具有诗的才华,能以其清澈歌声的纯洁性、以其具体而生动的形象、以其热情澎湃甚而达到宁静和谐境界的丰富内容来发挥影响的人才涌现出来,而避开那些小人物:这些小人物低下庸俗,既无情感又无思想,也无欢悦,他们费尽九牛二虎之力硬造出一些丑陋形象和污秽语言,然后又自鸣得意地为欣赏自己好不容易拼凑出来的作品所着迷,而他们的这些作品不过徒具纯粹诗的名而已。

1936 年

九　文学艺术史的改革

文学艺术史(如果这种用法能只以一个包含多种意思的词汇来说明"艺术史"或"诗"史的话,最好还是这样称呼它),目前经过它的曲折发展之后,已经达到这样一种程度,即它本身应当进行一次广泛的改革,以求得到革新,变得更加具有新鲜活力,成为拥有更加灵活、更加可靠的生命力的历史。它所需要的一种改革,同任何严肃认真的改革一样,绝不是想要采取任何突如其来的、暴烈的举动,而是要以对这一历史本身的更深刻认识来进行改革,也就是说,要更深刻地认识到它自身的真正性质,并且还要以更大的毅力来进行改革,即要以更大的毅力来摆脱那种从内在角度来看对它并不合适、只是出于混乱和臆断才采取的研究方式。

多年来,我就一直为此目的而工作,指出惯用的方法上的矛盾之处,从理论上阐明我认为应当采用的另一种方法,从而也想从另一方面尝试提出一些实践的例子。我确信,这个问题对于我们的研究工作来说,是有头等重要意义的,所以,本文又重新论述这个问题,希望能抓住它的主要和固有的方面来加以说明,与此同时,再明确指出其中某些至今被人忽视的问题。

我们所说的这种改革,与往往涉及一些特殊缺陷的那种纠正方法不同,它要从整体上或从其指导原则上触及以前存在的一种形式,亦即恰恰是目前仍然有效的那种形式,因为十分明显:改革已经改革过的东西,超越已经被超越的东西,那是没有什么用处的,那正是迁就那种目前已成为要加以批判的东西。因此,我所要反对的文学艺术史的那种形式或类型甚或思想,既不是文学艺术史的博闻广识或历述渊源,也不是卖弄文采或学究式探讨(只有那些门外汉们才能设想这种做法在科学界中是行得通的),而是社会学式的历史研究(这才是我所反对的真正内容),或者换句话说,就是对文学和艺术的非美学的历史研究。

这种社会学式的历史研究,正如几乎所有其他唯心主义和浪漫主义的学说一样,尽管早在《新科学》这类天才著作中就已经提出来了,甚至在某些古代史学家(如 *De oratoribus*① 的作者维莱伊奥·帕泰尔科洛②)的身上也可看出端倪,但作为一种理论学派,则是在十八世纪末和十九世纪初形成的;当时,已经创立或提出了几乎所有公式,这些公式至今仍然盛行。于是,艺术发展就有史以来第一次系统化为两大时代:希腊艺术时代和基督教艺术时代,古典学派时代和浪漫学派时代,或者说系统化为三大时代:东方艺术、古典学派和浪漫学派时代,再或言之,系统化为自发和反映式诗歌、野蛮和理论化诗歌、纯真和抒发情感式诗歌、大众和文学性诗歌等仍在流行的一些体系,再或系统化为上述时代和体系的相互交织,从而形成过去称为"盘旋"式的特殊样式。这些时代和体系过去有时被看成是各自具有等同于其他时代和体系的价值,但更多的时候,则被看成是用以表明完美或进步的程度,甚至是没落或退步的程度;因此,艺术曾不时作为一系列其本身自我完善的积极形式来发展,在这一系列形式中,后一种形式能丰富并完善前一种形式,而且这一系列形式会越来越远离原有的那种完整性。由于这个缘故,在审视了这种种不同的系列之后,就产生了有关艺术前途的问题,也就是说,要按照种种情况,有计划地构成新艺术的问题,当时人们认为,这样做是前一种艺术发展的必然结果;或者说,

---

① 拉丁文,意为"论演讲术"。——译注
② 帕泰尔科洛,一世纪时的古罗马历史学家。——译注

九 文学艺术史的改革

要按照种种情况,有计划地构成更加完美的艺术,其中应当包含前一种艺术,并且表现为前一种艺术的升华;再或言之,要按照种种情况,有计划地构成精神、哲学、宗教或实践方面的形式,在这种形式中,艺术本身将在人世间消融,化为具有普遍性的东西。即使在这种情况下,由于赋予各民族的新的价值,除人类的普遍文学艺术史之外,也曾塑造出各民族自己的文学艺术史,这些民族文学艺术史不再作为人类普遍文学艺术史的各个特殊阶段或时代而包括到普遍文学艺术史中去了,因为它们是经过诞生、生存和死亡而不能复活的,而且它们也在某种程度上独立于普遍文学艺术史,因此,它们各自永久性地保存自身的独特性,尽管经过多少世纪,它们要经历鼎盛、衰落和再生等阶段。我不必追述和描写那些能表明上述公式曾以不同方式加以实行的作品(因为在本文中论述现代文学艺术批评史并非我的本意);但是,对于那些想在追忆方面得到帮助的人来说,只要提及如下几部作品就够了:就德国来说,可以提及席勒的《论素朴的与感伤的诗》(这篇论文的研究方法在不胜枚举的史料和体系中都得到广泛采用,至今仍没有完全丧失其扩张力),也可提及弗里德里希·施莱格尔的《古代和近代文学史》,以及黑格尔的"美学"的历史部分;就法国来说,可提及夏多布里昂的《基督教真谛》和斯塔尔夫人①的几部书,首先就是《论文学与社会体制的关系》;就意大利来说,可提及维科对诗和荷马的才华横溢的论述,他是借用对中世纪和但丁的研究来这样做的,也可提及德桑克蒂斯②的《意大利文学史》。至于人们过去曾不得不就美学发展的后一些阶段所做的思辨探讨,可以提及黑格尔关于艺术从现代世界中消逝问题的论述(因为现代世界已经发展到更高的思维阶段),以及我们的马志尼关于未来悲剧的论述,或理查德·瓦格纳关于未来作品的论述。我也不必说明上述公式和思辨做法在实证主义时

---

① 斯塔尔夫人(1766—1817),法国著名女作家,原名热尔曼娜·内克,因嫁与瑞典男爵斯塔尔-霍尔斯坦而以斯塔尔夫人闻名于世。——译注
② 德桑克蒂斯(1817—1883),意大利著名文艺批评家。——译注

期仍然保存下去,直到我们今天,它们也依然存在,这既是因为我在别的问题上已经阐明过这个问题①,也是因为这个问题本身是显而易见的。

有一种对待自己所反对的思想体系、科学方法和思维的做法(很遗憾是一种相当普遍的做法),就是把这些思想体系、科学方法和思维看成是幻想,是人类精神的偏差或堕落,用以对待这些思想体系、科学方法和思维,认为这种幻想、偏差或堕落是外部原因造成的,是由于某种恶性事件、某位诡辩论思想家的恶劣权威性或某个国家头脑欠缺的人民恶意作怪所致。不能把这种做法作为我们的做法,因为我们坚持一项基本信条:一种科学形式的功绩要根据事情发生在它之前的情况,而不是根据事情发生在它之后的情况来加以衡量。从这一点考虑,看一看我们已经开始批评的那种历史研究形式,我们会从中发现:这种形式不仅有持久的积极功绩和内容,而且这种功绩显得如此之大,这种内容显得如此宝贵,以至于人们要赞许(要用大量夸张的手法来加以赞许,因为这种夸张手法同任何赞许的做法是不可分割的)这种历史研究形式得以产生的年代,要把这年代看成是文学艺术史被创造出来的年代,而我们这些后继之人虽然可以成为这种文学艺术史的充实者、改革者和变革者,却不再是什么创造者或奠基人了。创造者是维科和赫尔德,是温克尔曼和席勒,是夏多布里昂和斯塔尔夫人,是施莱格尔和黑格尔,也是那个时代的其他哲学家和历史学家,亦即浪漫派以前时期和浪漫派时期的哲学家和历史学家。

的确,正是由于这些人的功绩,诗歌和艺术的作品才不再成为专事搜集博闻广识、古董陈迹的做法的纯粹对象,我们甚至可以说,这是破天荒第一次这样做的,或者也不再成为飞扬跋扈、蛮不讲理的判断的纯粹对象,人们开始把这些作品感受和理解为一些活生生的精神价值,而且每一部作品都要根据它所诞生的时代和社会具有各自的精神

---

① 见《历史学研究的理论和历史》,巴里1948年第六版,第二部分第七章。——原注

价值。批评脱掉了它那满是尘土的学究式外衣,抛开了它那刻板而吹毛求疵的态度,变为同情它所研究的作品了,它注意并享受其中作为主要成分的美,对那些局部而次要的缺陷采取宽容态度;这种做法是斯塔尔夫人十分喜欢的,她曾在维也纳听过威廉·施莱格尔讲课,她当时曾这样写道:"Une critique éloquent comme un orateur, et qui, loin de s'acharner aux défauts, éternel aliment della médiocrité jalouse, chercbait seulement á faire revivre le génie créateur"①。换言之,这时批评从追求博闻广识和横蛮跋扈变为历史研究,亦即研究诗歌和艺术史,并正如每种历史一样,都是以个人仲裁的方式加以肯定,而不是加以否定;这样做是如此巨大的成绩,对我们来说,又成为如此牢固而富有成果的财富,以至于我们不得不至少在对待这些批评家方面要沿用他们所采用的原则,首先要肯定他们所做到的事情,而不是他们不想或未能做到的事情,即要肯定他们的优点,而不是他们的缺点。

再者,他们的这种缺点也是可以很容易地加以说明的:这种缺点正是当时所有哲学和历史学的同一种缺点,这些哲学和历史学虽然都是属于目的论的,但却属于仍然具有很多外在论或先验论因素的目的论。这种观念制约着当代美学(而且也反过来受当代美学所制约),这样一来,美学就陷入把艺术和精神的思维形式及实践形式混为一谈的做法,而在其他情况下,当时人们却又努力想使自己有别于这种做法。但是,这种说明我同样在其他文章中也做过,本文就可以从略了,只消更为谨慎地考虑这种缺点,并从其逻辑上及其逻辑上的自相矛盾之处加以考虑就够了。

确实,为了使艺术作品合乎发展公式(即类似上面所说的那种公式),必须把这些作品相互做一比较,并从中得出某些一般特点。例如,这样做就可以得出这样一种概念,即对周围事物有令人感到和谐和满足的安排,这种安排也叫作纯真性安排,是某一批诗人所共有的;

---

① 意为"一位像演说家一样雄辩的批评家,他不是一味地吹毛求疵(这是怀有嫉妒心的平庸之才的通病),而是仅仅力求使富有创造力的天才重放光芒"。——译注

另一种安排则是对已丧失的宁静和幸福有痛苦、怀恋和惋惜之情的安排,这种安排也被称为情感安排,是另一批诗人所共有的;这就是说,这涉及一场"terrible, de la chaire et de l'esprit"①的斗争,它能产生像夏多布里昂所说的基督教和基督教诗歌的"grands effets dramatiques"②;或者说,这也涉及另一种不同的神灵概念,它使现代诗人同古代诗人区别开来。这样,作品就产生强度大小不同的力度和广度,从而使文学对人民生活发生影响,正如施莱格尔所说,产生作品的程度大小不同的"民族性";或者说,作品会产生如德桑克蒂斯所说的那种对政治生活和宗教生活感到热衷和冷漠的不同状况,这种状况在意大利文学的各个不同时代是可以看到的;最后,或者也可以说,如果我们转到对比艺术作品的外部形象的话,那就可以看出:根据社会和时代的情况,时而是史诗占上风、时而是戏剧占上风、时而是音乐占上风、时而又是造型艺术占上风的不同现象;而且还可以看出(根据历史和文明、天主教和新教的不同),作品有不同的内容和态度,这从新拉丁艺术和日耳曼艺术中可以看到。这种对艺术作品进行的多种多样的分析工作,正如承认其本身的作用和重要性一样,也促进了另一种历史学研究工作的发展,而我们所赞扬的那个时代是懂得如何发展历史学研究工作的。这次不是特别关系到艺术和诗歌了,而是特别关系到历史的其他部分,为了有利于这些部分的发展,人们曾利用过去不常用的那种做法,即援引那些热情歌颂生活的资料,这些资料也正是诗和艺术的表现;借助这些资料,人们才得以进一步说明各国人民和不同时代的风俗习惯、哲学思想、道德风尚、宗教信仰、思维方式、感觉方式和行动方式。但是,正由于上述历史和艺术表现在这种情况下被用来作为资料,它们就不再是主体了,而只不过是塑造历史的手段或工具;而且,在进行不论何种调查时,人们都立即会从文学艺术史转到历史学研究的其他部分上去。这样一来,人们就必将为有关哲学方法

---

① 法文,意为"可怕的、灵与肉的"。——译注
② 法文,意为"伟大的戏剧性效果"。——译注

九 文学艺术史的改革

和观念、精神斗争、社会制度的历史做出某种贡献,就必将创立有关哲学、文明和政治的历史的一支,但是,它也不再作为纯粹的诗歌和艺术而成其为诗和艺术的历史了。正因如此,凡想取得这方面的反证的人,都应当看到:平庸的或堕落的甚或徒具虚名的艺术作品是怎样如此完善地起到资料作用,并且往往还由于它们是更加密切地结合实践和思维推理的缘故,因而在这方面起到的作用要远远胜过那些天才创作和杰作。

我并不想考虑某种异议:这种异议在这个问题上可能会出现的,但是,只要稍加思索,就会发现这种异议在逻辑上是站不住脚的,除非把它同某种造型艺术历史学派的思想联系起来,而这种造型艺术历史学派在当代是相当走运的。这种异议就是:在审查按一般特点进行的分析和归类工作的种种不同情况时,上面所谈到的只是按哲学、道德、情感、社会、体制等特点所进行的工作情况,却无视最重要的一个情况,当人们探讨和确定共同特点(这些特点固然是共同的,但却是艺术的特点)时,就会遇到这种情况。上面所提到的那个学派,恰恰抱有这样一个目的,即要建立有关绘画的一般历史,这绘画是作为纯粹的绘画,要具有纯属绘画性质的一些价值,而不问其物质内容,或不问其形象和表现,因此,这种历史是一种有关艺术创作过程或风格的历史。例如,某位画家提出了有关这一过程和风格的问题,另一位画家则解决了这一问题,第三位画家却放过了这个问题,对之视若无睹,第四位画家则进一步发展这一问题,第五位画家既重新提出这一问题,又加以解决,第六位画家呢,唉,却把这一问题置诸脑后。乍看起来,像这样的一种历史究竟有什么更带有一般性、更具有辩证性的东西呢?与此同时,它又究竟有什么更加纯属艺术方面的东西呢?根据上述模式,过去曾有其他人开始重新塑造一种纯粹诗的历史,在这种历史中,起作用的不再是诗人的灵感,而是节奏、抑扬顿挫和其他属于美学方面的精华。但是,实际情况则是:人们并不能从一系列艺术作品中剔除其他一般特点,除非是有关作品本身材料的那些一般特点,因此,这些被剔除的一般特点并不是艺术特点,而是思维推理和实践的特点,因为剔除的做法会消除和毁坏作品的个性,亦即消除和毁坏作为艺术的艺术;而上面所说的一般美学特点,要么是一文不值的,要么则是就其本身而言是属于物质的、同艺术无干的东西。这种情况正如形象本身所证实的,即在这种历史性的探讨当中,画家和诗人起着几乎是不知何种发明的创造者、完善者或破坏者的作用,总之,是起着解决智力万能论和机械论问题的作用。

如果艺术作品被人坦率地专用来作为资料,以便从中挤出一些有关哲学、文明、政治其至技术的历史,而且这些历史又被看成是名副其实的历史的话,那就没有什么可争论的了。不过,这些历史毕竟总要以文学和艺术来命名,从题目上也要提出一个先决条件,随后它们则又不必加以坚持;甚至在这些历史的实际内容方面,它们也是在哲学-道德-社会性调查和艺术探讨二者之间摇来摆去,但是,它们却促使人们抱有两种追求,而它们又不能使这两种追求如愿以偿。有人要求这些历史能做适当的介绍,亦即能介绍它们所叙述的诗人和艺术家的具体智慧,但他们从中得到的回答总是不适当的和抽象的东西,对于这位特定的诗人和特定的画家或雕刻家再或建筑师的实际状况,时而介绍得多一些,时而又介绍得少一些。之所以介绍得少一些,是因为任何一种艺术表现都是以自己的方式在特殊性当中包含全面性,在时间当中包含超时间因素,因而可以说,它囊括了宇宙;不过,在历史学家研究这些问题时,诗人和艺术家却往往被说成是某种有限和暂时的东西的表现,是某个哲学问题、某种道德需要、这个或那个时代的某个政治特征、这个或那个国家的人民的某个政治特点的表现,从而完全丧失了个性和普遍性,或者说得更确切些,丧失了创作者的神圣特点,而这一特点不是别的,正是创作者有能力在平静的观赏中压制住任何实践的决心和任何属于个人特有的思想。但是,也还不止于此,因为,为有关的时代和人民所关心的那种哲学、道德、宗教和事物,虽然也存在于艺术家身上,但是却同其他所有一切都如此完美地融合在一起,即

九 文学艺术史的改革

同普遍的历史和生活融合在一起,以至于每逢人们使这些事物具有特殊的突出特点,并把它们变为特殊的倾向,人们就会说这位艺术家拥有比他实际所想到和所要做到的东西更多的表现,拥有比他所从来不可能想到和愿意做到的东西更多的表现。这种硬把艺术家纳入非艺术性公式的令人难以忍受的做法,引起了艺术家本身的抗议,也引起了富有幻想和情趣的人们以及那些具有纯真的现实感的人们的抗议,这些抗议是那么频繁,那么屡见不鲜,以至于不必再列举什么证据了:抗议声已经形成一种大合唱,并且经常化为理论上的抗议,正如经常反复发生的那种反对唯哲学论和唯社会学论的论战一样。但是,从这大合唱当中,我很想引出一个腔调和声音,即列夫·托尔斯泰的声音,他曾在一九〇一年同一位法国客人的谈话中触及小说史这个问题,他当时曾脱口说出这样的话:"请您别跟我谈论什么小说的发展;请别跟我说什么司汤达发展了巴尔扎克,而巴尔扎克又发展了福楼拜。这些都是批评家们的一些想象。我还是相当喜欢你们这些法国批评家的,我也只读他们的文章:他们的文章写得很优美。但是,我不能接受他们关于司汤达继承巴尔扎克、巴尔扎克又继承福楼拜的想法。天才不是一些人从另一些人那里发展出来的;天才是独立的,并且永远是独立的。"这才是简单的真理。

我所阐明的那种对立,像有缺陷的历史研究形式同未曾得到满意结果的历史研究需要二者之间的对立,或是某些业已形成的历史(如文明史、政治史、哲学史)同尚在形成中的历史(文学艺术史)二者之间的对立(后者正因为尚在形成中,所以有时同前者有区别,有时则又同前者混为一谈),往往由于把艺术和历史这两个名称对立起来而形成虚假的现象;有人曾根据不同的前提,在不同的程度上指出,历史的责任在于记载艺术家的资历和另一些具体事件,而只有哲学上的美学才有责任判断作品(这种论点我在科恩①教授的近作《纯情感的美学》

---

① 科恩(1842—1918),德国哲学家,新康德主义的代表。——译注

一书中看到他又重新提出了);要么则提出这样的见解,即如果说,作品应当被赞扬为好作品或应当被指责为坏作品,这是属于情趣的事,但是,严肃的科学只能探讨有助于产生这些作品的个人原因和社会原因;还有一种见解则认为,大作品要求做美学批评工作,而平庸的、次要的和低劣的作品则应归属文学史范围;最后,还有一种论点正是许多哲学家们都执意提出的,即认为:艺术批评和艺术史应当泾渭分明。

然而,既然我们认为,浪漫派批评所取得的伟大功绩,它的"不朽收获"正在于它摧毁了过去那种反历史、教条主义、华而不实和武断的批评,在于正当地把艺术批评和艺术史看成一个东西,我们就不能追随上述那种把二者分割开来的主张,持这种主张的人表明他们对他们所采用的概念是不明确的,是对这些概念的历史一无所知的,而这历史始终是解释这些概念和进一步发展这些概念的重要指南。就我们这方面来说,我们相反应当探索什么是文学艺术史研究的新形式,这种新形式能满足旧形式所不能满足的那种需要;如果这种新形式已经存在,是处于豆蔻年华,或至少是处于萌芽状态,那就应当从它所存在的地方发现它,应当指出怎样来促进这种形式的成长和加强,而不是为之制造障碍。在浪漫主义和唯心主义时期的文学艺术史研究作品当中,不仅有社会学和艺术以外的历史(对这种历史我们是采取舍弃的做法的,同时要指出其中的内在矛盾),而且还有纯属艺术的历史混杂在内,如果这种历史不是纯属艺术的,那么也就无须舍弃上述矛盾,而且正如前面所指出的,人们就没有理由表示不满了。因为这些历史学者几乎都是深爱诗歌和任何艺术形式的,并且几乎都精于此道,他们几乎都有热衷并熟谙种种不同的、达到最高度的激情和奇妙幻想的灵魂和心灵,他们对程度不同和变化无穷的形象以及这些形象的诗的含义都十分敏感,因此,他们虽然能服从道德和哲学上的需要,甚或服从理论上的偏见,虽然能把但丁说成是集世界中世纪思想之大成,或者把塞万提斯说成是嘲弄封建时代和骑士时代的掘墓人,再或把莎士比亚和但丁相比,说成是具有精神自由和新兴的强盛的英国的代表,但是,当他们转入具体讨论这些诗人和作品时,他们就会把但丁看成既是属于中世纪的,又不是属于中世纪的,把塞万提斯看成是既嘲讽骑士时代又眷恋骑士时代的人,把莎士比亚看成属于寰宇的诗人,总而言之,他们就会把但丁看成但丁,把塞万提斯看成塞万提斯,把莎士比亚看成莎士比亚。这就使他们的历史和批评对解释艺术,对艺术的情感和判断确实起了很大作用;并且还把他们的历史和批评变成囊括人们认为这些诗人和艺术家——不论是古代的、中世纪的还是现代的——所具有的几乎一切最美好、最重要因素的宝藏:这样一来,后代的批评和历史书籍总起来说同所有以前的书籍相比,就使人感到是那么贫乏。在德桑克蒂斯的《意大利文学史》一书中,对艺术的兴趣和对艺术智慧的兴趣达到了顶峰,因此,在该书出版时(并且该书一直长期对当时的舆论保持影响),似乎成为收集有关分析各位大作家问题的论著的一部大全。书中所做的判断,就我们现在所研究的问题而言,在我们看来,似乎是不该加以指责,而是应当加以赞许的,然而,这种判断却并不符合实际情况,因为这部作品相反只不过是从反映在意大利诗歌和文学上的意大利人民的政治史、思想史和道德史这一角度来做一番天才的有力的描述;但是,书中也确实对这些作家的各自特点做了往往是如此明确而生动的描绘,并对他们做了如此恰当的美学判断,甚至把德桑克蒂斯在分析他们时有时所采用的美学以外的公式也给湮没了,这一点也确是事实。

这种做法恰恰就是应当予以倡导的历史研究方法,应当把这种方法作为唯一能对诗歌和艺术进行名副其实的历史研究的方法,这就是说:要研究每个艺术家的特点,研究他的个性和作品的特征,而艺术家的个性和作品二者完全是一致的。正如我们可以从作家们大量具备的一切最美好的特点中所看到的那样,特点本身绝不是静止不动和自然主义的,相反,它具有内在和突出的遗传性和历史性,它的形成正是个性和作品在其各自的发展中得到表现的结果。正如不做程度不同的具体而必不可少的历史分析就不可能使一部艺术作品从其本身中显露出来并使人感受到它是一部艺术作品一样(这一点目前对任何一位肯思索问题、有理性的人来说已经是毋庸置疑和显而易见的事了),我们也只能在思考这部艺术作品的内部辩证法的条件下才能从思想上理解它,才能领会到它的智慧,也才能对它进行批评。例如,我们应当考虑某位艺术家的这种内部辩证法:它表明,这位艺术家起初是想模仿过去的艺术的(不论是近代的还是古代的艺术),而这过去的艺术有时又是符合这位艺术家的性格的,有时则并不符合,甚至同这位艺术家的性格背道而驰,于是,这种模仿就会显得十分笨拙,就会产生矛盾因素,而越是笨拙,越是有矛盾因素,这位艺术家的个性就会变得越是有力,以至于在他发现自己同别人是那么不同之后,终于重新发现了自己,并且提高了自己的水平,创造出富有独特性的作品。从另一位艺术家身上也可以看出这种内部辩证法:这位艺术家的艺术在青年时代还是一帆风顺的,其完美的程度几乎像是上天所赐,后来,他的艺术创造力很快就枯竭了,他白白地花费一切努力想继续在以前的道路上走下去,于是他就时而模仿和夸大自己,时而又竭力模仿别人,同时还标新立异,最后则弄得沉默起来了,或者改变了工作方法,竟成为批评家、学究或政治家。再举另一位艺术家为例:这位艺术家开头似乎是想要投身世界,作为一个从事实践的人,成为演说家、改革家、传教士,但这不过是不自量力而已,因为事实上他本不是这样的材料;而经过这番努力、动摇和失望之后,他最后不得不从事美学创作,而这项工作却 tantae molis erat[①],使他有所成就。如此等等。如果说,上述情况都不是什么历史过程,如果说,一个人有这种考虑历史过程的头脑却不能从事历史研究工作,那么,我就再也不知道什么是历史和历史研究了;如果说,诗歌和艺术的历史并不在于使诗歌和艺术的创作者的这样一些戏剧般的经历得到发展、具体化和变得丰富多彩,却在于别的什么,那么,我也不知道诗歌和艺术究竟意味着什么了。

---

① 拉丁文,意为"把许许多多已经做过的全部摧毁",有重起炉灶之意。——译注

九　文学艺术史的改革

　　文学艺术历史研究的自发和正当的形式应是每位诗人和艺术家的特点,而不应是文学艺术的一般性抽象历史,这方面的实际证明可以从这类研究逐渐具备的那种外在的解释性的形式本身中看出,也就是说,一个世纪以来,那种称为论文和专题著述的表述批评和历史的方式,同有关文学和艺术的日益低劣、日益失去重要性的社会学性质或一般性历史著作相比,变得越来越多了。这种社会学性质或一般性历史著作,如果其中有许多撰述都并非缺乏任何思想根据,并非缺乏任何独特的科学价值,它们可以用来进行教学或宣传,用来死记硬背或提供情况,因而不如说它们只是一些编纂作品和教科书的话,那么,这种著作在数量上就会减少。实际情况是,根据某些已采用到科学中去的工业思想,人们期待从越来越多的论文和专题著述中产生新的民族文学和艺术史,或新的某些特定国际性时代的历史或新的普遍性历史;但是,这种期待是要落空的。对一般性(不论是民族的还是国际的)历史抱有浪漫主义的思想,这在目前已经成为一种抽象的思想了;读者都在追求阅读论文和专题著述,或者把一般性历史作为论文和专题著述来阅读,或者只限于把这些东西作为教科书来学习和查阅;作者也把他们最好的年华付诸撰写论文和专题著述,而把人们所企望的宏伟的一般性历史著作一再加以推迟,即使一旦写成这样的著作,自己也就立即重又悠然自得,从事其他论文和专题著述的写作了;近一个世纪来的最著名的批评家几乎全都是著名的论文作家,这已经是众所周知的事。

　　从另一方面看,在从事写作社会学性质的和艺术以外的历史的那些学派本身当中,也可以多次看出它们所采用的那种传统做法是不合适的、不妥当的;而我并不想热衷于指出一些屡见不鲜的特殊情况,这种特殊情况是人们不得不以十分庸俗的方式归在公式化的、分门别类的讲述之列的(甚至像人们往往做到的那样,竟然说什么"反常"的或"不合时宜"的天才),同时,提及如下一点也并不是什么题外话(既然我们所谈的正是那种所谓"纯属绘画价值"的学派);在造型艺术史中有一种最丰富不过的看法,这种看法在其他人(如费德勒)身上也有,它涉及一系列艺术作品的非连续性和片段性(人们想把这种性质叫作个性),也涉及"维也纳学派"(沃林格等人)同直线发展论以及把技术进步与艺术创作相提并论、混为一谈的做法进行论战的问题。这些学派如果彻底发展下去,就必将从社会学性质的历史逐渐转到个性化历史上去。

因此,在我看来,在方法方面提出的批评和事物本身的自发发展(而根据郑重其事的"尊严"二字所告诫的,事物"一旦超出其自然状态,就无法生存,也无法持久"),二者都会殊途同归,得出一个共同的结论;我还认为,目前一方面应当从美学前提中大胆地得出历史学方面的结论,另一方面还应当承认既成事实,指出:文学艺术史研究的真正逻辑形式正是每个艺术家及其作品的特点,因而也就是相应地带有解释性的形式,亦即论文和专题著述。我所说的改革,恰恰不是指别的,而正是指这一点,即要以个性化历史来代替根据浪漫派和老的唯心主义者的一般观念所撰写的历史;或者莫如说,要使前者从后者解脱出来,因为在后者的窠臼之中,前者已经有了诞生的前兆,随后则又在其中受到程度不同的束缚和压抑。

人们可能会对我提出的上述思想和我对上述文学艺术史所做的批评表示异议:说什么固然这种批评可以用来指明哪些困难应当加以克服,固然这种思想可以用来叮嘱要对艺术家的个性和对作品固有的面貌做初步的仔细研究,但是,这并不能抹杀做一般性历史研究的必要,而这一般性历史研究显然不会碰上研究过去和今天所遇到的种种暗礁。为了使研究工作真正能具有科学性和哲学性,确实也要求把个人从整体中加以考虑,把众人从个人中加以考虑;而无数有关个人特点的一系列论文和专题著述,似乎正缺少上述必要的科学性和哲学性,因为它们都使个人脱离整体,使众人脱离个人,使历史作品脱离历史统一性,使植物脱离其土壤。因此,应当使一系列个人特点得到进一步思考,以便从中找出并建立隐含在这些个人特点当中的种种联系,并且以某种方式阐明某些国家的人民和某些时代的文学艺术发展情况,或者从总的方面来阐明全人类的文学艺术发展情况。

如果说,人们可能会加给我的(而且已经加给我了)这种分解科学的臭名声是对的,那我们就在下一步再看吧,因为头一步应当做的是强调指出主要之点,即目前人们重新要求做的事情是办不到的,而且是荒唐的;如果实际情况就是如此,而且它也表明就是这样,谁也不会坚持要干办不到的事情,那就显而易见,科学的统一性在上述问题上这样提出来是欠妥的,其原因或者是因为人们以幻想和虚妄的方式理解这种科学统一性,或者是因为即使是从其真正的含义上理解这种科学统一性,也不曾发现:人们所要求的这种统一性早已存在了。

要在各种不同的特点当中建立任何一种联系,以便据以缔造一种一般性的历史,这种做法是荒唐的,而从这种做法的本身论据中就可毋庸置疑地看出这一点:这种论据就是,根据各种艺术作品的材料(材料也就是这些作品的形式,当我们抽象地看待材料时就是这样,因此,当我们具体地看待材料时,它就是指所谓"风格"了),任何一种共同性都不复有美学价值,而且不起把具有美学性质的一些事物联系起来的作用。因此,要做到的一点应当是:采用具有美学以外的一些特点,而且不是把它们作为某种有机联系,而是作为用以肯定各种不同特点的人为因素,就像把他们看成一面墙壁,在上面可以一排排地挂上不同的绘画。人们实际上恰恰是习惯于这样做的,即把每个知名的诗人和艺术家的种种特点作为前提,并根据这些诗人所处时代的种种政治事件、哲学流派、风俗习惯和宗教及道德斗争的情况来交替采用这些特点。但是,这样一来,我们并不能取得被人叹为观止和加以盛赞的那种统一性,相反却把原先所拥有的那种微不足道的统一性也丧失掉了,而且还把不同的历史系列等量齐观;虽然可以在文学上玩弄技巧,做上述的安排和综合归类,从而使想象力的眼睛看不到种种历史上的空白和跳跃,但思维的眼睛却从中总是能一眼看破的。那些把文学艺术作为社会学加以研究的历史学家本身,就或多或少不自觉地承认这一点，这种情况并不少见，他们承认不可能把他们非要放在一起来加以研究的种种因素糅合在一起，或者承认把这些因素混合在一起的做法是人为的和经验主义的；在埃米利亚尼·朱迪齐①看来，他以前的那些作家所写的书籍中包含的"历史眼光"，就像是"偶然地把一些不同的作品硬联系到文学史中去的笔记"；海姆②也说过，文学史的首要目的就是要介绍一个民族的种种思想的种种变化，在指出这一点的同时，他还补充说道：此外，也不能只着眼于这些思想的必然逻辑发展，而是应当考虑"种种个人"，要注意他们的气质、感情和个人创造性；加斯帕里③在他所写有关我国文学的历史中费尽心思去加强和锤炼对"种种类别"的研究，而其方法则正是要研究"种种个性"。我从德国的一部著名的词典中看到这样的话（一部词典正代表着业已确定和广为传播的舆论）：文学史"同其他历史学科有别，因为它在阐述问题的过程中，较之其他历史学科能更多地对个别事物做出分析和判断，并且广泛地介绍种种个人的心理特点"。

  这种两点论或三点论再或其他多种论据并列的做法，坏处还是小的，因为最大的坏处在于：出于自然而然地要实现逻辑上的一贯性和综合性的那种要求和考虑，人们竟把文学艺术史同与之平列的这种或那种历史，即同政治史或哲学史或道德史，再或不论是哪一种历史捏合在一起。这是一种错误，那些著述文学史的浪漫派作家就曾不可饶恕地犯过这种错误，而过去从理论上从来没有人能避免犯这种错误，在实践上则可以不致如此，但只有在如下情况下才能做到，即这些作家要具备艺术情趣和对艺术的浓厚意识，因此，从来没有人能完全避免犯这种错误。只要指出这一点就够了：甚至在一个像德桑克蒂斯这样可喜地具有现实感、这样憎恶抽象性和烦琐性、这样随时准备捕捉

---

① 埃米利亚尼·朱迪齐（1812—1872），意大利著名文艺评论家。——译注
② 海姆（1821—1901），德国哲学家、政治家、历史学家。——译注
③ 加斯帕里（1849—1892），德国语文学家和历史学家，曾专门研究意大利文学。——译注

和表现艺术家面貌的历史学家身上,我也又一次看到有许多错误的看法,这些错误看法是由一种说明道德政治发展的公式造成的,而他就是以这种公式来介绍意大利的各位诗人。还应当注意到如下一点:正如我的责任所在,我现在只谈这些因所采取的方法前提而造成的错误,这种错误即使对于那些具有严肃科学性的头脑也是不可避免的;否则,如果我想谈那些通过上述虚假地说明道德政治发展的公式而渗透到过去和现在的文学艺术史作品中去的激情和主张的话,那么我要说的话就太多了,因为这些文学艺术史作品一度曾自愿地成为政治性历史,不论是新归尔弗派或新吉伯林派①还是保守派或自由派的政治性历史,而到了今天,它们又退化为令人憎恶的民族主义和种族主义的历史,幸而还不是意大利的这类历史。

　　由于以上原因,人们要求对文学艺术史能有一种统一的研究方法,但是,做到这一点是不可能的,而这也不应当使人产生任何顾虑,因为统一性如今看来固然是做不到了,但它也不是别的什么,而只是想象方面的统一性,这种统一性既属于幻想和无中生有,同时又有 in-finitum imaginationis②,而这一点是为哲学家所批评的。另一种统一性,即真正和具体的统一性,我们应当不时从那些个人特点中,从那些论文和专题论著中,从其中每一部作品和每一个特点中捕捉到,因为正如每一部艺术作品都包括全部宇宙(即普遍性),每一种个别形式都包括全部历史一样,批评家在考虑这种统一性时,也始终都会从这种统一性中考虑全部宇宙,从这种个别形式中考虑全部历史。诗人的同时代人,不论同他相似还是同他相反;诗人的或多或少的局部和遥远的前驱者;诗人所属时代的道德思想生活以及发生在这生活以前并为这生活做好准备的各个时代的逐步发展状况,这些事情和所有其他事

---

① 新归尔弗派指 1843 年意大利兴起的主要拥护教皇的意大利民族复兴运动中的一个政治派别;新吉伯林派则是指同一时期主要拥护国王来统一意大利的政治派别。——译注
② 拉丁文,意为"无穷的想象力"。——译注

情都会在我们恢复对某个特定的艺术家个性进行辩证分析时出现在我们的心目中(时而公开说出,时而不言自明)。当然,在考虑这一特定的个性时,我们不能在从事这种分析中考虑其他某个个性,或其他某些个性,再或所有其他个性,不能就它们各自本身而加以考虑;而心理学家们把这种缺乏普遍性称作"意识限度的狭隘性",其实,相反他们应当把它称为人类精神的最高体现,这种人类精神蕴藏在客体之中,而客体在某种特定的时刻是会引起人类精神的兴趣的,并且绝对不会使自己从人类精神的注意力中逃脱掉,因为人类精神会从个别中重新发现所有那些令它感兴趣的东西,总而言之,从个别中重新发现全体。

这里,还应当澄清另一个共同的模糊认识,目前,我们听到有人就文学艺术史同其他历史的差异特点反复提出这样一些看法:有时,人们惯于抱怨文学艺术史不如其他历史那么强而有力,另有些时候,则又惯于赞扬文学艺术史具有迷人的魅力,而不像其他历史那样干巴巴的;也就是说,人们认为,其他历史似乎提高到阐述一般性的水平,而文学艺术史则始终处于个性阶段。

其实,所有其他历史也一直是记载个人特殊行动、某一特定学说、某一特定习俗、某一特定体制、某一特定政治事件的历史,它们都有各自固有的主题,因而是范围有限的和个性化的,而且也是特殊性的,从来不是一般性的(除非是为了要这样说),因为正如马基雅维利①所明智地指出的,在任何一种历史中,有价值的只是"那种经过特殊地加以描绘的东西"。如下看法是错误的:认为一部分历史具有一般性主体,而另一部分历史则具有特殊性主体,这种错误看法的来源正在于我上面说过的有一种视觉上的轻易幻想;因为当人们在文学艺术史上惯于把某种思想或道德条件的形象作为背景(或者不论把任何什么东西作为背景)时,当人们对一大堆艺术作品根据这种形象来加以分析时,这

---

① 马基雅维利(1469—1527),意大利著名政治家、历史学家、文艺批评家,著有《君主论》等。——译注

些作品就似乎是多样的,同时又是统一的,这些特殊性则又似乎就是一般性。但是,如果看一看相反的情况,例如评论一首诗,把每句诗都联系到不同的历史上去,都联系到一些词语、神话、风俗、事件和所提及的人物的传记等诸如此类的问题上去,那就会看到在艺术作品中也有统一性、系统性、永恒性和一般性,同时在其他历史中也可以分解出多样性和特殊性来。所有历史都同样是既有个性又有普遍性的,它们都提出特殊性,也都把这种特殊性又导入全体的统一性。如果不是针对方法形式问题而是针对不同历史的特殊内容来理解差异特点论,那么这种差异特点论就可能也有一些真实情况;这时,在我们所研究的问题上,这种理论就会使我们记起这句话来:艺术就是艺术,而不是批评、说理或制度。

我已经讨论了为把文学艺术史改革为个性化历史做好准备并促进这种改革的原因或理由,并且我也根据这些原因或理由日益明确地澄清了艺术的概念,说明了论文和专题论著之所以越来越多而一般性历史则越来越少这种现象的自发的科学含义,因此,如果现在我要阐述至今一直在反对这种改革的原因或理由的话,那么显然我就只能采用与此相反的理由和原因了。也就是说,一方面,至今存在一种倾向,它把艺术同政治生活和道德生活混为一谈,同哲学思想混为一谈,这种倾向使我们把诗人和其他艺术家作为时而属于实践活动、时而又属于思想活动的简单的代言人和见证人来对待,即把他们当作实践的人、说理者和理论家,从而把他们归纳到所谓一般性历史中去,也就是归纳到文明史、政治史、哲学史等等中去。另一方面,科学含义不足也使人认为:批评性研究并不是科学,透视性地将种种事实积累起来,这才是科学;也就是说,科学不是从人类不同利益出发的特殊性问题,因此,这些特殊性问题始终也就是美学问题,或哲学问题、道德问题,或以其他方式加以具体化的问题,这些问题都体现为上述不同领域中的历史问题,而科学相反则是全貌、概况和百科全书,是要客观地反映事物或事物全体的东西,但实际上,这种全貌、概况和百科全书不可避免地也只不过反映我们的缺乏连贯性和死气沉沉的抽象概念罢了。

但是,正像要重新肯定艺术哲学和艺术史对其他形式的哲学和历史享有的权利一样,我们也不能否定其他形式的哲学和历史,尽管我们只想摒弃这些形式的哲学和历史在试图取代艺术哲学和艺术史时所要采取的这种做法;同样,在重新肯定认识和科学的真正品质时,我们也并不打算否定示意图、全貌、概况、百科全书等材料,这些工具每个人都想用来要么找出某种他所需要的方针,要么则对他想据以开展工作的历史条件做一番全面了解。应当重申的只有一点,即科学完全属于科学问题;上述要越俎代庖的做法本身也有某种问题要加以考虑,但这个问题是纯属实践性的问题,而人们往往给予科学的另一种特点,即认为它可以提供有关事实的忠实而全面的样板或模型,这则全然是一种想象。编纂材料的工作者们尽可以放心:我们上面所谈的文学艺术历史研究的改革,并不是要剥夺他们的职业,因为他们的这种职业对我们来说也是有用处的,而无非是要满足一种需要,但由于他们别有所图,对这种需要则是感觉不到的,因此,也就无法给予满足了。

1917 年

十　造型艺术的批评和历史及其现状

在意大利,有关造型艺术的批评和历史方面,现在也出现一种思想,即认为:绘画和这一类其他艺术中的每一种艺术,都有自己固有的一种基本特征,因此,造型艺术才同诗歌有内在的区别,要求有特殊的批评和历史研究,也要求采用特殊的方法。

我主张的学说恰恰相反,我主张艺术的统一性,主张艺术分类具有绝非外在的、属于美学范围以外的性质,而且我的这一学说是根据对外在形体和自然主义的幻想进行的研究,以及对强调艺术特点的学说提出的批评(从而指出其荒唐之处)展开的,因此,要求并等待人们以同样既属思辨哲学又属历史研究的方式,亦即以严格的理论性和科学性来重操旧论点,以求使自己面前果真出现一个有效的反对派,这看来似乎也确实是无可非议的。从我这方面来说,似乎可以坚持这一要求,只要这一要求得不到满足,就不承认这个反对派,因为这个反对派是在低于它所反对的那个学说的水平之上进行活动的。但是,为尊重科学起见,有时也可以当面会一会对手,不论他们待在什么地方,特别是在像目前这种情况下,这些对手一般都是些敏锐和彻底的智者,他们对他们所研究的种种艺术等事物颇有研究和专长。

只不过有一点:如果说,我不得不把他们有关绘画的特殊性以及任何其他一种造型艺术的特殊性的论点看成是简单的强词夺理,那么这并不是我的过错,因为同样也并非由于我的过错,这一论点才以这种简单的形式提出来。当代有些人抱着从理论上阐述莱辛的陈腐理论(举例来说,佩特的理论就是如此)的企图——我们似乎可以谈一谈这个问题:这种企图从逻辑上说是非常软弱无力的,以至于它一方面硬说什么每一种艺术都有"其特殊种类的感染力和无法言传的魅力",另一方面却又同时指出,"任何一种艺术都从其本身向其他艺术方面发展""向音乐领域发展";这就是说,它重申了这样一种原理,即认为每一种艺术都有可怕的倾向和做出可怕的努力,要使自己带上超出自己固有本性以外的标记,而在这种不合逻辑的形式中又都具统一性和个性。

  如今由于人们无法论证上述谬论的逻辑发展过程(因为这种过程本来就不存在,或是只具备低级性质),就只好通过观察这些谬论之所以产生的种种事实以及这些谬论所要达到的种种目的,来研究一下这些谬论据以产生的原因和取得的效果。我认为,读一读迄今一些新批评家和新历史学家所撰写的那些著作,就可以十分明显地看出上述因果,在这些批评家和历史学家当中,我想提一下近代一位大胆学者即朗吉[①],他对于艺术是知识渊博的,特别又是一位——用德国话来说——temperamentvoll[②] 的作家,他对意大利当前有关艺术史的研究有很大影响。

  在这个问题上,就原因本身来说,它是正当合理的,因为它产生于这样一种直感,即感觉到,在绘画和其他造型艺术当中,必须只探索、玩味和理解那种真正具有艺术性的东西,即美学形式,而不是在不同程度上令人感兴趣的题材,因为题材通过形式已经得到解决,并被超越了。由此就产生了反对从哲学、象征和历史角度来解释绘画,反对那种鼓动性和宣传性的解释的论战。凡是站在一幅绘画面前又重新想到其中隐含的思想内容的人,都会回忆起那段被描述的历史,都会在自己的心灵中唤起令人喜悦的情感或对采取行动的激励,而这种情

[①] 朗吉(1890—?),意大利艺术史家。——译注
[②] 意为"生气勃勃"。——译注

感和激励都属于以前的材料,或同画家的灵感毫不相干的陪衬,这样一来,他就还是不能在自己身上把绘画作为绘画来加以接受,也就是作为艺术来加以接受;他还没有从中得到或是已经不再从中得到美学的感染了。

但是,这并不能说明绘画所特有和固有的任何特点,尤其是因为,在诗歌中(在这方面,人们往往以绘画与之相对抗),事物本身都完全是以同一种方式发展的;我们作为诗歌的批评家和历史学家,同样不得不同那些不明智的人展开争论,因为这些人要从诗歌中寻找解释、讲述内容的东西,寻找其中的含义,寻找从题材上激动人心的东西,我们还不得不提醒人们注意:诗歌完全存在于形式之中,存在于抒情性和韵律当中(在长篇小说或内容复杂的悲剧里也是如此),存在于或多或少属于上述其他因素的某些东西当中。这种东西同哲学推理有别,因为它是直觉;它同历史认识或判断也有别,因为它是区别真实与非真实以外的东西;它同使人得到实践上的冲动同样有别,因为它是属于实践以外的东西;它体现冲动情绪,并在体现这种冲动情绪的同时,使这种情绪超出其限度,把世界的永恒悲剧注入这种冲动情绪当中。目前,老的美学家把艺术分成模仿性艺术(如雕刻、绘画、诗歌)和非模仿性艺术(如建筑和音乐),这种做法是可笑的,因为纵然可能会有什么非模仿性艺术,但这种可能性也会使人立即产生怀疑,即怀疑任何一种艺术从来都不是"模仿性"的。换句话说,就我们所谈的问题来看,在绘画和诗歌中都有理论上加以阐述的需要的同一性,同时也有相应展开论战的同一性,这两种同一性不仅没有把绘画和诗歌区别开来,相反还起着进一步表明二者的统一性的作用。

然而,新的批评家和历史学家都没有觉察到这种同一性,因而他们没有走上正途,即没有从绘画本身当中去寻求纯粹的美(由于受分析外在因素的做法的影响,这种纯粹的美在诗歌、绘画、雕刻、音乐、建筑等艺术上并没有很好地发挥作用),没有从每一件有个性的绘画作品中去寻求该作品所固有的有个性的美感和精神,而是走上一条邪路,一条并不平坦的路,他们不是从作品本身去寻求绘画的美学特点,而是从似乎使这些作品有别于诗歌作品的那个方面(即从外在因素方面)寻求上述美学特点。于是,他们所能捕捉到的就不再是绘画了,不再是什么艺术作品了,也不再是什么美学行为了,而只是线条、色彩、色调、明暗面、深浅度、细别以及诸如此类的东西。他们认为,只有在这些东西里才有现实性,才有绘画的唯一真正的现实性;不过,即使在这种看法方面,在这种强词夺理、歪曲事实的做法方面,他们也重演了在诗歌方面发生过的一模一样的事情,因为诗歌在过去也曾往往被说成是由有寓意的词语、比喻、形象、韵脚构成的,今天,则随同形式的变化,又是由某些属于风格和韵律方面的方法构成的。这种错误之所以在上述两种情况下都产生了,其原因正在于:人们是如此狂热地,或者说,是如此迷信地紧紧地抓住外表形式不放,而这种外表形式并不是什么纯形式,因为美学上的纯形式同时也完全就是内容,亦即作为形式的内容,因此,这种外表形式落到人们手中又成为抽象形式,所有华而不实的理论,哪怕是最透彻和最精辟的理论,都犯有上述错误。

在美学史上,有一位哲学家,他卓越地代表了这种抽象形式的立场,即赫尔巴特。这位哲学家恰恰认为,艺术的美,正如其他任何一种美一样,都只能归结为简单的形式对比,诗歌方面是指思想,绘画方面是指线条和色彩,造型艺术方面是指轮廓,音乐方面是指音调,而其余一切因为同纯美感不相干,就归属于不同程度上和偶然地令人感兴趣的内容方面;他曾经不断地暴跳如雷,咒骂那些要从某种艺术上探索另一种艺术的完美性的人,因为这些人"竟然把音乐当成某种绘画,把绘画当成某种诗歌,把诗歌当成某种高度造型艺术,把造型艺术当成某种美学哲理"。但是,众所周知,过去美学学派当中没有任何一个曾像赫尔巴特派那样贫乏,这一学派从来没能够达到艺术的具体现实境界。这并不是说,这位严肃的形式主义德国哲学家就没有受到过什么原属健康性的思想的推动,这种健康思想有:他恰恰反对观念或思想的美学性,亦即反对智力至上主义或现实主义思想的美学性,他还反对情感和激情的美学性,对那些面对艺术作品却"听任客体消失",沉湎于冲动或陷于迷信神话般的沉醉和着迷状态的批评家感到无法容忍,因为这些"可怕的欣赏家"(这是他的话)"竟然把他们对幸福的无限眷恋注入这些如此恰到好处、构思完美的作品中去,而不顾真正的艺术家总是抱着传统的镇静态度,给自己的作品打上既雄浑又仔细以及斟酌备至的烙印,他们几乎像是要把这些作品击得粉碎,再重新造出,而这样做又要根据他们自己的解释方法,以求从中重新提取出他们自己注入其中的被认为是显示更高度的精神的东西"。他有一句名言,我经常把这句名言挂在嘴边,而且我还非常同意,反复背诵,即有关"内行人的冷静判断",这位"内行人"由于单只注意形式,就必然要把那些被推理上或情感上的凡夫俗子捧到天上去的作品说成是"丑陋"的作品。

赫尔巴特的美学理论相当于他的整个多元化、非相对论和数学化的哲学;而与此同时,他的美学理论也便同把现实看成精神和生产的产物这一观念相抵触。有些人也同样同上述观念发生抵触,但他们现在却自觉地或不自觉地,根据上述情况或没有根据上述情况,在革新赫尔巴特的美学理论,因为这些人也永远不可能解释清楚:这种现象把纯粹或抽象的形式对比捏造出来并扬扬自得的做法究竟在精神上能起什么作用,而且他们也永远不能解释清楚(用老的经院哲学说法来说):上述做法究竟能具备什么"机能",它同理论和实践的机能究竟能有什么联系,能怎样相互配合。在有关绘画和其他造型艺术的问题上,在这方面人们曾多次做出这样轻而易举的尝试,即试图把这种对形式的得意追求引导到人的所谓某一种"感官"即眼睛上去。但是,我并不想伤害这些新批评家和新历史学家,硬把这种唯生理论和唯感官论强加给他们;而且我也相信,他们同我一样,都确信眼睛——这个生理上孕育出来的东西——和眼睛的喜好同绘画或其他艺术毫无共同之处。眼睛的喜好,就感官意义或实践意义而言,可以打一个比方:当人们受到过分强烈的光亮刺激或对这种光亮感到厌倦时,就会喜欢躲到阴暗处休息休息,或者也可称为快乐地纵情享受,即与上述情况相反,当人们从压抑性的黑暗中走出而来到明亮处时,就会有这种感觉;但是,所有这些都是与一幅绘画或一件雕刻作品所引起的欢悦不同的,并且与之毫不相干。这些新批评家和新历史学家说到"眼睛"时,显然指的不是一种物质的、生理的眼睛,而是一种"精神性"的眼睛,不是实践性,而是理论性、梦幻式和幻想中的眼睛。对这种说法不必提出别的异议,只要指出这一点,即这种眼睛也不过是一种比喻,用来说明整个精神,或者至少是作为幻想的精神。确实,一幅绘画并不是用眼睛看的,而是要用精神的全部力量来理解的,而这种精神力量则体现为其特有的形式,这种特殊形式就叫作抒情性直觉或美学形象。

此外,在美学上,线条、色彩、色调和明暗以及任何其他以这种方式形成的、来自形体的东西,也都是比喻:比喻、转喻、提喻(举一反三)都是用来说明心灵运动的形象的。在指出这一点时,应当赶紧排除从线条和色彩中可能产生的误解和错误,而且也要赶紧排除人们经常分辨出来的其他东西,因为线条、色彩等东西都被看成是有待绘出的情感的符号或象征,从而产生两种对立的符号和有含义的事物,因此也就产生内容和形式上的差距。相反,应当如实地解释这种主张,也就是说,情感应当如实地用线条和颜色来表达,用明暗面来表达,情感应当同形式融为一体,形式越是看来同情感有别,形体的抽象也就越是同心理的抽象相对立,从而打破具体精神生产的单一现实性,因为一切都是灵魂,这也正是因为一切都是肉体。因此,还应当排除另一种幻想,即认为每一种经过形成的东西,即线条、色彩等,都永远不能在没有其他东西的情况下存在,就是说永远不能在没有其他一切经过形成的东西存在的情况下,亦即没有整个现实的情况下存在。在绘画方面,同样在说话方面也是如此,都包括一切感觉,尽管这些感觉在幻想形象上都已经成为过去,并且都是经过理想化了的,因为这种幻想形象已不再是什么实际上可以感觉到和人们亲身体验过的东西了,但是,它又毕竟囊括了整个生活,因为从抽象意义上说,它只能反映生活的一个局部或一个方面。因此,试图把特殊类型的表现方式同与特殊类型感觉相适应的特殊类型的物理观念捏合在一起,正如莱辛和其他人所惯于做的那样,那是徒劳的,这不仅是因为上述两种类型一旦分开就变得完全各不相干了,而且也是因为,并且主要是因为:在具体现实中,以及在作为具体现实的艺术中,总是一切之中包含着一切。

如果上述一点确乎如此(而且,除非以抽象的、琐碎的、从而令人无法理解的现实来代替具体现实,否定上述一点是根本办不到的)那么绘画和其他造型艺术的批评家和历史学家也就应当起着同诗歌的批评家和历史学家一样的作用,即双方都应当论述的肯定不是作为人的艺术家的精神境界,而是艺术作品中所表现的、称为灵感或抒情主题的精神境界。况且,这一点也是显而易见的,因为如果说,画家是艺术家,而不是什么以线条和色彩为游戏和消遣的机械式的人,如果说,画家虽然是画家,却又是从人这一主干上产生出来的,他的作品也是人的行为,尽管他的灵感和抒情主题都由某种情感所启示,被某种情感引导来拿起画笔,并在画板和画布上着色,那么,批评家在再现这一创造过程时(是创造过程而不是技术过程,更不是艺术家本人的个人传记和实践经历),就应当追溯情感-主题,就应当解决情感-主题所逐渐导致的种种思想问题。

有人会说,在探索这种意图时,会发生这样的情况,即批评家会误入歧途,追踪绘画的抽象主题,或追踪同绘画本身的想象并不相符的形象,因而也就是追踪同艺术家本人的想象并不相符的形象,或是想方设法做一些多少带有比喻性的推论。这种情况当然会有,但是,之所以如此,正是因为批评家,正如上文所提到的,"误入歧途",也就是说,在这种情况下,这位批评家就不是什么好批评家;无论如何,同样的事件也同样经常发生在诗歌的批评中。有人会说,上述这种工作是十分艰巨的;但是,这种工作在诗歌批评中也是艰巨的,因为在这两种情况下,都要求具备种种不同的、生动活泼的历史文化,要求具备既灵活又细腻的情感，要求具备锐敏的思维，只有这样，才能捕捉住艺术家的真正灵感，捕捉住其灵感的独特性及多方面的关系，捕捉住其永恒的人性以及其多姿多彩的历史特点和个人特征。佛罗门汀①说得很对：这样一部作品希望 à la fois, un historien, un penseur et un artiste②（这就恰恰等于说，要有一位具有全面性思想修养的批评家）。但是，这样的作品尽管艰巨，尽管如所有善美兼备的东西一向如此不可多得，事实上却是存在的，而且可以从佛罗门汀、波德莱尔、佩特的许多论述中看到，散见在有关造型艺术的批评和历史的全部过程的种种片段之中，这些片段在十九世纪和今天更是屡见不鲜，而且也可以从新学派的批评家的著作中发现这些片段，尽管这些批评家打算奉行另一种与之相反的方针。

确实，有人也提出另一种论点，这就是那些新批评家和新历史学家的论点，这一论点谈得比上述那些论点还要多，因为对他们来说，这一论点似乎十分重要，并且得到许多人的响应，或者说，它很快就能说服许多人，这一论点就是：像前面所说的那样做，批评就会以属于精神方面的观念来取代那些经过很好确定了的绘画线条和色彩，从而毁掉绘画，同时却幻想是对绘画做了解释。而且同样的情况也会发生在诗歌方面，即批评以观念来取代节奏、韵律和形象的个性；这样一来，在上述两种情况下，批评就完成了自己的任务，因为从幻想到思维，从直觉到观念，这一过渡绝不是别的什么，而只是批评本身固有的目的。凡不赞成这种过渡的人无非就是不赞成批评本身罢了；但是，奇怪的倒是：凡赞成批评的人随后却总是硬要阻止批评行动起来，损害他的作品。另一方面，甚至那些对线条、色彩和其他经过个人加以确定的东西提出批评的新批评家，在他们的言论当中，却以上述这些东西的"观念"来取代上述这些东西，因为他们是在分析，在说理，无论如何，甚至即使他们不是在分析，不是在说理，而是在表达他们自己的印象，

---

① 佛罗门汀（1820—1876），法国画家、作家。——译注
② 法文，意为"同时有一位历史学家、一位思想家和一位艺术家"。——译注

他们也不过是用那些并不涉及线条、色彩的语言来表达这些印象。这是一种同艺术相竞争的奇特的艺术批评想法,它是用一种新的手段来重新表现艺术的,对这种奇特的想法,我曾在别的文章中多次驳斥过;因此,我现在只想提及一个论断,即六十年以前,雅各布·布克哈特①在论述人们通常对造型艺术作品所做的描述问题时曾明智地做出这个论断:"如果能用语言说出比一部艺术作品中包含的内容更深刻的东西的话,那么艺术就会是多此一举了,这部作品本身也就可能成为不必建造、不必雕刻、不必绘制(我还要再加上一句:不必写成诗)的东西。"

既然采用了这样一种虚妄的原则,即主张运用纯粹的亦即抽象而缺乏精神内容的绘画形式,那又怎能体现在这一基础上叙述艺术历史的尝试呢?显然,只能把它体现为艺术过程的历史;我说的是艺术过程,而不是技术过程,因为我认为,那些新批评家和新历史学家由于有人把这一错误加给他们而提出抗议,是有道理的。他们表示自己是重视把艺术和技术加以区别的;也许,在这方面,我过去好多年曾提出并坚持的那些观点并非没有成效,因为我在提出并坚持这些观点时,曾解开对美学实证论的新的崇拜这一症结,并消除从中产生的混乱思想,这种对美学实证论的新的崇拜就是"技术"。那些新批评家和新历史学家的错误是另一种错误;只要思考一下如下问题,就不难发现这种错误:艺术过程,亦即风格,是从个别而具体的作品中提取出来的抽象的东西;因此,艺术史,按照艺术过程这种想法,同艺术比较,就成为一种抽象因素史。确实,他们不是深入探讨个别艺术作品和艺术人格,不是设法捕捉和理解其中细微而奥妙的内在冲动,从而确定其历史的和个人的面貌,相反却把自己的注意力,把自己的调查研究,放到许多艺术作品的某些共同点上;这样一来,他们充其量只能(而且条件是:要不致陷入徒劳无益的似是而非、冥思苦想的做法)得出某些有关

---

① 布克哈特(1818—1897),瑞士历史学家,曾专门研究文艺复兴文明问题。——译注

感觉的一般方针,或者如沃尔夫林所说的,得出有关对不同时代和时间的 Stimmung①的某些一般方针,这些不同时代和时间反映在艺术作品当中,而不是这些作品体现在它们各自的个性和独特性上,总而言之,是某种本身不再是美学,而是属于文化和实践方面的东西。

利奥奈洛·文图里②于一九一五年在都灵大学做的有关意大利艺术史的演讲可作为一个突出的例子,他在他的其他著述中虽然曾接近我们所维护的有关批评的纯形式,但在这篇演说中却如他本人所说,被贝伦松③和朗吉的观点吸引过去了。文图里给自己提出了这样一个问题:意大利在造型艺术中应当占有什么样的"地位";这个问题是值得研究并应加以否定的,正如就诗歌的历史来说,也曾否定过这一问题一样,因为固然有意大利的地理,甚至有意大利的政治或文化或习俗,但严格地说来,却并没有意大利的诗歌和绘画,因为艺术作为艺术总是既有个性又有普遍性的,因此总是超国家的。但是,他却不仅不摒弃这一问题,反而以另一个问题来确定这一问题:意大利是否曾创造出一种新的风格,这一新的风格又是什么样的风格。按照他的说法,当意大利文明出现在艺术方面时,几乎整个艺术界都早已创造出来了,纯造型艺术的风格是希腊式的,建筑造型艺术的风格是罗马式的,建筑线条是哥特式的,色素层次则又是亚洲式的,既然如此,意大利就没有其他自由创造的余地了,因而只能发明绘画风格:在这方面,意大利也确实经受了它最重大的考验。在意大利,尤其是在威尼斯,人们利用新的因素即"色调",实现了色彩与造型的"完美结合"。文图里写道:"乔尔乔内④保持了色调体系同每一种单一色彩浓度的协调,使之达到一种奇特而又非凡的平衡,这种平衡是不能持续下去的,

---

① 德文,意为"情调"。——译注
② 文图里(1885—1961),意大利著名学者和教授,对研究和整理意大利古代艺术有过贡献。——译注
③ 贝伦松(1865—1959),美国著名学者、艺术专家。生于立陶宛,在美哈佛、英剑桥学习过,后定居意大利。——译注
④ 乔尔乔内(1477—1510),意大利威尼斯画派代表人物。——译注

而且也无法再现,因为色调原则的逻辑后果是明暗效果要占优势。确实,提香①曾把他个人的调色技巧使用的种种颜色逐渐减少,一直到他的晚年,只追求明亮和黑暗的效果,这明暗两个方面是既相互渗透又彼此对立的,几乎像是在黑夜里,突然爆发出奇光异彩。然而,仍然要运用手法,使整体效果具有色素分层性质,因为亮度即使能使形式具体化,也仍永远有闪动的作用。但是,只要做到:对形式的兴趣重新变得强烈起来,静止的造型效果压倒运动的希望,就足以使明暗两个方面重新化为明暗面。米开朗琪罗、达·卡拉瓦乔②正是合乎逻辑地完成色调运用的线条,破坏色调据以产生的颜色,而恢复纯造型效果的。"但是,文图里本人所说的却是:上述这种色彩运用绝不是艺术的,即使承认它表现某种现实的东西,也只不过表明一种并非美学而是伦理的色彩运用而已,而他本人就曾把这种做法说成是亚洲和欧洲精神的综合,是神秘的、梦幻式的、因而也就是色素分层式的亚洲同思维和实践的、因而也就是造型式的欧洲二者的综合;他还揭示出:那种"色彩和造型的完美结合"同"中世纪世界和希腊罗马式世界、亚洲和欧洲、玄妙和实在、运动和静止等二者的完美结合"完全融为一个整体。同样,朗吉在他的一篇论文中也划分出两大时代,即绘图时代和色素时代,最后则把前一个时代即形而上学的哲学和认识论时代、智力至上主义和单纯人道主义时代,同后一个时代即包括并超越前一个时代的时代,同"包含在作为创造现实性的精神之内的自然"时代衔接起来。同样,其他一些人也不仅没有给我们提供有关绘画和绘画灵感的历史,反而给我们提供一种异想天开的文化史,这种文化史同样也采取了有关历史的过时哲学观念所常有的那种态度。

这样一种历史必然会不再去区分究竟有没有美学价值,因为既然把艺术降低为一些阐述某些思想和道德原则的文件,就必然同样地也

---

① 提香(约1488/1490—1576),威尼斯画派最伟大的画家。——译注
② 卡拉瓦乔(1573—1609),意大利现实主义画派著名画家和版画家,为运用明暗面的能手。——译注

要从那些好的、中常的或坏的作品中找到这些原则。正如那些批评家和历史学家在分析十八世纪巴洛克绘画时要从中指出现代绘画、现代派和未来派绘画的先驱条件一样,在我前几年研究意大利十八世纪抒情诗时,我也必然要指出一些诗句和诗段的节奏、形象和写作技巧,指出一些十四行诗的构思,这些节奏、形象、写作技巧和构思都是在浪漫主义"绘画"派之前出现的,甚至在像波德莱尔和马拉美以及其他所谓"出色"的艺术家一流人物的创见和试验之前就出现了;同样,我从有些人身上也看出这种心理上的好奇现象,根据我的明确判断,这些人都是些劣等诗人或小诗人。但是,在绘画的新批评家和新历史学家身上(他们都是些风格的研究者和 fabula de lineis et coloribus① 的讲述人),却有一股强大的肯定和否定上述问题的热情,时而明显地表露出来,时而又隐晦地表露出来;例如,他们对拉斐尔和列奥纳多②,甚而对米开朗琪罗的反感就是赤裸裸地表露出来的,而他们对那些色彩画家和那些至今不那么出名、在巴洛克艺术上造诣不那么深的人的极端欣赏和好感也同样是赤裸裸地表露出来的。他们的那种"纯抒情性的历史"(尽管他们做出最大的努力来设法抑制和防止上述热情)实际上意味着"对一切绘画价值"的名副其实的"篡改"。

这一点是值得强调指出的,因为它能使我们明确另外一系列动机,这些动机是不合逻辑的,但却是属于心理方面的和带有激情的,正是这些动机促使人们形成并倡导一个新的学派,即对印象派、立体派、未来派艺术,一般说对当代颓废派艺术产生好感和抱有期望。这一新的学派,总的看,亦即从风格角度来看,不论在绘画方面还是在诗歌以及任何其他一种艺术方面,都是倒向唯感觉论,倒向只求对那些直接而又不相协调的特殊因素有感觉的主张,并力图把这些特殊因素统一起来,用暗示、启发、象征以及其他智力至上主义手段来把这些特殊因素理想化;因此,这一新的学派就是培养和引导它的崇拜者以唯感觉

---

① 拉丁文,意为"侈谈线条和色彩"。——译注
② 即达·芬奇。——译注

论的标准来看待过去的艺术("纯粹的感情奔放"),以这一标准来分辨过去的艺术,并且也以同一个标准来否定它或赞扬它。除了这一心理动机之外(这一动机过去和现在都对意大利新批评家和新历史学家有很大影响),还应当指出另一个动机,这一动机也许对某些同一学派的外国批评家、权威倡导者即贝伦松有过很大影响,至少起初是如此;也就是说,必须具备作为绘画的内行和鉴赏人的条件:这种人能在缺乏莫雷利①和其他发明符号的人所提供的鉴别手段的情况下,不去信赖书面文件,而致力于"风格"的调查研究和深入探讨。总之,这种在对新学派至今所研究的各位画家和其他艺术家表示赞许或否定方面或赤裸裸地表示热情,或赤裸裸地做出不公正评价的做法,证明这一新学派在它所采用的理论方面缺少一个能引导人们探求艺术的内在和真正优点的指针,因而听凭临时的和个人的爱憎来充当仲裁,在贬低和赞扬方面都夸大其词。

要阻止这种个人爱憎现象,并使人们对造型艺术的研究能更加周密和严格,就没有其他办法,只有使对造型艺术的批评和历史研究日益具有"哲学性"。如下一种时代已是一去不返了:在这种时代中,人们曾争论那些世俗人士是否也可以探讨和判断绘画,而不仅仅是那些神职人员,亦即画家自己才能这样做。现在,回答持如下见解的一些人是不难的:这些人认为,今天,可以把这些问题重新提出来,并且再次主张只有画家才有这种权利。我们的回答是:对绘画的批评既然是批评而不是绘画,就恰恰是非画家亦即世俗人士的责任,而画家本身一旦转入批评(可以肯定,他们是不受欢迎的),他们就在这方面已不再是画家了,他们变成了世俗人士,也就是说,变成要做思考和运用理性的世俗人士;另一方面,既然问题涉及的是绘画,那么这些世俗人士本身也应当在某种程度上成为画家,潜在性的画家,正如诗歌的内行人始终是潜在性的诗人一样。但是如今,为了进行艺术批评,光要求

---

① 莫雷利(1826—1901),意大利浪漫派画家。——译注

具备文学才能和渊博知识也不够了,必须再深入一步,必须承认并指出:艺术批评据以开展的原则,艺术批评据以发展的规律,不论你喜不喜欢,都恰恰就是哲学的原则和规律。也许,对造型艺术的批评和造型艺术的历史目前之所以表现得含糊不清和软弱无力,正是由于至今那些大哲学批评家们没有掌握这种原则和规律,尽管他们曾缔造文学和诗歌的历史,并给予其力量;一些像德桑克蒂斯这样的批评家们,除了对美学印象感觉敏锐之外,同样也精于确切和细致入微地了解心灵、冲动情绪和人的生活,精于艺术之道。在绘画和造型艺术的其他作品面前,得以确立自己地位的更通常的是一些爱好者、收藏家、艺术家、好奇者、博学者、幻想者、商人,而不是具有丰富人情味和强盛的思想力、意志坚定、有能力认真严肃地如实理解这些作品的人,这些人能根据作品原貌把它们理解为具有朴素而严肃的人性的作品。

  日益从纯粹而完全的精神角度来解释艺术(就是说,使艺术解释摆脱唯感觉论和智力至上主义),同时把艺术批评同哲学结合起来,这是合乎逻辑的内在需要,因而也是我们时代行之有效的倾向,我们可以从如下情况看出这一点来:我们现在可以看到,特别是在德国和意大利,那种把艺术研究者和美学研究者截然分开,或这些研究者之间互不往来、互相敌视的现象正在迅速减少。另一种证明这种倾向得以确立的情况是:研究"艺术史的方法论"的文章和论著显得屡见不鲜了;说实话,这些著作还缺少具体实质内容(因为它们无力提出有关对研究绘画以及任何其他艺术作品都有效的方法的任何建议),不过,它们毕竟在它们那种仍属经验主义和折中主义的形式下能表现出艺术历史学家和艺术批评家在从低级而非本质的哲学向更为丰富、更为理论化和更为发达的哲学逐渐过渡。当然,在艺术历史学家中间只会有少数人才能达到具有高度发展水平和更为严格形式的哲学程度,这样的人也许只会有两三个,或者只有一个;但是,这毕竟也就不错了,因为这少数人所能提出的有关真理的新的建议,能在更加广泛的范围内采取更为通俗易懂的形式取得成果,而不是只体现为某些过程,能成为范例,而不是仅限于提出理论,从而使历史研究的这一部门如同其他部门一样也能具有哲学性质。

从有关造型艺术的批评和历史研究的历史本身当中,也可以得到这样的证明,即进行这种批评和历史研究的规律和原则,从内在角度说是哲学性的。我主张进行这样的调查研究已经几乎有二十年了;并且我自己也曾进行过这样的调查研究,写过一些有关的论文;如今,我很高兴地看到,在意大利、法国和德国,就这些问题已经有人做出了贡献,甚至有人还尝试做或多或少一般的或全面的研究工作,而意大利方面的工作又特别是相当可贵的①。如果这类工作继续下去,看来必将弄清楚:经过几个世纪以来由绘画批评所宣传、提出或解决的种种问题。实质上也就是诗歌批评据以形成的那些问题,有时,这两种批评研究工作还是相互作为模式的,甚或是彼此融合在一起的。甚至还可以看到:不同艺术批评时代和学派直接或间接地、自觉或不自觉地从属于不同哲学学派和时代;从属于神秘主义美学、思维美学、形式主义美学、享乐主义和伦理主义美学;甚或从属于唯心主义、二元论、唯物主义、实证主义,等等。这又有何奇怪呢?思维的辩证类别和内容就是这样的,凡提出看法和做出论断的人,都非常可能会从一个类别转到另一个类别上去,从一个内容转到另一个内容上去,从一个比较贫乏的观念转到另一个比较丰富的观念上去,但是,他却无法摆脱思想规律,无法抛开这一规律、抛开哲学而进行工作。如果他觉得这种必要性是一种烦琐而又迫不得已的做法的话,那他就要倒霉了,因为这就意味着:他不懂把这种必要性变为美德,用思维来控制其他种种

---

① 除加尔朱洛收集在《批评》杂志(1906—1909 年第 4 期和第 8 期)中的论文和介绍外,我想提到最近发表的一些著作:L. 文图里《十四和十五世纪意大利艺术批评》(《艺术》杂志,1917 年第 20 期);G. 维斯科《L. B. 阿尔贝蒂和对文艺复兴早期的艺术批评》(同上,1919 年第 22 期);L. 洛普雷斯蒂《马可·博斯基尼——十七世纪艺术作家》(同上,1919 年第 22 期);M. 皮塔卢加《欧杰尼奥·佛罗门汀和现代艺术批评的起源》(同上,1917—1918 年第 20—21 期),这篇文章研究了从文艺复兴到十九世纪的全部材料的主要内容;A. 雷基《C. 波德莱尔——艺术批评家》(同上,1918 年第 21 期)。——原注

思维,把强迫变为自由。

我不想就上述最后一个问题展开来谈了,因为我过去已经在我的一篇论文当中证明并举例阐述了有关诗歌批评方面的这种从属性[①],因此,我现在就可以让其他有心人去展开说明这一有关造型艺术批评的真理了。而两种批评研究工作范围之间的相似性也可以不费力气地加以说明,例如可以研究一下"模拟自然"观念(这在诗歌上也称为"近似性")、"适宜性"和"规则"观念,"令人喜闻乐见"、"道德"和"教育"、"社会"等目的观念,"构思"和"色彩"对比观念(这在诗歌上通常等于"纯真"和"情感"、"古典主义"和"浪漫主义"之间的对比观念),"特征性"和"表现性"观念(二者长期以来无论在绘画上还是在诗歌上都被人从有关面貌、形象、行为或有关表现性和特征性词句的心理意义或自然主义意义上去理解);如此等等。

对造型艺术和诗歌所做的历史解释,也是相互类似的,有时是根据有关美的思想(要注意这一美的思想的起源、完善和衰落),有时则是把这种历史解释联系到社会学上去,并使之融化到社会学中去,有时更把这种历史解释联系到气候、种族和其他自然条件上去,同时又不由自主地取消了这种历史解释的精神创造性质;不论在绘画或诗歌的哪一个范畴,批评和博学的关系,或是批评和哲学的关系,都是相类似的,甚至在造型艺术批评方面,正如在诗歌批评方面一样,那种传记式的和外在的纯唯语文论主张有时也会压倒和扼制智力,只不过由于某些时代的绘画传统的偶然条件,似乎对于绘画批评来说,唯语文论主张是有特殊作用的罢了,它表现在探讨"归属性"问题上,而实际上,这种做法在诗歌及其他艺术范畴也同样可以遇到,即使在量的程度上要小一些。

那么现在怎么样呢?现在,造型艺术批评,正如诗歌批评一样,在最好的批评家当中,已经能达到确信无疑的分辨程度,即分辨清楚这

[①] 见《美学新论文集》,1948年,巴里第三版,第201—215页。——原注

种批评不是什么唯语文论,而是历史;因此,应当把语文学所积累的材料仅仅用作注释手段,而当它无助于做到这一点时,则把它舍弃掉,因为它是没有用处的,同所要说明的情况无干。

哲学观念上的进步使这种批评日益充实,得以反对那种以决定论和自然主义的方式来理解艺术产品的毛病,于是那些泰纳①和斯宾塞之流的人物也就丧失了作为导师的作用。艺术观念本身方面的进步摆脱了智力至上主义,摆脱了伦理主义和功利主义,使艺术转为从艺术中探求艺术。这种进步,这种业已取得的成就,从我们所批评的那种艺术史研究学派本身当中得到了验证;这一学派拒绝的主张也是我们所拒绝的,它不愿再回到过去,既不愿成为唯语文论、自然主义和实证主义,也不愿成为智力至上主义或伦理主义,它愿意像我们在诗歌方面做得越来越好的那样,寻求作品的艺术灵魂,寻求人类灵魂的永恒的、尽管是多种多样和具有个性的抒情意识。当然,由于受到它所犯的把纯形式看成抽象形式这种错误的影响,以及受到使自己的科学观念同自己对当前艺术探讨所抱的同情态度相互感染这一错误的影响,这一学派也遇到了使唯进化论和自然主义复苏的危险,有时甚至还屈服于这两种主张,甚至还采取不应有的根据模式来判断艺术的做法(这种做法是经院学派的基本特征,哪怕是未来主义的经院学派也同样如此)。另一方面,由于这一学派忽视了个性和只着眼于风格的发展,也许它也不能像应有的那样,有助于在诗歌方面已经完成的或有了很好开端的工作,而这种工作是迫切需要在绘画和其他造型艺术方面倡导的,这一工作就是要使真正的天才的艺术个性(而这在诗歌上是相对比较少的)不致受模仿者、剽窃者、机械创造者、"劣等"画匠(他们进行绘画和雕刻,只是事出偶然和完成订货,而不是"受内心的驱使")以及智力至上主义的"新艺术"作者、讲解式的创造者和追求轰轰烈烈及怪诞趣味的学派奠基人的干扰;所有这些人都为文化史提

---

① 泰纳(1828—1893),法国著名哲学史家、文艺批评家和历史学家,科学院院士,主张文化表现受自然环境制约。——译注

供了不少资料,但是为名副其实的艺术则贡献很少或者毫无贡献。但是,这些危险、错误和缺点都不过是我们称为"风格主义"的那种学派的不完善和不成熟的方面,并不能取消这一学派的进步意义,而我们也是承认它有进步意义的。为了纠正上述错误,避免上述缺点和防止有关危险,必须使新的造型艺术批评家和历史学家按照诗歌方面的这类学者的榜样,扩大他们的思想境界,扩大他们的文化和心灵,使他们能对真理有明确而充分的认识,这真理就是:除了绘画和造型艺术之外,还有所有其他艺术,即具有普遍意义的艺术,没有这种艺术,绘画就不能真正为人所理解,就会变为一种唯感觉论的怪物;除了艺术之外,还有形式多姿多彩、内容辩证统一的人类精神,没有这一精神,艺术本身也不能真正为人所理解;最后,除了极其现代化或现代化的艺术之外,甚至除了随人们兴之所至而开始创作的那种艺术之外(有时是从伦勃朗开始,有时则又是从乔尔乔内开始),还有属于一切时代、一切国家人民的绘画,不论是叫作带色的还是不带色的绘画,这种绘画是不能被拒之门外的,因为不然就会有这样的危险:在上述搏斗和角逐当中,最终被击倒的可能不是艺术,而是批评,因为这一批评被证明同它的任务不相称。

1919 年

十一　论寓意观念

当人们以为自己已经以适合人意的全部明确性来说明某个问题的真正症结所在，随后则又发觉，别人并没有对自己所做的说明给以任何重视，却继续醉心于先前那种肤浅的看法时，人们会感到有些奇怪的。我自己对此也曾感到奇怪，因为我曾思考过、也确定过寓意的非美学性，并由此而提出一些理由，证明唯寓意论是必然同但丁的诗乃至其他任何人的诗格格不入的[①]，但我却听到许多方面做出这样的回答：寓意是一种表现形式，同任何其他表现没有两样，它可以像任何其他表现形式一样有时被人利用得好一些，有时则被人利用得坏一些，这要由诗人本身的才能和他运用得恰当与否而定。

既然事情没有那么简单，那么我重新提出我的说明，除此之外再补充几点有关历史方面的澄清，但首先则是把论述问题的次序颠倒一下，这样做就是适宜的了，也就是说，我要从重申目前所提到的那个看法开始说起，我很遗憾，不能把这一看法称为表示异议。

认为寓意是一种同其他表现形式一样的表现形式，这就等于说：它是许许多多形式的一种，这些形式过去一度是为修辞学所区分的，而且今天，各学派也往往要对此加以区分；所有这些形式都是经过哲学批评，并从抽象归纳到具体方面来的，因而正如众所周知的那样，它

[①] 见我的《但丁的诗》一书，1948年，巴里第六版，特别是第20—24页。——原注

们都归结为对诗的唯一形式的无止境的认识。

好吧,症结恰恰就在这里:寓意究竟是不是一种表现形式;我曾有幸恰恰对这个问题做了说明,即寓意不是一种表现形式。

对于一个对文学事物并不在行或并不熟悉的人来说,似乎对什么是真理应当首先有一种模糊的感受或预感,而不是首先就有一种明确而清楚的认识,因为他可以记得并观察到,无论在美学上还是在现代批判上,寓意一直是为人所不齿的:据我所知,转喻、称呼、形象描述等做法,总之,修辞学家的其他形象或比喻做法中没有一个不饱受这种反感待遇。黑格尔就把寓意称为冷酷的和苍白无力的(frostig und kahl),它产生于智力,而不是产生于对幻想的具体直觉和深切感受,因而是缺乏内在严肃性的,平庸乏味的,同艺术风马牛不相及的①。维舍尔认为,寓意是把思想和形象之间的原有关系完全解除;他指出,寓意时而是堕落的迹象,时而又是艺术不成熟的迹象;他指责寓意的非条理性;他嘲笑寓意象是披着神秘色彩外衣(Geheimniss thuerei),却又不是那么神秘莫测(Geheimniss)。② 我不想再多加引用了,我只消提一下我们的德桑克蒂斯曾不断地同唯寓意论进行论战就够了。"寓意诗即惹人厌烦的诗",这句名言是可以同另一句名言即"政治诗即坏诗"相媲美的。

当然,也有一种具有修辞意义的寓意,即昆提利安和其他古代修辞学家以及现代修辞学家如德科洛尼亚和布莱尔③所说的那种寓意:l'inversio(正如昆提利安所翻译的)就是"aut aliud verbis, aliud sensu ostendit, aut etiam interim contraium"④(而在后一种情况下,寓意称为讽喻⑤);正如布

---

① 见《论美学》第一卷,第499—501页。——原注
② 《美学》第三卷,第467—471页。——原注
③ 布莱尔(1903—1950),英国作家、文艺评论家,即乔治·奥威尔。——译注
④ 拉丁文,意为"'寓意'就是'要么是另一种说法,另一种明显感觉,要么则有时是相反的意思'"。——译注
⑤ 见《关于修辞学和美妙词语的读书札记》(1823年伦敦版),第158—159页。——原注

莱尔给寓意下的定义那样,寓意是比喻的继续和"prolonged"①。例如,西塞罗的这句名言就属于具有上述意义的寓意之类,他说:Equidem ceteras tempestates et procellas in illis dumtaxat fluctibus contionum semper Miloni putavi esse subeundas,或者泰伦提乌斯的名言也说,Suo sibi gladio hunc iugulo②,再或贺拉斯的船颂(可以引他的全段文字),这首颂歌简直就是一种诗一般的情感形象化③。但是,这种修辞意义上的寓意,是修辞学家历来努力把它同"相似性"或一般的"比喻"相区别的,它并不是那种给但丁和其他诗人的作品制造困难的寓意;它也不是那种应当遭到美学和现代批评反对的寓意;最后,它同样不是那种使人进行特殊的调查研究和采取特殊的科学概念的寓意。

不应当从修辞学的历史中去探索名副其实的寓意的传统,而是应当从哲学的历史中去探索这一传统,可以追溯到早期一些希腊哲学家对诗人们所提出的批评,以及他们对荷马史诗所做的指责,除此之外,还有毕达哥拉斯④、色诺芬尼⑤和赫拉克利特⑥也曾这样做过,他们在这方面都是先于柏拉图提出这种批评和指责的。在这些哲学家的上

---

① 见 Inst. or. 第七卷第六章,第44页。——原注
　　引语为英文,意为"延长"。——译注
② 见 R. 沃尔克曼:《论希腊和罗马的修辞学》,1885 年莱比锡版,第429—433页。——原注
　　两句拉丁文引语意为:"毫无疑问,狂风暴雨纵然不断掀起巨浪,米洛尼也仍然受到不应有的惩处",指米洛尼因杀人罪被控,西塞罗为之辩护而未果;"我用他自己的剑来战胜他",有反其道而行之的含义。——译注
③ "清醒的认识使人看到祖国,看到人民的无比愤慨,看到爆发一场新的内战的严重危险。诗人的眼中则涌现出美妙的幻觉,像在画中看到一艘宏伟的大船,而这船实际上却是一艘残破的船骸在激流中逆向漂浮。诗人用绘画的线条把件件国家大事联系在一起,他并没有认为这其中有什么上帝的意旨。只有清醒的认识才看出这其中有不必要的利害问题……"(W.杰巴尔迪《对贺拉斯抒情诗的美学评论》,1885年帕德博恩和蒙斯特出版,第86页。)——原注
④ 毕达哥拉斯(约前580—约前500),古希腊哲学家和数学家,毕达哥拉斯学派(南意大利学派)创始人。——译注
⑤ 色诺芬尼(约前560—约前478),古希腊诗人和哲学家,爱利亚学派的先驱。——译注
⑥ 赫拉克利特(约前540—约前480),古希腊哲学家。——译注

述谴责之下,诗歌同它的那些寓言就要寿终正寝了(一位希腊批评历史学家就是这样说的),而与此同时,一些抱有善良愿望的支持者们则又来进行拯救,他们既然不能拯救荷马的原诗,就只好以满足对立双方的方式来解释荷马。"On chercha sous les vers du poète un sens différent du sens vulgaire, un sous – sens (δπόνοιd), comme dit le grec avec une précision difficile à reproduire en français;c'est ce qui plus tard s'appela l'allégorie,mot inconnu aux plus anciens philosophes."① 在古希腊,泰阿杰内达雷焦、安那克萨哥拉、斯泰辛布罗托迪塔索、米特罗多罗迪兰普萨科②,特别是斯多噶派,就是这样做的,正如众所周知的那样,在中世纪初和整个中世纪,人们也是这样做的,其目的是想把新的教派同异教派作者调和起来,这样一来,就产生了"四种含义"论。③ 因此,本文所议论的寓意并非修辞学家的 inversio,而是哲学家的 iponoia④。

现代批评和美学,正如上面所说,一般来说是承认上述寓意或比喻同诗歌和艺术互相抵触的,它们甚至还曾怀疑并含糊不清地描述过这种特殊性质,把这种性质叫作"智力"活动(Verstand⑤),而不是"幻想"活动,是"非有机"活动,因而也就是"机械式"活动。但是,人们还是没有彻底弄清寓意所固有的作用,只满足于把它作为人为的或不成熟和粗糙的表现而拒之于美学范畴之外,充其量也只确信自己是了解寓意的,并指出它的真正特点,使它回到冷酷的原有范畴中去,这范畴即所谓"智力"或"抽象"。这种批评只不过是大致了解这种弊害,而

---

① 引自埃杰:《论希腊人的批评历史》,1886 年巴黎版,第96—102 页。——原注
  法文引语意为"人们过去从这位诗人的全部诗句下面探索一种与通俗含义不同的含义,即一种言外之意,正如希腊人所确切指出的那样,这种确切性是很难用一个法文词来表达的;这正是晚些时候人们称之为寓意的那个词,这个词是最古老的哲学家们所不知道的。"——译注
② 安那克萨哥拉(约前 500—约前 428)为古希腊哲学家;米特罗多罗迪兰普萨科乃公元前五世纪希腊怀疑论哲学家。——译注
③ 关于这一部分,请参阅贡帕雷蒂的论著《中世纪的维吉尔》,1896 年佛罗伦萨第二版,第一卷第 139 页及以后数页。——原注
④ 分别意为"寓意","比喻"。——译注
⑤ 德文,意为"认识""理解"。——译注

不是从根本上铲除这种弊害,它并不能阻止人们重新讨论寓意究竟是否正当合理,不论是把寓意作为思维对直觉的丰富和加强也罢,还是把寓意作为一种特殊的表现形式。正是根据这些理由,我曾认为,不使我局限于单纯地否定和摒弃寓意是必不可少的,但是必须从寓意本身来更好地确定它,从积极方面确定它固有的作用。这样一来,就可以充分表明寓意同艺术是有根本区别的,而这种差异性过去只是为人们所大致看到并加以论述,而不是加以证明。这样,我曾给寓意下过定义(我想,我是率先这样做的)①,把它说成是一种实践行为,一种写作形式(因为写作本身就是一种实践的东西),一种隐喻手法,从内在性质来说,与任何一种隐喻手法没有什么不同,即使它的运用不是通过文字和数字,而是通过口述或造型形象;从这一定义当中,我曾归纳出寓意的种种规律,说明何以在作者们没有做出真正的解释或明确的声明的情况下,在缺少一个很好地加以确定并具有相对关键的说明的隐喻手法的情况下,分析寓意性作品就会是完全无望的工作,这种工作永远是推测性的,充其量也只能指望具有程度大小不等的可能性。

上面已经指出,寓意产生于古希腊,在中世纪时进一步发展,成为进行解释的信条,博尔哥尼奥尼②在论述有关但丁作品的寓意性问题的某些著作篇章中(这些篇章属于前人从未写过的最尖锐最有见地的篇章,也许正因如此,那些但丁学家一向无视它们)③就指出,"中世纪学者所采用的寓意手法(应当很好地考虑这一点)是一种注释性而不

---

① 霍姆(在《批判主义的因素》[1762—1765年,1824年伦敦版,第351页]中)发现比喻和寓意二者之间迥然不同,并把后者比作古埃及的象形文字;但是,他却没有深入一步探讨他恍然产生的那个思想,这个思想后来遭到苏尔泽的反对(也许他是直接影射霍姆的),苏尔泽在《美术概论》(1792年莱比锡版,第一卷第95页)中写道:"人们不应任意使用语言符号来做一些含混不清的图解。这是希望大家给这些图解加上古埃及象形文字的名字,等等。"——原注
② 博尔哥尼奥尼(1840—1893),意大利文学家和文艺评论家,主要著作有《但丁著作》等。——译注
③ 见R. 特鲁菲编《但丁著作选》,1897年卡斯泰洛市出版,第124页及以后数页。——原注

是以创造发明为方向的手法;当时人们曾把如下一点奉为原则,即在写作艺术作品中,可以甚至应当找出一些逐渐拔高的道德和精神含义;但是,除了那些人格化或神话般的写法之外,我认为,任何人当时都从来不曾理解(我指的是真正的中世纪,即古典主义的中世纪),这些含义应当成为艺术家在幻想创作过程中的指针。这是把五世纪起人们在研究《圣经》时所宣扬的注释手法运用于世俗艺术书籍,按照这种手法,人们应当在这些书籍所叙述的事实当中找出符合新教的道德含义和神话含义。"说得不错;但是,必须更有力、更明确地强调艺术家固有的创作过程和寓意作者固有的创作过程之间的区别;而对于后者来说,就要承认如下一点:这种解释方法,这种以寓意方式来进行阅读的方法,这种发现第二、第三、第四含义的方法,实际上都是一种创造和构成寓意的方法。还必须指出,这种利用寓意做隐蔽式的写法,过去和现在都不是只由诗歌作品的读者和评论家来做的工作,而是由诗人本身来做的工作,他们在创作自己的诗歌作品时,有意地使用寓意手法,无论过去和现在,他们都是这样做的,从而把进一步的含义加给他们自由自在地根据诗的唯一含义来创作的那些作品。这种做法也就是一种锦上添花式的、外在的、因而也是无害的做法,它通常是诗人自己以寓意为手段来进行的工作。不过,由此也不能排除如下一点(博尔哥尼奥尼也没有排除这一点):有时,诗人是头脑中抱着利用寓意手法这一打算来进行自己的诗歌创作的,也就是说,他有意创造出一系列幻想内容,把它们全部化为诗的作品,以隐秘的方式来著述某些宗教的、道德的、政治的、历史的或任何其他观点。正如博尔哥尼奥尼根据对整个美学和现代批评的看法所说的那样,这种意图肯定是"从内涵上同艺术相对立、相矛盾的东西,这同那种否定艺术的独立性和自由发挥、因而也就必然要阻止艺术享有独立性和自由发挥的主张一样";这种主张即使在事实上不是"不可能"的,毕竟也会造成很坏的效果,因为它像是要同时侍候两个主人。事实上,我在其他文章中也早已说到会发生什么事情:要么是诗人为了幻想世界而忘记意图世界，从而听任自己全部依赖诗的灵感（除非事后再从寓意上加以评论，即满足于既成事实）；要么则是不断地以自己的意图世界干预自己的幻想世界，打破作品的美学连贯性，从而创造出一种非诗的混合物，这种做法只能起隐秘写法的作用。当然，这是两种极端的带有典型意义的情况，在这两种情况中间，也有种种不同的中间状态或混合状态，因为这里会有一些天才的诗人，他们在某些散落各处的 maculae① 里会带有他们据以进行创作的那种唯寓意论痕迹，但同时，也会有一些唯寓意论者，他们会在这里或那里显露出新鲜的表现手法，会闪烁出明亮的诗的火花。(顺便指出，众所周知，类似情况在历史研究当中也可以看到，在历史研究当中，某个具有完美的批评意义的历史故事可能是以寓意方式来进行叙述的，用以达到某种告诫目的，一般说是要达到演说效果，在这种情况下，这部历史著作就是无害的；要么则又有如下情况：这种告诫或演说目的可能会渗透到作品本身中去，并使之变质，这就形成了带有倾向性的历史研究，这种历史研究就不再是历史了，而是演说；而在这方面，中间情况也是很多的。)

上述一切证实了我的结论：对于寓意（它想取代诗歌），艺术批评应当使人具有这样的看法，即其唯一的目的就在于要摒弃它，要像摒弃任何空洞无物的诗歌或丑陋的东西一样摒弃寓意，至于寓意式的解释，一般来说，艺术批评没有理由要受它约束，因为凡是重视寓意的地方，就必然不重视诗，凡是重视诗的地方，又必然不重视寓意。在但丁这个特殊的例子中，也正是因为但丁是人类最伟大的天才诗人之一，寓意几乎始终属于外在性质的，只有极少的时候，它才插手诗歌，如果说，人们觉得寓意是如此频繁地插手诗歌，甚至是不断插手诗歌的话，那就是评论家的过错，因为他们把那些属于卓越诗歌的东西放到寓意上了。

如何单就寓意本身进行解释，始终属于另做研究的问题，这种研

---

① 拉丁文，意为"污点"。——译注

究是同艺术批评不相干的,这件事是许多人,或者至少是许多专门研究但丁的人所热衷或忙于探讨的问题。我并没有否认,而且现在我也不想故意刁难,否认如下一点:当有条件至少达到某种可行的程度时,上述研究也可能会引起人们的小小好奇心。但是,在这方面,提出《斐德若篇》①头几个篇章中的一段话是适宜的。在这段话里,苏格拉底执意要说明他自己对玻瑞阿斯②和贺拉斯有关地形学的神话的看法,他是在提及一些有才智的人可能对此做出自然主义的解释(而且这些人已经这样做了)之后才这样提出看法的,他声明从他这方面来说,他要放弃这种尖锐的探讨,因为他说:如果我要着手解释玻瑞阿斯和贺拉斯的话,那么我就必须解释那些马人的形式,然后还要解释喀迈拉神兽乃至戈耳工女妖和珀伽索斯神马③等的形式;这就会让我花费太多的时间,而作为交换条件,要我做出戴尔菲科④式的判断并了解我自己,了解各种台风⑤以及其他形式,不论是狂暴的还是温和的(这些台风和其他形式其实也就是我自己),我的时间还嫌不够呢。从我这方面来说,我要摆脱这种是非之地,让那些有时间去浪费的人进行这种研究和争论吧,或者让那些——用但丁的一句名言来说——知之不多、因而对浪费时间也不感到那么不悦的人去这样做吧。

1922 年

---

① 《斐德若篇》,柏拉图有关美、爱和语言艺术的谈话集。——译注
② 玻瑞阿斯,北风神。——译注
③ 喀迈拉,神话中的怪兽,狮首、龙尾、羊身,脊背上又生羊首一个;戈耳工女妖,传有三个,但三个只有一只眼睛,人见即化为石头,女妖发如蛇,有双翼、狮爪、野猪牙,墨杜萨即为其中之一;珀伽索斯神马,传由墨杜萨的鲜血所生,成为杀死墨杜萨的珀耳修斯的坐骑,珀耳修斯乘此神马杀死了喀迈拉。——译注
④ 戴尔菲科(1744—1835),意大利历史学家、经济学家。——译注
⑤ 这里的"台风"(tifoni)为双关语,亦指希腊神话中的巨人堤丰(Tifone),"各种台风"亦有"堤丰之类巨人"之意。传巨人堤丰意欲登天,被宙斯用雷电劈死。——译注

十二　民间诗和艺术诗

在不胜枚举的论述民间诗的"文学"中,经常会遇到人们承认或认可如下问题(而且这种情况也并不罕见),即承认或认可谈起"民间诗"来虽然容易,并且那些属于民间诗的作品或多或少也容易理解,但是,"给民间诗下定义"①却是很难的:这样一来,倒最好别自找麻烦,把这问题撇开算了。

不过,在做出这种认可之后,人们还是力求以某种方式给民间诗下定义,并且把它同艺术诗对立起来;因为——据说——民间诗与艺术诗不同,它是无名氏的作品,是即兴之作,来自人民大众,因而也就是来自下层阶级,比如说,农民和牧民,它的起源和传播都是集体性的,它通过口头传诵,世代流传,并且处于不断变化的过程之中②,等等。

---

① 例如,A.丹科纳在《意大利民间诗》(1906年里窝那版,第363页)中就指出,"'民间诗'是非常容易说出的说法,但是,要确定说明它的那个类别却是很难的"。不过,歌德在1822年一篇论述 Spanische Romanzen(西班牙小说)的文章中就说过:"人们经常这样谈到民间诗,但这种说法又不总是像人们自己所应想到的那样完全清楚明白。"(Werke《文集》,1840年斯图加特版,第三十三卷,第342页)——原注

② 本文不能多加引述,说明从所有关于民间诗的论著中可以看到的这些分散的或集结在一起的特点。关于最后一个特征,指出如下一点将是足够的了:斯泰因塔尔在其论述叙事诗的文章(载于《民间心理学和语言学杂志》第五卷1868年号,第1—57页)中就曾突出说明这最后一个特征,他说,民间诗是一个变动中的名词,因为实际上没有什么民间诗,而只有民间作品,这不是什么民间叙事诗,而是大众史诗。坎帕雷蒂在一篇论述"民间诗"的文章(《周刊》,1878年第二期,第45—47页)中曾用

这些都是非本质的确定说法,因而也是站不住脚的,因为民间诗既不总是无名氏作品,艺术诗也并不总是带有作者姓名的;即兴写作,也就是用于作诗的时间很短促,这种情况对于前者也并不比对于后者为多,正如对于前者和后者来说,时间都可能并非很短一样;不仅是卑贱阶级能作民间诗,同样,也不仅是有文化修养的阶级才能作人工雕琢的诗;任何诗从起源来说都不是集体性的,为创作一首诗,要求具备一位诗人的人格,任何诗都是在其所据以产生的社会当中得到或多或少广泛的传播,或者可能得到这种传播的;口头传诵对于一系列在字母尚不普及的时代的艺术诗也是有影响的,例如,这种传诵方法甚至在今天也对于根本不是来自人民大众和具备人民大众特点的名言警句有效,不过,这些名言警句只是人们并不想写成书面文字的东西,或写成书面文字并无好处的东西罢了;最后,至于民间诗所处的那种"变动性"状态,无非是指不断地模仿、润色或改写的情况,这种情况在艺术诗方面同样可以遇到,作者本人、抄录者、出版者、翻译者和其他传抄者都是这样做的。①再者,即使这种确定做法全部或有一部分依然存在,不论在任何情况下,这也是属于外在性质的问题,因而对于确定一首诗的性质是言之无效的,一首诗的性质的确定不能是语文学问题,也就是说(正如我们目前所研究的特点问题一样),不能根据外部条件来探讨,而是应当属于心理学问题或内在性质问题。

"某些形式确定了民间诗",这些形式"是由人民大众创造的,并保持下来,始终主要是人民大众性的,而不论这些形式有任何变化",例如民谣、短诗、歌曲,亦即他把民间诗具体化为某些文学类别,甚或说民间诗是属于"有韵律"的文学类别的。——原注

① 梅嫩德斯·皮达尔在《小说、理论和调查研究》(1928年马德里版)第38页及以后几页中就把传统诗歌同纯属民间性的诗歌(他称之为"变为民间性的"那种诗歌)区别开来,人民大众把传统诗歌接过来,以激动心情和想象力对之进行再创造,甚至或多或少加以重写和重新塑造,这就不仅仅是口头上的传统诗歌了,而且还是见诸文字的传统诗歌,例如,我们从法国史诗、《罗兰之歌》以及通过传播这些诗歌的那些手抄本而进一步发展这些诗歌等情况中就可以看到。这样一来,被称作"民间诗"的诗歌同被称作"个人诗"的诗歌二者之间的任何实质性差别就消失了,不管梅嫩德斯·皮达尔如何感到在他不恰当地做出的区别下面仍然存在什么差别,他的这种区别做法却仍为好几代批评家和历史学家沿用和保持下来。——原注

确实,有人也通过上述心理学途径来做出其他一些定义。例如,有人说,民间诗是非人称的,或一般性的,是典型性的,它属于非技术性或缺少技术性,它是非历史性的,也就是说,它没有历史差别,它是非综合性的,因为它表达的方式是:句法没有起承转合,诗句不分段落,或者分成的段落也不那么有条有理,情节之间没有统一的叙事联系,种种场景没有戏剧性高潮,如此等等①。这类定义中也有一些定义虽然提到某些实际的、涉及特点的问题,但是对此却没有做明确阐述,而正如这些定义的提出一样,是应当遭到明显反驳的。我们可以这样回答:任何诗都是既有人称又非人称的,之所以是有人称,因为诗的内容是某一个人的人类心灵的激情;之所以是非人称,因为这种激情一旦形成为诗,就超越了自身,而提高为人的普遍化。因此,任何诗都不是抽象的或是典型化的,而是,每一首诗对于那些把诗的内容加以普遍化的人来说都可以成为具有典型意义的诗;另一方面,任何诗都不是不讲技巧的,即使我们把技巧理解为本文所要理解的问题,亦即形式上的先例、学科、学派;我们甚至可以断言,民间诗也是拥有并重复为数不多的公式的,因此,它是明显具有技巧性的。没有一首诗是脱离历史的,至于非综合性,如果民间诗真的缺乏任何综合性,那它就连事物本身也缺乏了,因为人的精神的任何活动都是有综合性的;如果说,民间诗的综合性虽然也是综合性,但却不同于艺术诗的综合性,那么必须探讨和从民间诗上捕捉的正是这种差别的性质,而不是否认民间诗具有一般的综合性。

当然,应当从性质上加以说明的这种差别绝不可能是绝对的或是本质的,因为诗歌不容许有任何类别的学科,当它作为诗时,就只能是

---

① 这里也不必多加引述;但是无论如何,应参阅黑格尔的《美学教程》,霍瑟出版社出版(1838 年柏林版),第三章,第 435—440 页有关民间诗问题的论述,同时,也应参阅维舍尔和卡里埃尔的论点:维舍尔的《美学或美的科学》,路特林根和莱比锡 1846 年及以后版本,特别是第三章,第 99、990、1147、1194、1356—1358 页;卡里埃尔的《美学》,莱比锡 1885 年第三版,第二章,第 535—539 页。——原注

诗,在这种情况下,也必须注意不要试图去打破诗的统一性,这种尝试是在如下事实的推动下才会有的,即 Volkslied 和 Kunstlied① 的对立特别受到率先创造"古典主义"和"浪漫主义"、"拉丁学派"和"日耳曼学派"这种二元论及其他类似主张的那一国家的人民的推崇,从而带来破坏纯粹美学判断的一些观念。② 虽然在民间诗方面有美丑之分(丑的则不是诗),正如在艺术诗方面也是如此一样;同时,人们也并没有说,丑陋、拙劣、冷漠、机械产物等情况在民间诗范畴更少一些,在民间诗范畴,正如在艺术诗范畴一样,也有许多不同的格言式、警世式、叙事式、诙谐式的写法,而这种写法并不算是,而且它本身也不想成为名副其实的诗。③ 但是,凡民间诗确属诗的时候,它就同艺术诗没有什么区别,并且以它特有的方式来令读者倾倒、着迷。④ 因

---

① 德文,意为"民歌","经艺术加工的歌谣"。——译注
② 歌德在1825年一篇论述达伊诺斯(Dainos)的文章中曾就这个问题说明对诗歌的统一性的想法:"Es kommt mir bei stiller anstaunt und sie so hoch erhebt. Es giebt nur eine Poesie, die echte, wahre; alles andere ist nur Annäherung und Schein. Das poetische Talent ist dem Bauer so gut gegeben, als dem Ritter; es kommt nur darauf an, objeder seinen Zus tand ergreift und ihn nach Würden behandelt, und da haben denn die einfa chsten Verhältnisse die grössten Vortheile; daher denn auch cie höhern, gebildeten Stönde meisteus wieder, insofern sie zur Dichtung wenden, die Natur in ihrer Einfalt aufsuchen."
(见《文集》前引版本第三十三章,第341页)——原注
  引文意为:"静静思索,我常有一种奇妙的感觉,人们总是对民歌如此惊叹不已,并把它抬得很高。诗只有一种,也就是纯正的和真实的诗,其他则都为其近似物和表面现象。农民所得到的诗的天赋也和骑士一样好。关键只是在于,是否每个人都能把握住他的状况,并且按其身份地位对待它。这样,最简单的境况也能获得最大的优势。因此,即使是那些具有高尚地位和受过良好教育的人,倘若他们要赋诗的话,大多也是在淳朴中寻求自然。"——译注
③ 甚至有一系列言语或歌曲几乎只用来达到心理学目的,例如其目的就是要规定如何进行工作;在这方面,布舍尔的研究是有部分真理的(布舍尔的研究可参见《劳动和节奏》[1909年莱比锡—柏林第四版])。——原注
④ 我曾在《批判》杂志第九期(1911年)分析过某些意大利最美的诗歌,目前则可参阅《评论谈话》,1950年巴里第四版,第二章,第245—250页;我当时主张在民歌采风家们所收集在一起的大批意大利民歌当中,按照美学标准进行选择。我的这一心愿并非丝毫未得到满足,这一点从托斯基主编的宗教民歌选集中可以看到,对于这部选集,可参阅载于《批判》第二十一期(1923年)第102—104页的我的推荐文章,目前则载于《评论谈话》,1951年巴里第二版,第八章,第266—269页。——原注

此,应当探讨的差别以及与之相应的定义,正如上面已经指出的,应当只是心理学的,亦即应当只是带有倾向性或属于占优势性质的,而不是什么本质性的,只有在这种限度内,这个问题才有助于批评目的。

把这个问题看成同精神生活的其他领域具有相似性,这种做法基本上可能有助于使上述研究变得更容易些,因为在精神生活的其他领域,我们也可以遇到类似的心理学上的差异状况。我们可以马上举智力领域为例,在这个领域,存在着"良知"和系统的批判性思维的区别①。但是,人们并不打算硬说,可以使人具有完全缺乏批判性和系统性的某种良知,同样,人们也不打算硬说有缺乏良知的同类其他东西。但是,显而易见的是:良知是智力的一种态度,它会毫不费力地确认它认为闪烁着彰明昭著的光辉的真理,然而,系统的批判性思维却要引起人们的怀疑,受到怀疑的纠缠和困扰,并克服这种怀疑,同时,这种思维也要做出经常是极为艰巨的、极为复杂的努力,才能确认自己的真理。这种真理经常像是已为良知所确认的真理,但其实并非如此,因为这种真理有一种并非良知所确认的真理所拥有的影响,它综合了良知所确认的真理并不感到有必要加以提出的许多看法,因此,这种真理代表了整个已完成的过程,并且具备先决条件来对付怀疑的产生或再生,而良知是缺乏这种先决条件来对付怀疑的,虽然它能证明怀疑,却不能防止怀疑的侵入,也不能使自己安然无恙,除非采取逃避的办法,亦即把自己封闭起来。良知的口碑在于民间文学本身,这就是成语、各个时代的智慧结晶(正如人们所说的)、世界的智慧结晶,人们过去曾多次赞颂这种智慧结晶的不可动摇的牢固性;然而,人们尽管以拥护的心情一再重复这些成语,却绝没有一个人能把这些成语当成

---

① 德斯卡尔特斯在《论方法》第一章第 1 页指出:"很好地判断并区分真伪的能力正是人们称之为良知或理性的东西,这种能力在所有人身上当然是相等的。"——原注
德斯卡尔特斯即笛卡尔,为其意大利文拼写音译。——译注

一系列批评、科学、哲学作品,当成研究、讨论、著述和体系。① 许多哲学研究可以用提出某些过去通用的名言或成语的办法来作为结论;但是,这种成语,既然用来作为某项研究的结论,就不再是过去通用的成语了。

即使在实践范畴,天然的做法(例如儿童或农民)和专家的做法也有差异;而在道德范畴,也是一方是天真无邪,另一方则是老练的精益求精:前者不会同邪恶发生冲突,而且也几乎不会遇上邪恶,看来它甚至也不怀疑邪恶的存在,它只是自然而然地做善事,仿佛它也不会干别的什么,因此,它是纯粹的善,充满光明,并且为得到光明而欣悦;后者则是了解激情和激情的坏处的,它对激情能做出估量,也不得不反对激情,集中全力去战胜激情,因此,它总是保持警惕,与其说它欣悦,倒莫如说它严厉。但即使在这个问题上,这种区别也不是绝对的,因为没有邪恶的经验和对邪恶的恐惧,就不会有天然的善,而没有天真无邪或天然的善,也就不会有严厉的、经过争取而得到的善;但是,这也并不排除如下一点,即上述两种态度仍是有差异的,大家也都能分辨这种或那种态度以哪些特点为主或哪些特点在这种或那种态度中占据优势,或是能把二者的特点对立起来。Beati sunt possidentes②,诚然如此,但是,那些经过自我奋斗而取得成果、经过战斗而获得胜利的人,也还是值得钦佩的。

因此,民间诗在美学范畴是同思维范畴内作为良知的那种东西相类似的东西,也是同道德范畴内的纯洁或天真相类似的东西。民间诗也表现心灵上的一些活动,但是这些活动作为直接的事先活动,并不会带来思想上和激情上的巨大动荡,它只是以相应的简单形式描述简

---

① 应当认为,在托马塞奥的那些人所共知的言论当中一贯提出并反映的那个看法乃是幻想,他说:"如果大家能把意大利的成语、任何国家的人民和任何一个时代的成语都汇集起来,并按照某些分类加以整理的话,那么这就会是继《圣经》之后思想内容最多的书籍了。"——原注
  托马塞奥(1802—1874),意大利批评家和文学家。——译注
② 拉丁文,意为"拥有东西的人是幸福的"。——译注

单感情。高水平的诗歌则会在我们身上引起并激起大量的回忆、经历、思想和多种多样的情感以及不同程度、具有细微差别的情感;民间诗所涉及的范围不会有意地如此广泛,以求切中要害,它则是通过简短而又迅速的途径做到这一点的。民间诗所据以体现的语言和节奏并不完全适应于它的主题,就像艺术诗所固有的语言和节奏适应于它的主题那样,因为艺术诗的每个词语和节奏都充满了含蓄,而这又是民间诗所缺少的。为了举例说明起见,我们可以看一下口碑载道的那首有关斑鸠的八行民间诗(诗中描写这只斑鸠丧失了配偶),并且可以拿这首八行民间诗同托马塞奥让玛蒂尔德·迪卡诺萨出自肺腑的那套语言做个比较,托马塞奥几乎用同样的形象来描写当时玛蒂尔德·迪卡诺萨失去了伴侣,渴望着爱情;这样,我们就可以看出:在上述两种表现手法当中,并不存在什么艺术完美性高低之分的关系,而无非是,在前者即民间诗的背后,作者描述了一个寡妇的沮丧而不安的简单经历,在后者的背后,则描写了这位达尔马提亚①诗人的整个充满情欲和神秘色彩的求爱心情。

上述那首民歌说道:

> 斑鸠丧失了它的伴侣,
> 生活痛苦万分:
> 它到小溪里去沐浴,
> 吮饮那混浊的溪水;
> 它不愿同其他鸟雀做伴,
> 它不愿在繁花似锦的树上流连;
> 它只是用羽翼拍打着心灵:
> ——我这个可怜虫,我丧失了爱情!

---

① 达尔马提亚,今属克罗地亚,古时曾属意大利管辖。托马塞奥系达尔马提亚人。——译注

托马塞奥的玛蒂尔德说道:

> 孤独灵魂的叹息
> 从来也不是出自紧闭的前胸;
> 夜里,她向上帝哭诉,
> 就像是孤雁飞过屋顶……
> ……哦,圣父,又一声,又一声
> 我心灵的尖锐呼叫,它不愿默不作声!……

情感上的渲染、节奏、语言的运用,所有这些都使这些词句具有一种深度,它使其他词句也宛如浮于言表。但是,这些其他词句也并非肤浅的,因为在这些词句中也有冲动的感情在激荡;这些词句是具有起码的人情味的。

这就是我们所能记得的所有民间诗的特点。托斯卡纳的一首小曲唱道:

> 苦菜花啊!
> 如果床头能说话,
> 哦,它会数出有多少泪珠滚下!

这首小曲所描述的没有别的,只有那凄伤的哭泣,在夜里把脸藏在枕头里的哭泣,这哭泣是由于一种痛苦,这痛苦不论是什么样的,毕竟只能看作独一无二的痛苦。另一首小曲则重复了阿尔塞斯特非常喜欢的那个答案,即有关"ma vie""roi Henri""Paris sa grande ville"的那首"vieille chanson"①:

---

① 法文,意为"我的生命""亨利国王""巴黎,他的伟大城市"和"老歌"。——译注

> 如果教皇送给我整个罗马，
> 并对我说，让爱你的人去吧——
> 我会对他说不，圣主啊。

这首小曲所描写的没有别的，只有那永恒的"不"，正是用这个"不"字，当事者拒绝了对方要求他放弃在他的心灵中占有至高无上地位的东西，这东西构成他的呼吸和生命的理由，对他来说，是其他东西所无法比拟的，也就是无价之宝。——一个恋人同自己亲爱的人吵了一架，以为从此一刀两断，但是过后不久，这亲爱的人的名字又以昔日的魅力重新浮现在他的心灵里，于是他梦想言归于好，破镜重圆：

> 在跨越这高山顶峰的时候，
> 我想到了你美丽的名字；
> 我双手合十，双膝跪倒，
> 我觉得离开你就是罪过；
> 我在路上双膝跪倒；
> 回来吧，我的爱，像过去一样才好！

歌德在表现少女们的欲望、机警、狡狯、忧虑和担心等方面的形象时是很为得意的，他用一种既讽刺又宽容的微笑来描绘和思考他所要叙述的形象和情景；但是，在民歌中这种形象是不需经过思考而就可以跃然纸上的，况且还表述了少女追求欲望和期待幸福的十分优美的心境：

> 她娇小玲珑，你们要她唱一支歌吗？
> 那些岁数比她大的都嫉妒她。
> 所有这些姑娘都各自有了情人；
> 她们不会愿意居我之下。

> 但是,如果我也有了我的情人,
> 我要唱,我要说出我所做的一切!
> 如果我还保持着我的恋情,
> 我要唱,我要说出我所唱的一切!

格勒兹①画过一幅名画 La cruche cassée②,这幅画保存在卢浮宫,画中把天真和淫荡两种情绪糅合在一起,把道德主义和性欲追求混合在一处,这也是他的绘画特点,一般说,则是他那个时代的特点;这种透彻的象征手法,却没有那种经人们所夸张和加工的色情情调,只不过简单地描绘了在遇到发生的事情时所感到的迷惘和害怕的情绪,并且也写出既可悲又可笑地预料到妈妈进来时定会大发雷霆的那种情景,这一切也表现在一首十六世纪的民歌小曲之中:

> 我真没出息,竟破坏了贞洁,
> 在泉水边它已破成了碎片:
> 我的命运不济,悲愁万千!
> 我的秘密、我的秘密、我的秘密哟,
> 我的秘密会被我妈妈发现!

那不勒斯地方的一个女人为自己的孩子唱起催眠曲,祈告梦神巴里的圣尼古拉,这位神仙的庙宇就设在多加纳:

> 我的多加纳的圣尼古拉,
> 你的神水治愈了多少病人;
> 多少可怜的病人恢复了康健,
> 被维护在梦神的斗篷下面……

---

① 格勒兹(1725—1805),法国画家。——译注
② 法文,意为"破碎的水罐"。——译注

十二　民间诗和艺术诗

这个女人觉得,那慈善的梦神会使她满意,从天而降,走到孩子身边,准备用他那金球在孩子前额上轻敲一下,使孩子进入梦乡。这时,这位母亲要求魔法生效,同时又忐忑不安地在注意期待着就要实现的活动:

> 来吧,金球,敲一敲他的前额吧,
> 敲一敲他的前额,可别把他打痛……

我们所看到的始终是一系列极为简单的情感,然而,这些情感却又是在它们的活动当中被人捕捉到的,并且用诗的语言表达出来的。那种甚至害怕梦神会敲得过于粗暴的心情是再美不过的了,这种害怕心情甚至发展到放开声音,伸出手来保护自己的孩子不受梦神的伤害。——一个女人对于将赴战场的情人的关怀,也是带有母爱成分的:

> 年轻人上战场,
> 请照顾我的爱人。
> 当心不要让他把武器放到地上,
> 因为他从来没有打过仗。
> 别让我的爱人在露天里入睡,
> 他性格那么温和,会因此而送命。
> 别让我的爱人在月光下入睡;
> 他性格那么温和,会因此而消耗精力。

这是一个女人眼中的战争,这场战争可以用这些细致周到的关怀来衡量,这是这个女人给予那年轻人的关怀,而如今再没有任何人能这样关怀他了。

另一首古老的歌曲(我是从十七世纪末的一些文稿中发现的)则有颇为不同的情调,这首歌曲描述了体力茁壮发展的蓬勃旺盛情景,这是一首歌颂绝非初生的生命力的歌曲:

> 我是这样饥饿,我能吃掉
> 堆满糕饼的那不勒斯;
> 我是这样口渴,我会喝干
> 泉水遍地的卡斯泰尔玛;
> 我的步伐如此有力,我能走遍
> 卡洛托、波佐皮亚诺和特雷萨埃莱;
> 我的睡眠如此深沉,我会一觉睡到
> 五百年,美梦不断!

要想从这方面体会到民间诗同艺术诗的差别,只要提一些有教养的诗人身上所具有的那种同样欢乐而旺盛的精力表现就够了,这些诗人既意识到这种欢乐情绪所包含的某种超人一等的东西,又以戏谑的口吻来冲淡这种内容,或是使这一内容具有,一种既危险又容易犯罪的自我陶醉表现;其他类似的复杂情况也是如此。

我现在就结束对这些小小的例子的分析,正如我前面说过的,这些例子都是根据我的记忆信手拈来的,没有费太大力气去搜索,其中有三首小诗,其情调简直是令人毛骨悚然、对人无情嘲弄的,这三首小诗都是一七九九年在巴西利卡塔一带地方为人所传诵的,它描写政界和土匪之间的一场争斗,当时,敌对一方的某个人,尽管采取一切谨慎措施,却仍被捉而一击毙命。写诗的人让死者讲话,让他说出他所采取的一切谨慎措施都是徒劳无益的,他所做的一切自卫也是枉费心机的,同时也描写了把他击毙的人的精明强干和所向无敌:

> 妈妈给我缝制了布袜,

我用干草把布袜塞满：
但是，寒冷还是一下子冻彻我的筋骨！①

在这首诗中，我们不能否认，在体现出嘲弄和悲剧性的那些形象当中，诗句收到了巨大的效果，这些形象具有起码的人性，同时又表现出人性的残酷，这一人性本身就从而得到自我满足。

经过这样的确定，民间诗就不应再同其他类型的诗混为一谈了，而过去有时它是被看成同这些类型的诗同出一辙，或被当成就是这些类型的诗。民间诗并不是那种"原始"诗，即通常人们所指的那种很少思维成分，却充满许多感觉成分和虚构成分的诗；民间诗并不是那种"淳朴"或"少儿"的诗和艺术，那种诗是符合少儿的心灵和思想的，而并不符合简单和低级的心灵和思想；民间诗也不是那种"方言诗"，因为虽然民间诗很容易同方言联系起来，但方言本身却也可能接受——有时实际上已经接受——文化人和艺术诗的心理状态。但是，从另一方面来看，经上述定义，也会使人有如下理解，即民间诗似乎是无个性的、典型的、笼统的、非技巧性的、非历史的，也就是说，既然有这些不同的规定，人们就把民间诗看成是具有上述那种特点的诗，尽管没有明确地确定它就是那样的诗，因此，也就必须根据这种特点来理解民间诗，证实民间诗。"非个性"并不意味着民间诗的表现不是属于个人，而是意味着民间诗的表现在同艺术诗一样具有如此众多差异的表现当中，并不突出，只不过在艺术诗当中，诗人的不同个性得到长足的发展罢了；根据同样的理由，这些表现看来也就似乎是"典型"的或"笼统"的，而非"个人"的，是为各种不同国家的人民和各个不同的时代共有的。同样，这也并不意味着民间诗的表现没有什么技巧性，也就是说，它的表现同某种艺术传统毫无联系；只不过比较起来，艺术诗所依附的那种艺术传统更加深厚得多罢了。民间诗的表现也并非超

---

① 我在引用这些作为例子的歌曲时，为使人能更容易理解起见，曾把原来用方言写成的歌词用接近意大利文的形式写出来。——原注

脱历史的,因为,比如说,信奉基督教的各国人民的民间诗就有与古希腊或古罗马的民间诗不同的音调;但是,历史就是文化,民间诗的表现所缺乏的正是这种文化上的具体化和差异化,也正因如此,民间诗的表现就更喜欢使用方言,而不是更喜欢使用具有浓厚历史意味的优雅语言或文化语言。民间诗的表现具有自己的综合性,但是,在它的表现当中并不存在那种属于有文化的艺术的诗歌、戏剧和抒情小品所固有的多种情感和巨大矛盾的综合。①

① 黑格尔学说中有关民间诗和艺术诗的理论,也是通过区分人民性(或"民族"性)和个性并使二者对立的做法,在一定程度上隐含着事物的真理:"Obschon sich im Volksliede die koncentrirteste Innigkeit des Gemüths aussprechen kann, so ist es dennoch nicht ein cinzelnes Individuum, welches sich darin auch mit seiner subjektiven Eigenthümlichkeit künstlerischer Darstellung kenntlich macht; sondern nur eine Volksempfindung, die das Individuum ganz und voll in sich trägt, insofern es für sich selbst noch kein von der Nation und deren Daseyn und Interessen a bgelöstes, inneres Vorstellen und Empfinden hat. Als Voraussetzung für solche ungetrennte Einheit ist ein Zustand nothwendig, in welchem die selbstsändige Reflexion und Bildung noch nicht erwacht ist, so dass nun also der Dichter ein als Subjekt zurücktretendes blosses Organ wird, vermittelst dessen sich das nationale Leben in seiner lyrischen Empfindung und Anschauungsweise äussert. Diese unmittelbare Ursprünglichkeit giebt dem Volksliede allerdings eine reflexionslose Frische kerniger Gedrung enheit und schlagender Wahrheit, die oft von der grössten Wirkung ist, aber es erhält dadurch zugleich auch leicht etwas Fragmentarisches, Abgerissenes, und einen Mangel an Explikation, der bis Zur Unklarheit fortgeben kann. Die Empfindung versteckt sich tief, und kann und will nicht zum vollständigen aussprechen kommen. Ausserdem fehlt dem ganzen Standpunkte gemäss, obschon die Form im allgemeinen vollständig lyrischer d. h. subjektiver Art ist, dennoch, wie gesagt, das Subjekt, das diese form und deren Inhalt als Eigenthum gerade seines Herzens und Geistes, und als Produkt seiner Kunstbildung ausspricht." "Das Volkslied singt sich gleichsam unmittelbar wie ein Naturlaut aus dem Herzen Heraus; die freie Kunst aber ist sich ihrer selbst bewusst, sie verlangt ein Wissen und Wollen dessen, was sie producirt, und bedarf einer Bildung zu diesem Wissen, so wie einer zur Vollendung durchgeübten Virtuosiät des Hervorbringens." "In diesem Extreme aber darf jener Satz nikht aufgefasst werden, sondern er ist nur in dem Sinne richting, dass die subjektive Phantasie und Kunst eben um der selbstständigen Subjektivität willen, die ihr Princip ausmacht, für ihre wahre Vollendung auch das freie ausgebildete Selbstbewusstsein des Vorstellens wie der künstlerischen Thätigkeit zur Voraussetzung und Grundlage haben müsse."——原注

考虑到民间诗的低级性,也可说明民间诗之所以同歌唱和乐器声响有经常联系或几乎有经常联系的原因所在。①

根据上面所确定的心理观念(正因如此,民间诗才主要归结为一种心灵状态,或是情感和表现的一种"情调"),民间诗就不能被看成是与所谓人民大众的诗歌或由外在和物质因素所确定的其他条件下产生的诗歌同属一种东西。有许多民间诗是在艺术加工条件下产生的,并具有艺术加工的外表,正如在所谓民间文学范畴之内,也有许多艺术诗甚或经人工雕琢的诗;真正的区别始终是思想上的和内在的。即使民间诗通常在人民大众范围内得到繁衍,也不能因而就把它局限在这个范围,凡是在有上述准备的心灵出现的地方,就会感受到民间诗的情调,因此,哪怕在并非属于人民大众的阶层内,一些并非属于平民阶层的人,也同样会有此感受;不仅如此,众所周知,大部分民间诗也是靠一些文人或半文人创造出来的,却很少是出自无知的平民手笔,这些平民的无知程度会有许多引人发笑并应加以区别的地方。无

这段德文引文意为:"尽管民歌可集中地表达真挚的感情,然而这不是唯一的被认为具有主体的艺术表现特征的个体,而只是一个个体的全部的对人民的感受,倘若它的内心想象和感觉还没有脱离民族、民族的存在和利益的话。作为这样一个完整的整体的前提,这样一个状况是不可避免的:独立的思索还没有觉醒,作为一个主体的诗人成为一个退居次要地位的单纯的器官,用他有诗意的感觉表达民族生活和其观点。但这种直接的、原始的东西只能为民歌提供缺乏思考的朴实和新鲜,以及令人信服的真实。它常常具有很大的作用,但同时它也容易导致不完整和支离破碎,以及缺乏解释,直至产生不明确。感觉被埋藏在深处,不能够,而且也不想完全地表达出来。此外,按照整个观点,尽管一般地看,形式完全是具有诗意的,也就是说是主观的形式,如前所说,还是缺乏一个把这种形式和内容作为他的内心和精神的财富,作为它的艺术教育的产品直接表达出来的主体。""演唱民歌犹如自然之声直接出自心底。但自由的艺术是具有自我意识的。它要求了解和得到它所生产出来的东西,而且需要培养这种知识,以及完善创作技巧。""但是在这个极端的例子中,不仅无法理解这句话,而且它也只是在下面这个意义上是正确的,即为了独立的主观性,这也是它的原则,为了它的真正的完善、主观的幻想和艺术,也必须有关于想象及艺术活动的自由形成的自我意识作为前提和基础。"——译注

① 我的这一最后的正确看法来自 V. 桑托利在《民间诗的若干新问题》(1930年都灵版;帕兰特 f.5)第38—39页中的论点。——原注

论如何,为了使这种情调得以产生作用,只需让某些人,尽管是有文化修养的人,能在对待生活或生活的某些方面抱有朴素的天真的情感,或是在某些时候重新抱有这种情感就可以了;这种情况正如具有高水平的某些批评家在某些方面仍具有朴素的头脑,并由良知来指导自己的评论一样;同时,也同一些具有丰富实践经验的人一样,他们在某些方面仍保持其淳朴性格。只是当淳朴性业已丧失而被代之以其他有利因素时,才不可能抱有淳朴的态度,只有当人们已经上升到批评和哲学的高度时,才不可能根据成语来进行思考;只有在诗的民间情调已经完全转入艺术诗的情调时,民间诗的情调才不可能再现。① 因此,当创作民间诗或民间化诗歌的那些艺术诗诗人不致像经常发生的那样陷于冷漠和平淡,并真正使一些美的东西恢复生机时,只要我们仔细观察一下,就会发现,他们虽然已经采用了民间诗的某些素材、某些主题、某些形式,却要么是深化了这些东西,要么则是在不同程度上歪曲了这些东西,这样一来,他们的徒有其表的民间诗也就成为极为细腻的艺术诗了。有些批评家说过,"民间诗完全倾向于艺术诗"②,但是,并不是民间诗倾向于上述对象,因为既然民间诗是作为诗来创作的,它本身就可以做到自我满足,自力更生,尽管它的精神是从一种情调必然过渡到另一种情调,正如有些时候,后者要回复到前者一样。

---

① 因此,人们才对那种矫揉造作的民间化诗歌感到厌烦,这种诗歌在德国比在其他各国更为普遍(但在意大利和其他国家也有反映)。可以提一下海涅在论浪漫主义学派的第一部书中对这类诗歌所做的嘲讽,其突出特点是把这类诗歌比作故事中的那个女人,那女人为了恢复青春美貌,喝了一大口长生不老药,其实这种药饮用几滴就够了,结果,那女人竟索性变成一个很小很小的女孩子!即使对于属于这类艺术的最佳或最有才华的作品中的某些作品,海涅也是有保留的:"即使泰克的杰诺菲瓦很美丽,但我还是很喜欢那个老的,在莱茵河畔的科隆印刷得质量很次的民间话本,以及书中的木刻。例如在这些木刻画中能让人激动地看到,那个可怜的裸体的法耳茨伯爵夫人只用她的长发来遮羞,让她那小小的痛苦去吮吸一个具有同情心的雌鹿的乳头。"(前引作品,第二卷)
② 《民间诗完全倾向于艺术诗》;我发现有一篇文章这样做了概括,这篇文章是 L. 雅科博夫斯基于1896年写的,过去我并未读过,这篇文章载于盖莱·克尔茨手册《文艺批评的方法和材料》,1920年波士顿版,第135页。——原注

认为可以在伟大的艺术作品中发现有民间诗歌的微小和零散的创作汇合其内,这种想法纯属语文学上的幻想,因为民间诗歌的微小和零散的创作事实上是不存在的,即使这种创作存在,那也恰恰只是作为微小和零散的东西表现在这些创作固有的"情调"上,而不是表现在超越并取代这些创作的另一种不同的情调上,即使看来这另一种不同的情调能接受并保存这些创作,实际上它却已经把这些创作消失掉了,然后再使之复苏,使之具有旧的外表和新的灵魂①。

1929 年

---

① 为了不把说明复杂化,我所谈的只限于"诗歌",但是显而易见:从心理上区分这两种情调是从所有其他艺术形式中也都可以看到的,同样的准则也适用于民间绘画、民间音乐,等等。我将来如果不另写文章论述这个问题,并进而引申论述其他这些情况的话,希望别人能这样做。——原注

十三　艺术方言文学

——艺术方言文学在十七世纪的起源及其历史作用

十七世纪,全意大利曾产生艺术方言文学,这一方言文学得到繁荣发展,但这件事在我国文学史和文化史上都没有得到应有的突出地位,尽管它是值得做一番批判性思考的。

诚然,过去也有过一些人在大约上世纪上半叶时注意过这件事,并且发现,这件事本身包含着一个问题,这些人当中就有朱塞佩·菲拉里①;不过,这个人后来对这件事却做了一种如此荒唐的解释,以致得出与其原来意图恰好相反的效果,也就是说使人把这件事以及这个问题重又葬送掉了。在一篇发表在1839—1840年出版的《两个世界杂志》②上的论文中,菲拉里提出了大量但并非十分确切的论证,他阅览了自十六世纪末到十九世纪初意大利各个地区创作的方言文学作品,并介绍了这一方言文学的产生、成长和繁荣的过程,把这一过程看成是大众的和地方的精神对优雅的和民族的精神的一种深刻而十分耐人寻味的反应,看成是当时囿于联邦主义和实现统一的对立倾向的意大利生活固有的历史事件的许多表现之一。当时,民族文学是人们

---

① 菲拉里(1811—1876),意大利哲学家、历史学家和政治活动家。——译注
② 指1839年6月1日至1840年5月15日的一批资料:这篇论文曾用意大利文转印,并增加了某些注释,载于朱塞佩·菲拉里的《目前首次翻译的政治与文学手册》(1852年瑞士印刷厂卡波拉哥版),第431—545页。——原注

不得不接受的一种东西,并且处于绝对统治地位,这一文学从佛罗伦萨扩展到所有城市,确立了它那宫廷和贵族式的特点,压制了地方传统,排斥了市镇倾向;这就使它无力屈尊,深入民间,而民间大众是讲不同的方言的,这些方言又是与不同的种族来源相适应的,民间大众还保存自己固有的特殊习俗风尚,拥有自己固有的特殊倾向;这也就使民间大众产生隐蔽的怨恨情绪,他们正是以这种情绪接受和忍受民族文学的。民族文学的统治地位是绝对的,在十四世纪到十六世纪的伟大时代,从但丁到阿里奥斯托和塔索,都不曾遭到反对;方言文学由于受压抑,受轻视,则以粗糙而贫乏的形式勉强存在下去。但是,当民族文学几乎发展到枯竭的地步,开始丧失其价值时,它的统治地位便动摇了,与之相对立的文学一直在窥伺着,这时也就集中自己的精力,起来反对它;在意大利每一座城市,都产生了方言诗人,他们在各自土生土长的语言中,发挥出种种不同的感情作用,描绘出各个地方和市镇的多姿多彩的生活,他们在自己的心灵深处蕴藏着更多的幻想性和哀婉动人的内容,他们以种种形象来致力于体现这些内容,与此同时,也采用了伟大文学时代所留下的遗产。这是一种反叛行为,是对暴政的报复;它是那么猛烈和广泛,特别是在意大利的一些偏远地区,如南部和岛屿的那不勒斯和巴勒莫,北部的威尼斯和米兰,在这些地方,佛罗伦萨文学曾费了更大的力气才得以确立;在意大利中部,上述反叛行为和报复则表现得不那么突出和猛烈。确实,仔细看一下方言作品,人们就会被那种描述形象和行为的自由,被那种奔放的热情、纵情放任的情绪、狂热和画一般的景象所迷惑,人们也就对意大利及其民族文学感到厌烦,并且"想方设法同那些方言混合在一起,因为这些方言虽然如此缺乏规范,却如此才华横溢,如此善于利用它们各自的优势"。而人们也会进一步感到意大利语言的艰难处境,意大利语是一种无首都的语言,也许"居民的十二分之一"都不讲意大利语;它的处境是如此艰难,以至于几乎像是无可救药了,因为也许意大利的语言和民族都不具备牢固的和真正的现实性。当然,大约到了一六八〇年,意大利和全岛性的因素才得到某种恢复,当时,法国前来营救它,赶走了西班牙,因为西班牙曾是方言的同盟者;但是,也并未就此而解决了原有的分歧,斗争也没有就此结束。

对菲拉里的这一激烈或狂热的历史观点,另一个意大利人则迫不及待地出来泼冷水,这个意大利人当时也在法国工作,为法国杂志撰稿,他就是古利耶尔摩·利布里①,他在《学者日报》上发表了一篇批评菲拉里观点的文章②。利布里指出,菲拉里认为属于意大利固有的那种特殊情况,其实是带有普遍性的情况,因为方言尽管遇到种种障碍,却一直存在着,并且一直在各处创造艺术作品,在法国和英国也是如此,并不比在意大利差;而至于菲拉里认为方言对意大利语占有优势的问题,这是人们在意大利还是由一些相互竞争或敌对的市镇和城邦构成的那个时代从未想到过要做的那种事情,在今天肯定就更不会去做了,也就是说,在十九世纪更不会这样做,因为当时一切精神所做的努力都是倾向于在意大利实现汇合。但是,即使利布里的反驳是有道理的,它却在拒绝菲拉里的奇谈怪论的同时,同样也葬送了刚刚接触到的有关这种文学在意大利的意义这个问题③。在我看来,如果对这个问题进行调查研究,那就会做出同菲拉里直接相对立的解释;也就是说(我们可以预先指出这一结果),会把艺术方言文学不是看成是反对民族精神的一种斗争,而是相反,看成是对民族精神的形成和巩固的一种促进。

的确,艺术方言文学在这方面是有别于自发性方言文学的,自发

---

① 古利耶尔摩·利布里(1803—1869),意大利数学家和数学史家。——译注
② 见《1839年》,第668—681页。菲拉里曾通过手册《就利布里先生的一篇文章给〈学者日报〉编辑先生的两封信》(但为1840年巴黎版)做了答复:这两封信也可读到意大利文版,载于米兰的《工业技术》杂志,a. I,1889年版,第二卷第324—343页。——原注
③ 可以看到有些文章略微提及这个问题:卡尔杜齐在《论民族文学的发展》和论述"小帕里尼"的论文(分别收集在《著作集》第一章,第168—169页和第八章,第90—91页)中就反映了菲拉里的论点;另有对此持反对立场的 E. 卡梅里尼《文学新议》(1875年米兰版),第二章,第310页。——原注

性方言文学要么是在民族文学发展之前就有了,在这种情况下,就不能再称之为方言,因为缺乏以这一名称来说明其性质的根据;要么则是它被称为方言是正当的,因为在民族文学发展的同时,这种自发性方言文学仍继续存在着,并且还有自己固有的规律。就像在平民百姓的普通讲话当中,在格言、逸事、传奇、讽刺诗和道德诗以及平民百姓为了自身特殊用途和表达需要而制造出来的其他东西当中,都有这样的情况。意大利平民所创造的所谓古老或极为古老的巨作,即在佛罗伦萨文学占据统治地位之前的或多或少仍对佛罗伦萨文学保持独立的那些巨作,那些西西里、那不勒斯、伦巴第、威尼托等地遗留下来的诗歌和散文,都恰恰代表着这些不能真正称其为方言的方言文学,因为这些方言文学各自都是可以作为民族文学加以发展的,如果意大利的历史走的是与它已经走过的道路不同的道路,如果西西里王国、那不勒斯王国、威尼斯共和国和米兰市都像葡萄牙那样,或者局部地说,像伊比利亚半岛上的加泰罗尼亚地区那样,各自都形成独立的文化中心的话。从另一方面来说,民间心理学家从往往是口头的、很少见诸文字的传统中收集起来的那些寓言和歌谣,构成了纯属自发性方言文学或民间文学(正如人们也是这样称呼它的),这种文学并没有摆脱经过文化加工的民族文学的任何或部分影响,而是表达了平民的习俗,或这种习俗固有的风尚,有时甚至延伸到平民大众以外;正因如此,在某地居民之间谈话时使用方言讲话,这种习惯过去和现在都有,而且意大利某些地区有文化修养的阶级也一直保持这样的习惯。

艺术方言文学和上述两种文学不同,它是把民族文学作为借鉴和出发点的;正因如此,菲拉里才提出了一个正确的看法,指出:在意大利,艺术方言文学是在民族文学已经有了三个世纪的光辉灿烂的历史之后才兴旺起来的;虽然他把这种情况说成是意大利特有的情况是错误的或过甚其词的,因为从其内在角度来看,这种情况是任何艺术方言文学所共有的,但是,他后来还是发挥了他那幻想的才能,指出促成方言发展的动因,这种动因曾使方言得以在怨恨、反抗、报复和辛辣讽刺的精神之下同民族文学的统治相抗衡,他甚至还看出民族文学已经陷于疲惫不堪、软弱无能的境地,无力对艺术方言文学进行反扑,战胜艺术方言文学。

  这并不是说,我们可以从这些方言艺术家当中的某些人或许多人身上看到这样一种意图,即要使博洛尼亚语或那不勒斯语再或意大利其他地方的语言能具有同托斯卡纳语一样的价值,甚或其价值超过托斯卡纳语,因为这种意图是出自对故土的某种偏爱,更经常地则是出自一种古怪奇特的任性,总而言之,是出自或多或少掺杂着揶揄戏谑意味的思想感情的。班契埃利①在他于一六二六年的讲话中就曾这样谈到博洛尼亚语,而他则是一个用意大利语写作的作家;还有科尔泰塞,他在那不勒斯人当中算是这种抱负最为突出的一个,但他也是用托斯卡纳语写诗的,甚至还是克鲁斯卡学院院士②;再有就是他的朋友巴西莱,巴西莱是 *Cunto de li cunti*③ 和《那不勒斯诗歌》的作者,而他也是以托斯卡纳语诗人为职业的,他还是托斯卡纳学派诗人著作的出版商和评论家,上述两人还曾得到一些托斯卡纳作家如利皮和雷迪④的爱戴和称颂。艺术方言文学的真正发展动因或主要发展动因,并不是要推翻和取代民族文学,而恰恰相反,是要补充民族文学,民族文学在它面前并不是什么敌人,而是一个楷模。

  有些事情只有用方言才能很好地加以表达:描述风俗习惯,感觉、想象和表现方式乃至爱情诗、讽刺诗或滑稽诗的情调和形式。十六世纪的意大利喜剧是由托斯卡纳以及意大利其他大区的作者写出的,它也很快就感到需要采用方言来描绘虚荣心胜、好吹牛皮的那不勒斯绅

---

① 班契埃利(1567—1634),博洛尼亚修士、音乐家、管风琴手。——译注
② 科尔泰塞(1575—1627),那不勒斯方言作家;克鲁斯卡学院,1582 年左右在佛罗伦萨为编纂《意大利语大字典》而成立的学院。——译注
③ 巴西莱(1575—1632),那不勒斯文学家;*Cunto de li cunti* 即《歌中之歌》,为其代表作。——译注
④ 利皮(1606—1665),佛罗伦萨作家和画家;雷迪(1626—1698),托斯卡纳大区诗人、医生。——译注

士以及诸如此类的社会阶级和职业、行当;同样的情况是:意大利喜剧也曾使用西班牙语来描绘马塔莫罗或塔利亚坎托上校,使用德语来描绘兰佐,使用斯基亚沃尼亚语来描绘斯特拉迪奥托,使用拉丁语来描绘学究佩丹。后来,从古典喜剧内部又发展了艺术喜剧,采用了一些新的内容,并通过用面具来引进种种方言和方言变种,种种外来语以及混合语言和行话。与此同时,情歌、歌颂最简单最一般的形式的爱情歌曲,也风行起来,那种"西西里女人"和"那不勒斯泼妇"的口音受到了欢迎。沿着这条途径发展下去,就不能不出现一些描写平民习俗的诗歌,如描写米基·帕萨里之流或那不勒斯"地痞"以及描写梅伊·帕塔卡之流或"罗马暴徒"以及"野妓"或女仆之流的诗歌,也出现了叙述寓言和俏皮话的散文,描写渔民的戏剧和以那不勒斯、米兰或威尼斯甚或托斯卡纳方言为背景的喜剧,以此类推。史诗、骑士诗、悲剧、以爱情和宗教为内容的上乘抒情诗、描写激情和性格的短篇小说,所有这些都曾在民族文学中有过一些经典杰作;但是,在情调高低不一的状况下,却还缺少其他一些情调较低的作品,而这类作品只有艺术方言文学才能提供。

当然,除了上述属于诗和艺术范畴的动因之外,还有一些其他动因从材料上大大丰富了方言文学。在十七世纪,特别是那种追求新鲜、奇特内容的做法促使作者采用了一些粗鲁和新奇的方言语汇,吟诗作赋以求赢得人们出其不意和惊喜若狂的喜爱;同时,也有人持续不断地、越来越多地以学究式的态度做文字游戏;最后,还有人采取那种轻率的做法,这种做法使不止一人倾向于采用这样一些文学形式:这些形式至少在表面上看是要求作者具备不高的文化修养,因而也就使作者负有较小的责任。十六世纪末,更多的则是在十七和十八世纪,人们曾把经典诗歌(首先是《疯狂的罗兰》和《被解放的耶路撒冷》,一直到《埃涅阿斯纪》《伊利亚特》、维吉尔的牧歌乃至但丁的《神曲》)译为方言,这种做法是符合那种不属于诗的范畴的动因的;但是,不仅是这种翻译做法属这种情况,因为许许多多其他做法,如采取用方言写诗、抒情小品、歌谣和戏剧等,甚至于它们之所以问世,也同样没有别的原因,除了是由于上面提到过的文学界处于懒散状态之外。但是,如果认为,这种诗意上的空洞无物、学究态度、轻率做法对方言文学本身的产生有影响,也是不对的,因为民族文学中充斥的大部分作品也有同样的实践根源,朴实而严肃的作品总是少数,到处都是一样,其余的也都是文学,甚至是糟糕的文学。

既然如此,就不必要求做出努力加以说明,以证实我的看法了,我的看法是:方言文学在十七世纪意大利的发展并不是什么反对统一的过程,而是恰恰相反,是一个实现统一的过程,因为其目的并不是要反对和取代民族文学,文学是得到大家的尊重、接受和耕耘的,而是要以民族文学为榜样,使一直不为人所倾听甚或根本未曾发出的一些声音也能进入全国生活范围中去。全国统一同任何其他统一一样,绝不是什么既成的和一成不变的东西,而无非是不断发展的统一运动,因此,这个运动不会逃避多种多样的东西,不会逃避这些多种多样的东西所带来的矛盾,而相反是会接受这些东西及其矛盾,并且加以促进,使之成为扩大和加强自身的固有因素。

证明上述论点的是人们都高高兴兴地欢迎这样一个事实:意大利某一大区的方言作品在其他大区,甚至在佛罗伦萨本地也得到这样的欢迎,而按理说,佛罗伦萨应当由此感到自己是受到伤害的;同样,那些喜剧演员扮演的用方言或"各种不同语言"道白、从而光彩照人的角色也到处受到人们高高兴兴的欢迎,正如维鲁齐的一部喜剧的剧名所表明的那样。甚至正是一个几乎算是佛罗伦萨地方的人,即一个皮斯托亚人——尼科洛·维拉尼,曾在一六三四年率先描绘出一幅方言鼎盛发展的图景:其中有西西里语、那不勒斯语、威尼斯语、帕多瓦语、布雷夏语、贝尔加摩语、维罗纳语、弗留利语、莫德纳语、热那亚语、罗马语、诺尔齐或萨宾语,以及其他地方语言。① 我们到处都可以听到对这些作品的颂扬,说它们"太优雅了""太俏皮了",等等;而且那些当时

---

① 见《阿尔德亚诺院士论希腊人、拉丁人、托斯卡纳人的谐谑诗》,1634 年威尼斯版,主要见第 70—71、74—79、88—97 页。——原注

写成的卖不出去的论述道德、讽刺、玩笑的书籍,也心甘情愿地大量援引方言。十八世纪也出现了类似的情况,当时,卡洛·哥尔多尼就曾得以在全意大利通过他的那些喜剧传播威尼斯方言,从而为他准备了他一直享有的幸运,而这一点是卡拉维亚、维尼耶里、瓦罗塔里、博斯基尼之流的诗词歌谣所未能做到的。也正因如此,乔瓦尼·梅利①也超越了他的十六世纪和十七世纪的前辈,如安东尼奥·维内齐亚诺②和拉乌,通过他的诗歌使人欣赏并接受西西里方言,在他的诗歌中,阿尔卡迪亚文学研究院③的常规做法得到了革新并获得新鲜血液。如果说当时也有其他一些方言和作品没有得到人们同样的欢迎和欣赏的话,那是由于这些方言作品价值不高或根本没有任何可贵之处;如果说,也有人起来诅咒方言文学的话,那也总是特殊情况,是出自特殊原因。因此,那些转译古典诗歌或拙劣模仿古典诗歌的做法,由于是偷懒成性的学究态度和不学无术的兴致所造成的结果(这种情况正是那种懒散精神所中意的,有时也无非为那些玩弄语汇和比喻说法的爱好者的好奇心所重视),不能不引起其他一些人的憎恶,或就其他一些方面来说,引起人们的憎恶,因为人们认为,这是对美的、崇高的东西的亵渎。当《被解放的耶路撒冷》的博洛尼亚语版问世,后来又出了贝尔加摩语版本时,塔索的崇拜者佛帕(正如潘齐亚蒂基所说的)"简直气得要发疯了,因为他认为,用可笑的滑稽手段来玷污如此伟大的诗人的杰作是不成体统的"④。后来,彼特罗·乔尔达尼⑤反对人们注意方言,认为方言是小民进行小交易所必需的铜币,而不像意大利语是用

---

① 梅利(1740—1815),西西里方言诗人。——译注
② 维内齐亚诺(1543—1593),西西里方言诗人。——译注
③ 阿尔卡迪亚文学研究院,1690年由十四位文学家在罗马建立的学会,其目的原是要用"自然主义的朴实性"来反对十七世纪的形式主义,结果却陷入"空洞无物、华而不实的形式主义"。——译注
④ 《各类著作选》,1856年佛罗伦萨版,第247页(1670年通信)。——原注
⑤ 乔尔达尼(1774—1848),意大利文学家,专研写作风格的学者。——译注

来做大生意的贵重金属钱币①;但是,我们肯定也不应从这方面要求乔尔达尼有更多的智慧。在我们这个时代,至少有一次发生了厌烦和轻视这种文学的现象②,认为这种方言文学"即使在其最严肃、最朴实、最尊贵、最高超的表现方面,也由于其本身的气质、其先天的条件,永远达不到以意大利语为其最自然最正当的表现的那种文学的高度",并指出,那种要培植和重视这种方言文学的倾向"会使人败坏情趣";在方言文学中获胜的是"平庸",且不说是"庸俗";还说,方言文学会带来"野蛮化现象"。但是,就上述最后提出的几点批评而言,我们过去早已有机会指出过:方言艺术只有在必要而非强制的情况下才是美的,况且这也同所有其他艺术形式一样,所有其他艺术形式在某些情况下也都会败坏情趣,带来野蛮化现象,造成平庸和粗俗;至于似乎是方言文学所固有的狭小天地问题,我们也完全可以承认:从经验主义角度来看,大约是这样的,但是,也必须注意不要限制神的恩赐,因为有时神的恩赐也会容许(而且已经容许了)在一些方言声调中表现出深刻感人和高度感受的因素。

重新从历史角度考虑一下促成或减弱对艺术方言文学的崇拜的那些社会原因,我们就会看到,在意大利民族复兴运动鼎盛时期,恰恰有一件事没有引起人们足够的关注,被人忽略了,即当时人们的心灵都转向政治和道德斗争,转向哲学和宗教思想,这种情况使幻想和语言保持在民族和统一的范畴之内,同时也保持在国际和欧洲范畴之内,从而使之脱离了地方和市镇范畴。当时产生的那位伟大的方言艺术家即罗马的贝利③,就是同民族复兴运动的活动没有联系的,他躲在

---

① 摘自1816年论述巴莱斯特里埃里的米兰方言诗再版的文章。——原注
　巴莱斯特里埃里(1714—1780),米兰方言诗人。——译注
② 见彼特罗·马斯特里《方言毒草》(收在《提高警惕》一卷,其中有对当代文学的著名批判文章,1903年博洛尼亚版,第303—326页)。——原注
　马斯特里(1868—1932),诗人兼法学家皮罗·马塞蒂的笔名。——译注
③ 贝利(1791—1863),罗马方言幽默诗人。——译注

一旁进行诗的创作;方言喜剧,正如那不勒斯的阿尔塔维拉①的喜剧一样,就采用了滑稽逗笑的、无巧不成书的迂回手法;只有一八六〇年前十年时的皮埃蒙特喜剧,才有时转而成为对市民进行教育的工具。

在那个时代,老的方言文学已被忽视,几乎被遗忘了。在自由党和爱国人士当中厌恶方言的典型例子就是波埃里奥和英布里亚尼②家族,他们都是那不勒斯人,却对本乡本土的方言一无所知,其中有一个人是从事民间心理学研究的,他只是从语言学角度学习了家乡方言,把它看成是一种死的语言和外来语③。

不过,在这一时期,也产生并传播了对民间文学的热爱,民间文学同艺术方言文学完全是两码事;这种对民间文学的热爱是来自浪漫主义,来自对质朴和天真的情感,正是围绕这些问题,人们喜欢幻想联翩,无论如何,这些问题只要存在或人们认为它们存在,人们就会设法把它们找出来,而使用方言只不过是偶一为之的事,并不是出于对市镇主义的追求,但是,之所以如此,也是因为在民间文学中,看来人们也遇到了方言,正如在中世纪的纪事中或在《尼贝龙根英雄传》④,再或在西班牙小说中也会遇到方言一样。托马塞奥当时就曾收集和评论托斯卡纳大区的歌谣、希腊的读物和抒情诗。

但是,为了进一步证实艺术方言文学所起的统一作用,只要看一看政治统一实现以后发生的情况就够了。当时,意大利有了一个首都、一个议会和行政机构,有了普通学校和报纸,新兴的国家的一切成员都可以很方便地从半岛的一端到另一端,彼此交谈,相互理解。在统一的初期,甚至还解决了有关意大利语言的老问题,这个问题过去

---

① 阿尔塔维拉(1806—1872),那不勒斯方言剧作家和演员。——译注
② 波埃里奥(1802—1848)为那不勒斯文学家、诗人;英布里亚尼父名保罗(1808—1877),子名维多里奥(1840—1886),均为那不勒斯文学家。——译注
③ 见克罗齐《爱国者的家庭》,1949 年巴里第三版,第 32 页。——原注
④ 《尼贝龙根英雄传》系自六世纪起一直流传下来的日耳曼民族的英雄史诗性传奇,九世纪到十一世纪自德国传至北欧诸国,进而传遍全欧,十三世纪发展为德国著名诗歌《尼贝龙根之歌》,为无名氏所做;内容经历代传诵不断丰富充实,十九世纪还被多次改编成悲剧和歌剧,如瓦格纳的《尼贝龙根的指环》。——译注

曾一度由曼佐尼及其反对者以传统的方式重新提出过和讨论过,在这之后,就由于有了大家在说、在写的现实语言,而成为过时的问题,被人们遗忘了,现实的语言本身尽管遭到文法学家和语言学家的反对,却仍然像它一贯所做的那样得以形成和改进。然而,也正是在当时,方言文学在意大利各地重又开始繁荣兴盛起来,也就是说,贝利的作品在作者逝世之后又成为众口皆碑、为人器重的作品,他的作品在作者的本土和其他地区都有了一些仿效者,甚至产生了其中最伟大的一个仿效者即帕斯卡雷拉[①];当时,情调伤感的爱情歌曲和悲惨而催人泪下的戏剧曾反映在像迪贾科莫[②]那样的富有诗意的声音里;当时,长短篇小说不仅通篇反映地区和地方的习俗,而且还使用方言,崇尚方言,无论在维尔加、塞拉奥、福加扎罗[③]及许多其他作家的作品中,都可以看到这种情况;当时,克鲁斯卡研究院已经衰败和无能为力,没有力量再使意大利语词汇勉强达到其目的,从而迎合新时代,建议创立以意大利方言为基础的语汇。当时情况究竟如何呢?难道正是在意大利实现统一之后,市镇精神反倒得到复苏,变得更加强大和难以驾驭了吗?富于想象力的菲拉里对我所说的那种反抗和战争,是否重新出现了呢?所有这些情况都没有发生:意大利各大区当时都在以上述方式,通过上述文学相互介绍,进行更加密切的交流,正如意大利各个分离割据的城邦的历史结束之后,到处都有一些研究人员和历史学会去致力于挖掘文献,调查研究这些古代城邦的回忆录一样。因此,这一过程当时也不是分崩离析的,而是统一的。同时,它所带来的情感也不是不和和反感的,而是和谐和同情的;而正如在十七世纪那样,某个大区的方言作品在其他大区也被人接受,受到欢迎,帕斯卡雷拉、迪贾科莫和其他知名作家,尽管由于方言的缘故,尽管方言在某些情况下

---

① 帕斯卡雷拉(1858—1940),意大利著名罗马方言诗人。——译注
② 迪贾科莫(1860—1934),那不勒斯方言诗人、小说家、喜剧家。——译注
③ 塞拉奥(1868—1949)为那不勒斯方言诗人;福加扎罗(1842—1911)系意大利天主教自由派小说家。——译注

十三 艺术方言文学

会带来一些困难,却仍被看成是意大利的诗人。

那么,如今怎么样呢?在一九一四年以前的几年当中,对方言文学已经出现了厌倦的迹象;但是,如今看来则可以索性觉察到一种超脱和无好感的情绪了。通过战争和战争后果,意大利从国际生活的旋涡中得到了复苏,在许多不同社会阶层和许多不同政党中占据主要地位的是一些与上述情况相吻合的思想、感情和表现。昔日各大区中心的那种衰落现象,在一八八〇年以后尤为明晰可见,近几年来则以巨大的速度变本加厉地发展了:以至于如今应当谈到的是消亡,而不是衰落。在或近或远的将来,这些大区中心能否以新的方式得到改革呢?方言的诗神能否以激动的心情重新放声歌唱,以犀利的语言重新开口言谈呢?方言的诗神是否会重新得到人们的爱戴和歌颂呢?这些问题是不该用徒劳无益的预见来回答的,但是,只不过要记住:艺术方言文学在意大利曾经起过作用,而且在一定条件下有可能东山再起;同时,也要记住那些在十七世纪曾使它初露锋芒的原因。①

1926 年

---

① 后来,W. Th. 艾尔沃特曾在赫里格的《档案》(1939 年,第 125—126 卷)里又论述了这个问题,他接受了我所提出的两点意见:艺术方言文学是应当同天然方言文学区别开来的;如果艺术方言文学同当时存在的作为正式语言的文学(或称为民族文学)不是联系起来的话,艺术方言文学是不能产生的。但他又没有下定决心接受我反驳菲拉里的那个论点,即我认为,艺术方言文学并不是意大利各大区起来反对当时在意大利占优势的托斯卡纳文学,而相反是进一步促进精神接近和统一的过程。因为艾尔沃特指出:艺术方言文学据以产生的条件在从十六世纪到二十世纪这四个世纪当中各有不同。这件事是显而易见的,但它并不属于目前的问题之内,因为目前的问题仅仅关系到方言文学对正式语言文学真正起什么作用的问题,是起反对作用呢,还是起合作作用;既然从来没有一个人(包括那位想象力丰富和离奇古怪的菲拉里在内)认为,方言文学能取代当时存在的民族语言和文学,那就不言自明;方言文学也只能对民族文学起补充作用,这种作用是由不同地区、用不同方言提供的,这样一来,方言文学也就增强了意大利生活的共同性。参见《批判》书刊介绍,第十一期,第 270 页。——原注

十四　巴洛克

目前已经开始这样说了："巴洛克时代""巴洛克绘画",等等,并且把性质五花八门的东西都归属在这个名称之下,对待那些纯粹的画家是如此,对待那些徒具虚名的画家也是如此,同样的,对待那些诗人和非诗人等也都是这样。因此,甚至有人说什么"巴洛克式的美",以及类似这样的赞许和欣赏的提法,也就是说,人们倾向于给巴洛克这个概念以积极的含义,或是既认为它有积极的含义,又有消极的含义。如果对上述习惯说法提出抗议,那就太天真了;但是,更为需要的则是追本溯源,很好地弄清楚这些概念。

追本溯源表明,"巴洛克"这个词和概念的产生是带有否定的意图的,其目的并不是要说明精神历史的某个时代和某种艺术形式,而是要表明某种败坏艺术和丑陋艺术的方式。在我看来,必须做到的是:使"巴洛克"这个词和概念在严格地、科学地被使用时,保存和恢复上述作用和含义,并加以扩大,使之从逻辑上得到更好的确定。

至于来源问题,看来如下一点是确定无疑的:这个词同人为地拼凑起来的、有幸存留下来的那些词汇有关,在中世纪逻辑学中,人们正是利用这些词汇来说明演绎推理的几种形象的。在这些词汇中(如野蛮、隐讳等),有两个词至少在意大利是比其他词汇更令人震惊,更为人所偏爱,而成为成语式的词汇:第一个就是野蛮,因为这个词是巴洛克的第一个字源"Baroco"(再说,谁又知道原因何在呢?),这个字源是表现上述第二种形象即隐讳的最低劣的方式。我之所以说我不知道原因何在，是因为这个词并不比其他词更奇怪，它所表明的那种演绎推理方式也并不比其他词更欠缺：也许，用野蛮来说明不文明的状况这种做法才使之有这种含义吧。正因如此，卡罗①在《辩词学》中才写道："如果按这种推理方式得出结论的话，那就是巴洛克和野蛮以及所有其他同它们类似的词汇都是愚蠢的。"对这种学术性词汇和争议不休的提法感到厌烦是显而易见的，而由于反经院哲学的做法和反亚里士多德的主张的发展，这种厌烦情绪也便更加强烈了，它使人轻视那些学究式的推理或笨拙的强词夺理做法，并用这两个有代表性的词汇中不仅表明更为奇特，而且表明缺乏任何可以归类的含义的词汇来说明上述推理究竟意味着什么，正因如此，说理不通才曾被称为"巴洛克式的论据"。在一五七〇年出版的乔万弗朗切斯科·菲拉里的《讽刺诗韵律》一书中，人们就谈到那位在自己授课的名家当中硬要摆出智者架势的学究：

他求助于某些巴洛克式的论据，
来使一个标准的傻瓜成为先生。②

在安东尼奥·阿蓬丹蒂的《科罗尼亚之行》③（1627年出版）一书中，我们可以看到，那种论述用咸肉来解渴的众所周知的诡辩论就被称为"巴洛克式"的：

---

① 卡罗（1507—1566），意大利最负盛名的散文作家之一。——译注
② 见该书1570年威尼斯版，第四十二章，第八十八首。——译注
③ 《科罗尼亚之行》是安东尼奥·阿蓬丹蒂从伊莫拉启程时所写的一些引人入胜的篇章（1627年巴巴威尼斯版，第二十一首）。为了纯属慎重起见，应当指出：这样提出的论据并不是巴洛克式的，因为作为巴洛克样式，首要的前提是要有由普遍肯定的条件，次要的前提则是要有特殊否定的条件，并且还要有特殊否定的结论（每个P都是T；某些S不是T；因此，某些S不是P）。——原注

> 他甚至提出了一个巴洛克式的论据,
> 说什么:要想解渴
> 应当把上好的葡萄酒一喝再喝。
> 咸肉永远达不到目的
> 像一喝再喝葡萄酒那样,所以
> 人们才宁可喝酒,尽管香肠也能解渴。

从同时代的阿佐利尼关于纵欲好色的讽刺诗中,也可以读到:

> 宙斯答道:算了,这种推理
> 走得过远了,尽管它本来就是巴洛克式的……①

克鲁斯卡词典标明了另一个例子,这个例子不那么明显,时间也更迟一些,因为关于十七世纪末的马加洛蒂②,它说:"应当记住,还没有说完三句普通的道理,我们就会开始听到修士们的新的结论,听到他们的巴洛克式的论据,听到这位修士说的、那位修士回答的话语。"③这种习惯做法在以后几个世纪直到今天(像卡斯蒂说的"巴洛克式的理由"和帕南蒂说的"巴洛克式的思想"④),都沿用下来,今天我们还可以看到这种现象。目前,从称呼那些笨拙的、骗人的、冗赘的和虚假的说理为"巴洛克式"的说理,过渡到以同样的方式称呼十七世纪的所有

---

① 此诗再版时收入《意大利讽刺诗人诗集》(1853年都灵版),第二部分,第十九首。——原注
② 马加洛蒂(1637—1712),罗马科学家、文学家,《家书》为其代表作。——译注
③ 摘自《家书》(1769年佛罗伦萨版),第一部分,第七十四封。——原注
④ 这些例子可从词典中看到。法国大词典(Littré)援引过圣西蒙的一句话:"凡有巴洛克特点的就是使人能继续推理,等等。"那不勒斯王国驻都灵的大使卡拉乔洛侯爵曾在给塔努齐的信(1763年2月28日)中说过:"噢!在这个问题上,说出了多少巴洛克式的论点啊!"——原注
  卡斯蒂(1724—1803)为意大利讽刺诗人;帕南蒂(1766—1837)系意大利托斯卡纳诗人兼文学家。——译注

十四 巴洛克

艺术表现或某些艺术表现,这种情况是自发产生的;大约在十八世纪中叶,这种过渡情况想必就产生了,因为当时有了一些新古典主义流派,这些流派也许首先是在法国出现的,随后则是在意大利。当然,百科全书派当时已经接受并区别这种习惯做法,虽然还仅局限于建筑方面:"Baroque, adjectif en architecture, est une nuance de bizzare. Il en est, si l'on veut, le raffinement, ou, s'ilétait possible de le dire, l'abus,... il en est le superlatif. L'idee du baroque entraine avec soi celle du ridicule poussé a l'excés. Borromini a donné les plus grands modéles de bizzarerie et Guarini deut passer pour le maitre du baroque"①。在意大利,情况略有不同,弗朗切斯科·米利齐亚②在他的《绘图艺术字典》中就说过:"巴洛克是奇特的最高级形容词,是极度的可笑。博罗米尼在这方面表现为狂热,但是,瓜里尼、波齐、马尔基奥内③则表现为把圣

---

① 引自沃尔夫林《文艺复兴与巴洛克》一书(1888年慕尼黑版)第10页,沃尔夫林说:这个词是米利齐亚所不知道的,这种说法不确切。(沃尔夫林在同一部书后几版中又指出,《百科全书》并不是按照我们所熟悉的那种意义来理解巴洛克一词的;他还提到这一引文是出自加特麦尔·德·甘西的《建筑史词典》,1795—1825年版;并承认,米利齐亚是按今天通用的意义来使用这个词的。)韦斯巴赫在他最近的一部著作(《巴洛克风格现象》,收在《德国文学知识季刊》1925年第二期第225—256页)中追述了这个词在德布罗斯1739年的一封信中的用法(科隆博版,第二章,第119—120页):在这封信中,也应注意到当时是把"baroque"(巴洛克)和"gothique"(哥特)看成相互接近的两个词,为了更好地了解"哥特"这个词本身,是值得对这一情况进行探讨的,对这个问题,本文不宜展开论述。此外,关于韦斯巴赫的这篇著作,可参阅我在《批判》杂志第二十三期第366—368页写的一篇推荐文章,该文目前则收在《评论谈话》第三章里,1932年巴里版,第150—153页。——原注

　　引文意为:"巴洛克用作建筑上的形容词,是有近乎奇特的意思。如果人们愿意的话,它是对奇特的精雕细刻,或者,如果可以这样说的话,它是对奇特的滥用……它是奇特的最高级的形容词。巴洛克本身的思想就带有可笑到极点的内容。博罗米尼就提供了离奇古怪的最为典型的范例,而瓜里尼则可以被看成是巴洛克大师。"——译注

② 米利齐亚(1725—1798),意大利建筑学家、文艺评论家。——译注

③ 博罗米尼(1599—1667)乃意大利著名建筑师;瓜里尼(1624—1683)系意大利古建筑家;马尔基奥内为意大利十三世纪雕刻家。——译注

保罗教堂建造成巴洛克式。"①

不论人们对这个词的来源是怎样想的,但毕竟可以肯定如下一点:"巴洛克"这一概念是在艺术批评中形成的,为的是说明那种艺术趣味不佳的形式,而这种形式是十七世纪大部分建筑,而且还有雕刻和绘画所固有的;人们满足于使用"趣味不佳"或"文学之害"或"狂热"这样一些说法,以谴责那些在十七世纪占据主要地位的诗歌和散文,后来,到了十九世纪,这种诗歌和散文被继续保持下来,并且有了"十七世纪派"这样的名称。满足于使这一概念统一起来,这样做还是很不错的;而且,既然从那时以来,人们就开始谈到什么文学上的"巴洛克式"或"巴洛克派",并把那些马里诺②、阿基利尼、巴蒂斯蒂、阿尔塔利之辈称为"巴洛克派分子",似乎就该鼓励这种名词上的习惯用法,这既是为了能很好地确认诗歌和其他艺术中的这种艺术弊端的同一性,又是为了摆脱那种从词语上做一些奇怪的联结的不妥做法,正是由于有这种奇怪的联结,人们才议论什么"十五世纪的十七世纪派""颓废派拉丁诗人中的十七世纪派",甚至什么"教会之父"中的"十七世纪派"。

因此,巴洛克从艺术上说是丑的,也正因为这样,它没有任何属于艺术方面的东西,而且相反,它还有某种不同于艺术的东西,它违背了艺术的表现和称谓,混入了艺术领域,或是取代了艺术领域。上述某

---

① 这种想法是最明显、最有资料可据的论点,但是,词源学家们反对这种想法,他们所主张的则是另一种思想,即把巴洛克的这一思想同西班牙文的 barrueco 或 berrueco 联系起来,其含义是不十分圆的、形式不规则的珍珠。但是,在意大利文中,这种珍珠叫作 Scaramagga,再者,在西班牙文中,巴洛克风格叫作 barroco,而不是 barrueco;这个词用来指珍珠时,法国大词典(Littré)把它也作为经院学派词汇,而狄埃茨却认为,这个词同意大利的 verruca 接近,克尔廷则把它又分解开来,弄成 bis‑rocca。——托马塞奥-贝利尼最初也曾指出正确的词源,后来又觉得不满足,把希腊文 βάροç 和下等拉丁文 barridus 以及 πdpdχoπτω(精神错乱)等也提出来了。——原注

　　狄埃茨(1794—1876)和克尔廷(1845—1913)都是德国罗曼语学家;贝利尼(1794—1877)曾同托马塞奥一起编纂《意大利语词典》。——译注

② 马里诺(1569—1625),意大利文学家,十七世纪派重要代表人物。——译注

种东西不服从艺术彻底性的规律,是反对这种规律或篡改这种规律,正如我们所清楚地看到的,它符合另一种规律,这种规律只能是轻率的、廉价的、随意创作的规律,因此,可以称为功利主义或享乐主义的规律。正因如此,巴洛克就像任何一种丑的艺术一样,其根基在于一种实践的需要,不管这种需要是怎样的和怎样形成的,但是,在我们现在所谈的这种情况下,这种实践的需要只简单地体现为对它所喜爱的东西提出要求并进行享受罢了,而置一切于不顾,首先是置艺术本身于不顾。

因此,要在其他一些丑的和非诗意的东西当中辨别出巴洛克式的东西来,就必须探讨一下这个巴洛克式的东西究竟符合哪一种享乐主义性质的满足,但同时,也并非不要指出如下一点:在这个问题上的探讨只能达到经验主义式的分门别类的目的,因为取悦于人的方式是五花八门、不胜枚举的,其情调或细别也是如此。有人也这样理解:取悦于人是受非诗意的东西影响的,因而它的种种部类或类型都不是相互排斥的,甚至往往还是彼此融合的,某种部类或类型带动其他一种部类或类型,正如曼佐尼在谈到他所想象的十七世纪"无名氏"作品时所指出的那样,"无名氏"在其所撰写的散文中,善于成功地把"粗糙和矫饰糅合在一起"。

的确,要指出巴洛克的特征,亦即使它有别于比如说"学院派",或是有别于"温情派"或"矫揉造作"的特征,那是没有任何困难的,因为巴洛克的特征正在于取代诗的真实性和由此扩散出来的魅力,从而产生出其不意和令人吃惊的效果,这种效果刺激人,使人产生好奇心,使人震惊,使人欢悦,而所用的手段就是那种它所造成的震动人心效果的特殊形式。之所以没有困难,也是因为正如众所周知的那样,巴洛克的这种特征是这一学派的文人所蓄意表现的,这些文人中为首的就是马里诺,他曾对诗人指出,"令人惊奇"就是"目的",并且告诫道:"谁不懂得令人产生惊奇之感",就不要做诗人了,就"去刷马",去当马倌算了。这方面的引文可以说俯拾即是,但毕竟也会是多余的。当时,就曾有人把诗歌所要求的那种纯粹和理想的激动人心情绪同另一种毫不相干的激动人心情绪对立起来,指责"现代诗人"在运用"感人的材料"方面"犯了严重错误",因为在这些材料当中,他们"使用了一些过分讲究的概念和乏味而无激情的手法,那种不能抓住别人的心和使别人产生激情的东西,并不是什么令人惊奇的东西",正如塔索那样,他"从来没有在这方面跌过跤",也如马里诺那样,他"跌到里面就不能自拔"①。沿着这种追求令人惊奇的东西的道路,一直走到这条道路的尽头,从而产生必然后果的作品,就是十七世纪的那些再荒诞不过的作品,如阿尔塔莱的十四行诗或"莱波雷奥派"以及卢多维科·莱波雷奥的"奇特的押韵散文",莱波雷奥的一个做法就是(哦,真叫怪!)让每个词都做到押韵,其形式如下:

Cinthia, se mài, con gli occhi gài sincèri tuoi lusinghièri, e dolci mi rimíri, gioie m'inspíri, e gli egri miei pensieri ergi ai sentieèri degli Empirei giri...②

他的散文采用了同样的形式,他在赞美博罗米尼的建筑时就写道:" tutti edificij costrutti a beneficij de' Regi dagli arte ficide' Pontefici egregi, tar' quali piú principali io celébro sul Tebro, tra qeanti io conosca modellanti con novita' e soprafino ingegno e pellegrino disegno, e all etànostra, nell' Alma Città Tosca tener la palma del migliore inventore li signore Francesco Borromino conforme le

---

① 见 N. 维拉尼的《法加诺阁下对骑士斯蒂利亚尼的眼镜第二部分的看法》,1631 年威尼斯版,第 20—21 页。——原注
② 见卢多维科·莱波雷奥《献给意大利贵妇人和科学院的莱波雷奥派诗歌》(1682 年罗马版)。——原注
    引文意为:"琴齐娅,你的眼睛既快活又真诚/像在对人迎合奉承,甜蜜的,让我颠倒神魂,/欢乐的,让我联想频仍,我的思想飞腾/在恩皮雷奥的小径上旋转降升……"——译注

norme del pensiero vitruviesco e vicino all'eccellenza della di lui intelligenza nella costruzione e ristaurazione di Delúbri degli Insúbri",等等。① 莱波雷奥正由于敢于采取上述笔法,曾被称赞为"ingenium pregrinum et floridum",而对这一点,人们也可以有道理地指出,这是"nihil soribit scribit vulgare"②。

那些研究巴洛克雕刻、绘画和建筑艺术的历史学家,也看出上述情况,即以实践上追求惊人效果来取代艺术上的温柔感召和令人陶醉的感染。年老的齐科尼亚拉③曾描述过巴洛克雕刻那些波浪式的线条,那精心刻画的面容,那突出隆起的肌肉,那不受激动心情干扰的永恒的镇定,那富于娇媚色彩的扭曲的脖颈,那为自身的优美而扬扬自得的姿态,那动作矫揉造作的臂膀,那弯曲的手指,那过分凸出的臀部,那迫不得已出现皱纹的大腿,那精雕细琢的肉体,那以无与伦比的细心揣摩雕出的指甲和头发,而且除这些人体的细节之外,还有雕刻精细的树木和树叶,齐科尼亚拉据此曾指出,"十七世纪的任何一位雕刻家都没有表达情感,而十四和十五世纪的雕刻作品却又是那么感情丰富。"④布克哈特谈到过"虚假的戏剧性生活"问题,当时,这种情况在雕刻上和绘画上都有,正因如此,情感越是不深刻、不内在,雕琢的

---

① 见卢多维科·莱波雷奥发现的仍然令人感到惊奇的诗文《首屈一指的散文家、通俗诗人、不同凡响的作家的真实朋友》,1652 年罗马教会 R.C. 印刷厂出版。——原注
　　引文意为:"尊敬的教皇的拥护者,为王者建造的一切楼堂馆舍,其中最重要的,就是我在泰伯罗山上所歌颂的,这些拥护者中,我认出那独出心裁和巧夺天工的画工,在我们时代,阿尔玛城的托斯卡把最佳发明人弗朗切斯科·博罗米尼先生的手掌持握起来,他符合维特鲁韦奥思想原则,也接近维特鲁韦奥在建筑和重建英苏布里的德鲁布里方面的大才大智。"——译注
② 因此,制造这类东西的最伟大的技术能手之一——卡拉慕埃尔神甫在《韵法》一书(1663 年罗马版)中曾这样说。——原注
　　这两句拉丁文意为"才华横溢、不同凡响和笔下生花","绝非通俗之作"。——译注
③ 齐科尼亚拉(1767—1834),意大利文学家、外交家,著有《意大利雕刻史》等。——译注
④ 《雕刻史》第二版,第六章,第 69—72 页。——原注

手法也就越是乱用一气,把那虚假的戏剧性体现到荒诞的地步①;布克哈特还描述过那些不断以极其强烈的色彩进行构思的建筑师,他们在每一面都用半截或三分之一、四分之一的砥柱来伴随一些圆柱、半圆柱和砥柱,同样,他们又经常把整个栋梁断开,使之变得十分突出,在某些情况下,对柱基的处理也是如此,他们力求以豪华色彩吸引人们的青睐,甚至使每个建筑部件都能活动起来,屋脊也开始破裂,开始弯折,从各方面开始摇动②。里格勒曾表述过目前这类作品在那些从艺术角度来鉴赏它们的人身上所引起的困惑不解情况。"一个人像在祈求,而它在做这个动作时却扭曲着身体,痉挛地乱动。为什么要弄出这样乱动的形状呢?在我们看来,是毫无道理的,我们对此根本不理解。衣服是鼓鼓囊囊的,像是被狂风暴雨猛烈地掀动着,而我们还要自问:究竟为什么要这样呢?旁边是一棵树,树叶却是纹丝不动的,那么,为什么这狂风暴雨只掀动衣服,却不吹动树叶呢?"③在他看来,诗歌和艺术形象所固有的那种彻底性被一种彻底的非彻底性取代了,这种彻底,也就是指:其唯一的目的就是要以出其不意和令人惊奇的手法来刺激人们的心灵,而这个目的无论如何是已经达到了。据说,有一天,著名的男高音歌唱家法里内利在卡洛六世皇帝面前歌唱,他当时还沉溺于十七世纪那种音乐教育的习惯,因此,他是"以高度技巧"来歌唱的,这时以古琴为他伴奏的皇帝慈祥地对他说道:"您的这些伟大特点,这些拉长了的、永不会中止的唱段,这些大胆的表现,都使人产生惊讶和赞叹之情,但是却不能打动人心。对您来说,激起人们的感情是很容易的,如果您有时能唱得更简单些、更富有表现力的话。"总之,这位皇帝向歌唱家再次指出的正是这个趣味高尚的原则问题,正是上述批评家在马里诺的诗歌问世前一百年就提出的那个批评。

  本文举出的那些为数不多的断断续续的引文就可以证明:采取画

---

① 《西塞罗》第六版,第二章,第483页。——原注
② 《西塞罗》第二版,第二章,第280—281页。——原注
③ A.里格勒《罗马巴洛克艺术的形成》,1923年维也纳第二版,第2—3页。——原注

蛇添足的做法,说明"巴洛克"就是这种玩弄和追求令人惊奇的效果的行为,那是没有必要的。由于巴洛克本身的这种性质,它不仅能做到冷静,尽管它表面上能使人激动,使人有热烈之感(在这一点上,巴洛克和其他丑的形式不同,因为后者有时还能震撼人心,刺激并扰乱人们的情绪),不仅能在运用一大堆形象和形象组合的条件下依然使人有空洞无物的感觉,而且还说明它本身怎样有时似乎是从最精细的智力至上主义向最粗俗的现实主义和真实主义的表现形式过渡。正由于巴洛克毕竟不能吸取诗的形象(诗的形象既是精神又是肉体,既是情感又是外形,既是思想又是感觉),它并不想表现诗意,而只是追求惊人效果,因而它只能做到以下两点:要么是广泛采用空洞概念的对比及其他关系的手法,几乎像是要表现精神和思想似的,要么则是指出和再现事物的物质和外在形象,几乎像是要表明自己的非凡的造型力量和现实主义的勇敢气魄似的。但是,这种现实主义却是智力至上主义的,正如那种唯灵论实际上是唯物主义的一样;大家看到某些巴洛克式的雕刻、绘画和诗歌时,都会感到:那种表现下流、丑恶和血腥场面的手法,甚或是仅仅表现普通平民生活的手法,在巴洛克式作品中都只有一个不言而喻的目的,即引起人们的赞叹,因为这些作品敢于也善于再现那些别人从来不曾设想要用来作为艺术素材的东西。我们可以回忆一下被人多次引述的奥尔基神甫的那段文章:他为了描述洗衣妇做忏悔的情况,一味热衷于一点一滴地再现洗衣妇的工作,说她"光着臂肘,裸露着臀部,拿起肮脏的衣物,跪在大河旁边",等等,等等,一写就是好几行,甚至还写道"她揉搓了四下,甩动了三下,涮了两下,拧了一下,这衣物就比过去洁净了,细软得跟亚麻布一样"。在巴洛克当中,滑稽和笑料也有这种勉强的性质,其目的就是要提供滑稽透顶的滑稽内容,比平常的笑料更能令人捧腹的笑料;因此,这种笑料的淡而乏味并不比英雄式和激情式的东西更差。自发而纯正的笑料是同感觉的严肃性和思维的自由性相辅相成的,只有这样,才能提高到从容不迫的境界。

当我们拿出个别巴洛克式诗歌或绘画加以研究时,我们就可以从不同部分或形式上来说明这种诗歌或绘画在诗意和艺术上的不彻底性,以及它在实用-享乐主义目的上的彻底性,前面我们已经谈到这一点了。但是,也要注意避免犯如下错误:以为从个别艺术作品中抽出的某些类型的形式是巴洛克式所固有的,以至于每逢遇到这类形式,就必然要断定其中有巴洛克存在。这种错误是形式主义所固有的错误,在意大利,凡把神秘莫测的表现当作巴洛克式问题的人,就犯了这种错误,例如锡耶纳的卡特琳娜①如下一些话就是:"这种温柔而充满爱抚之意的动词,是在何处教给我们这一学说呢?是在至圣至贤的十字架讲台上。最后,它也是用它那宝贵的鲜血洗净了我们心灵的面容。"以上这些话,尽管外表上用了同样的比喻,实际上却是一种同巴洛克主义的宣扬者据以描写洗衣妇的忏悔的那种风格相对立的风格。那些把巴洛克主义者的反论证同神秘主义者的反论证(即使是巴洛克时代的神秘主义者如雅各布·伯麦②或安杰鲁斯·西莱西乌斯③)对立起来的德国批评家们也犯了同样的错误。有些外国作家经常提到这一问题,以便使意大利人不致以自行命名的方式享有巴洛克派的名声,在这些外国作家身上,例如在杜巴尔塔斯④身上,也存在着严肃性、热情和纯真,他们的诗词、比喻和颂歌都有并非内容空洞、玩弄辞藻的效果,而是充满演说的激情,尽管这种效果是同其禀赋和时代相符合

---

① 锡耶纳的卡特琳娜(1347—1380),多明我会修女,以其《书信集》著称。——译注
② 伯麦(1575—1624),德国神秘主义哲学家。——译注
③ 例如,F. 斯特里茨在《论十七世纪抒情诗风格》——收在为 F. 蒙克尔所写的《德国文学史论文集》(1916 年慕尼黑版)中——一书第 29—33 页就曾指出,西莱西乌斯如下诗句就是巴洛克式的:Ich weiss nicht was ich bin, ich bin nicht was ich weiss; Ein Ding und nicht ein Ding; ein Tüpfchen und ein Kreis. Gott selber, wenn er dir will leben, musser sterben; Wie denkst du ohne Tod sein Leben zu ererben? ——原注
　　诗意为:"我不知道我自己是什么,我也不是我所知道的东西:一件东西或不是一件东西;一个小点,还是一个圆圈。上帝自己,即使你认为他会永生,也得死亡;如果没有死亡,你想,我的生命从何继承而来?"——译注
④ 杜巴尔塔斯(1544—1590),法国诗人,在诗作中曾以异教徒精神取代基督教精神。——译注

十四　巴洛克

的。而贡戈拉①这样一个人,在他一生的前一时期以及他的大部分作品中,都是那么内容新颖和接近人民大众,当时他就没有被同样的精神引导到采取上述形式,而这种精神却是引导过马里诺做到这一点的,尽管诚然他也有过那种追求艺术细腻手法的模糊观念,也有过那种撰写令人费解或只有内行人才能看懂的诗歌的思想,正因如此,他才有时也取得奇特的美的效果,用某种迷人的手法来体现根据天然对象形成的文学神话。特别是,正由于批评家们只着眼于外部形式,这才使他们断言巴洛克主义和浪漫主义之间有密切关系,而浪漫主义的艺术倾向原是迥然不同的,因为它并不伪造激动之情,而是本来就带有这种情绪,它不是费尽心机来收集和拼凑形象和语言以引起人们的惊叹,而是要使艺术形象和艺术语言能成为情感的直接发泄,它的美学过错也就在此。比如说,我就怀疑如下看法,即认为法盖②所主张的有关法国浪漫主义的论点(不是一八三〇年的浪漫主义,而是一六三〇年的浪漫主义),竟是以观察内在特征为基础的。实际上,法盖是从如下前提出发的,即认为浪漫派文学是这样的文学:"où la sensibilité, l'imagination, le caprice et la fautaisie prédominent sur le goût de la vérlté et de la mesure... le culte de l'antiquté et de la tradition disparaît... où l'inspiration des littérattures étrangéres est plus complaisamment acceuillie que celle des littératures antiques."③也就是说,他是从外在因素角度来确定浪漫主义的;他对比了上述确定方法和可从一六一〇年及一六六〇年许多法国作家的作品中看到的那种外在决定论的确定方法,从而把所有这些人都一概命名为浪漫派。这样一来,高乃依也同样"essen-

---

① 贡戈拉(1561—1627),西班牙诗人,相当于意大利十七世纪派的西班牙贡戈拉主义的倡导者。——译注
② 法盖(1847—1916),法国文学史学者和文艺批评家。——译注
③ 见《法国文学袖珍历史》,第100—101页。——原注
　　引文意为:"在这类文学当中,敏感性、想象力、随意性和虚构性占据主导地位,压倒对真实感和分寸感的情趣……对古代和传统的崇拜不见了……外国文学的启示要比古代文学的启示更加受欢迎。"——译注

tiellement un poète romantique ",甚至是"le plus grand des poetès romantiques de France"①;因为"il était exagéreur,il avait le sens du grand et la passion de peindre en bien et en mal,plus grand que nature"②,而且他还热爱"invraisemblance",他更喜欢"imagination",而不是"vérité"③。但是,这种所谓的浪漫主义,被如此恶劣地加以确定,竟然甚至把伟大的高乃依也完全包括进去,而实际上,高乃依是所有精神中最不具有浪漫主义色彩的,是具有坚定不移的意志的诗人,这种所谓的浪漫主义却相反被说成只是巴洛克主义,这种论点是法盖从他的那些所谓浪漫派分子当中的另一位那里学到的,亦即从西拉诺·德贝热拉克④那里学到的,这位浪漫派分子也只是醉心于"à l'extraordinaire,à l'inattendu et à la pointe"⑤,德贝热拉克曾谈到"pointe"或技巧:"La pointe est l'agréable jeu de l'esprit et merveilleux en ce point qu'il réduit tout sur le pied nécessaire à ses agréments sans avoir égard à leur propre substance... Toujours on a bien fait pourvu qu'on ait bien dit. On ne pese pas les choses pourvu qu'elles brillent"⑥。巴洛克主义正是这种巴洛克精神,而不是什么抽象地采取的那些形式(因而也是未经确定的形式);正因如此,那些形式在其多种多样的具体确定中可以变成巴洛克形式,也可以变成另一种不同的形式,亦即与巴洛克大不相同,甚至恰

---

① 引文意为"主要是一个浪漫派诗人","法国浪漫派诗人中最伟大的诗人"。——译注
② 引文意为"他是使用夸张手法的人,他具有求大感和描绘善恶的激情,要把善恶描写得超过自然"。——译注
③ 同上书,第157页。——原注
  这几个法文单词意为"非真实","想象","真实"。——译注
④ 西拉诺·德贝热拉克(1619—1655),法国喜剧家、诗人、散文家。——译注
⑤ 法文,意为"出奇制胜,出其不意和出众超群"。——译注
⑥ 见《法国文学袖珍历史》,第117—118页。——原注
  引文意为:"出类超群的做法是令人喜悦的精神技巧,这种技巧是如此妙不可言,以致它把一切都根据它的种种手法所必需的尺度来加以处理,而不顾这些手法本身的实质如何……只要人们说得好,人们也就总是做得好。只要事情做得漂亮,人们就不去对这些事情做出权衡。"——译注

恰相反的形式。

　　从我们上述论证的大致情况来看,巴洛克在任何地点和时间都是可以看到的,它分散在各处,占有或多或少重要的地位。巴洛克是一种美学过错,但也是一种人性过错,正像所有人性过错一样,它是普遍存在的和永恒的,这无非就是它代表了一种使人会犯这类过错的危险。同样,过去也有人对浪漫主义制造了一种具有笼统人性或笼统心理素质(随人们爱怎么讲就怎么讲吧)的概念;正由于有这种概念,在所有时代、所有国家人民当中,我们都可以在这里和那里发现浪漫主义。众所周知,过去人们主要是从那些所谓的颓废派艺术家和诗人身上来研究巴洛克,而且特别是从古罗马文学的这些艺术家和诗人身上来进行这类研究:卢卡诺、斯塔齐奥、佩尔西奥、马齐亚莱、乔维纳莱[①],等等,这些人曾为尼萨德[②]的那部写得不错的书提供了材料;说实话,尼萨德的这部书是颇有倾向性的,也就是说,它是与同时代的法国文学进行不言而喻的论战。近代外国文学和意大利文学又流行做类似的对比和进行激烈的论战,特别是邓南遮[③]的艺术是如此。我也并不想说,这种接近是不合情理的或是徒劳无益的,相反,我还承认,这种接近可能有某种益处,这一点也为如下事实证明,即人们实行这种接近是自发的;但是,我认为更有益的一点却似乎在于人们采用了相对概念,即不仅是心理意义上,而且也是历史意义上的相对概念,这种情况不论对浪漫主义来说还是对巴洛克来说都是一样,因为这种做法使人得以依据那种直接推动建树浪漫主义或巴洛克并缔造出相对语汇的因素来看待浪漫主义或巴洛克;正因如此,人们才把那种艺术上的败坏行为理解为巴洛克,因为这种行为主要是出自追求惊奇效果的需

---

① 卢卡诺(38—65)、斯塔齐奥(45—96)、佩尔西奥(34—62)、马齐亚莱(40—104)、乔维纳莱(55—130),都是古罗马拉丁语诗人。——译注
② 见《关于颓废派古罗马拉丁语诗人的研究》,1834年巴黎版。——原注
　　尼萨德(1812—1887),法国历史学家、音乐学家,为E. S. 诺尔芒神甫的笔名。——译注
③ 邓南遮(1863—1938),意大利近代著名文学家。——译注

要,这种情况在欧洲是可以看到的,大约在从十六世纪最后几十年到十七世纪末这段时间。

进一步确定巴洛克的历史概念,指出它的特征是不可能的,因为特征就是当时产生的巴洛克式作品本身,必须对这些作品有直接的了解和接触;而我们在上面已经排除了抽象地对待那些被看成外在形式的形式并加以分门别类的虚妄做法,尽管过去曾有人试图通过研究来采用这种做法,例如,马里诺所采用的比喻、对比和其他唯风格论的做法。通过这种直接了解和接触,巴洛克的历史概念就会充满各种各样富有特色的形象,就会成为批判精神的生动表现过程。

重要的是:要把巴洛克和浪漫主义的概念作为历史概念来采用,这样做也正是为了避免陷于一般化,并且避免通过一般化而陷于做出毫无意义甚至错误的结论,从而抹杀了我们所研究的那些作品所固有的与众不同的面貌和特征。即使我们承认,在十七世纪的法国或意大利再或西班牙的文学中有某些浪漫主义阶段(这是从一般角度来说的),有关的一些作品也毕竟从内在方面与十九世纪的那些作品不同,其理由也只有一个,即这些作品是在十七世纪和十九世纪产生的,因而是在人类的精神生活和斗争两个世纪之后产生的。同样(正如前几次我曾有机会指出的那样[①]),我们从邓南遮身上可以看出的全部巴洛克主义以及它同马里诺和其他十七世纪作家们的种种类似之处,并不能抹杀这个事实,即邓南遮本来是不可能出现的,除非他是在浪漫主义、真实主义、帕纳斯主义[②]、尼采主义以及肯定不是在马里诺之前的其他精神事件发生后出现,因为这些主张是在十九世纪整个过程中才日臻成熟的。

谈到这里,我们又不得不引起如下一些人们的不快了:这些人总是要求说明事实"原因",总是感到自己不能说出已经得到满足,除非

[①] 见《十七世纪意大利文学论文集》,1948年巴里第三版,第405—408页。——原注
[②] 指十九世纪下半叶由法国一些诗人和文学家发起的主张创作纯诗歌的运动,其代表人物有波德莱尔等,他们都是《当代帕纳斯》刊物的撰稿人,故其文艺主张被称为"帕纳斯主义"。——译注

别人能把原因向他们讲清楚,因而他们是注定永远得不到满足的。之所以要引起他们不快,是因为我们的回答是:归根到底,巴洛克据以产生的"原因"根本没有。巴洛克本身是不存在原因的(我们是从心理意义上或一般地说人性意义上来谈巴洛克的),因为人类犯错误是没有原因的,除非我们是想说这是由于 virtus dormitiva①,由于人的犯罪本性。但是,即使把巴洛克理解为历史概念,巴洛克本身也不存在原因,只要原因是指已经完成的事实中的那个事实本身,而且这也是我们从研究迄今所提出的种种"原因"中可以得到证实的,因为所有这些"原因"中没有一个能经得起初步的批判探讨。那些再深思熟虑不过的人曾说,这是人道主义,是仿古;但是,我们还是不得不说明:何以根据逻辑上的必然性,人道主义和仿古就一定会产生巴洛克。另有一些人则说,这是耶稣会教义,甚至说"十七世纪派"或"巴洛克主义"也不过是"艺术领域的耶稣会教义"②;但是,我们看不出有任何道理,除非说那些耶稣会教士为了保卫天主教会,以精神行动教育世人,用容忍迁就的解决疑难的办法来支持人们的心灵,以描绘地狱磨难的绘画来恐吓他们,用描绘天堂愉快的绘画来诱导他们,却不能以非巴洛克的方式,甚至以简单明了的方式来自我表述,正如当时他们中间有许多人都是经常这样做的,正如当巴洛克热已经日落西山时,他们也是开始这样做的。③ 有人还说,这是对创新的贪婪追求;在这里,要么是人

---

① 拉丁文,意为"德行受到压抑"。——译注
② 塞坦布里尼在《意大利文学史》(第二章,第 235 页)中就是这样说的,许多人也附和这一说法。——原注
　　塞坦布里尼(1813—1876),意大利著名作家,曾为争取全国统一、反对波旁王朝历尽磨难,1873 年任参议员。——译注
③ 韦斯巴赫在《论反对改革的巴洛克艺术》(1921 年柏林卡西尔版)中就想说明,在巴洛克时代艺术中,可以在或多或少的广泛程度上看到有反改革和耶稣会教士的思想。这可能是对的,但是不属于我们讨论的范围。韦斯巴赫本人就在序言中提及布劳恩在考察比利时、西班牙、德国耶稣会教会情况时取得的研究成果,即从来没有什么耶稣会专有的风格。沃尔夫林在前引著第 61 至 73 页也曾提出论点,这个论点也属于另一个讨论范围,沃尔夫林想说明,在巴洛克艺术中可以看到严肃性甚至沉重感,这一点是符合那个时代的社会风尚和作风的。——原注

们忘记了人永远是追求创新,追求新生活的,要么则是由于把追求一种虚假的创新这种特殊含义说成是追求创新,因而陷入同语异义的泥坑。① 这是在对形式的感觉方面的厌倦表现(说法差异不大),即"Ermüdung des Formgefühls"②,是对形式的感觉变得迟钝,从而需要触动和刺激③:这是另一种同语异义,因为它只是简单地描述了枯燥乏味或艺术上空洞无物的情况,而这种情况是巴洛克乃至任何虚假艺术的基本现象。让我们把过去人们提出的所有其他原因撇到一边吧,在这些原因中,甚至有这样一种病毒,弗拉卡斯托罗④曾这样称呼它,同时在他的诗歌中还歌颂了它:这种病毒在十六世纪整个欧洲曾蔓延甚广,最后造成了一种削弱思想和精神的现象,而不知为什么,这种现象后来恰恰表现为巴洛克主义。因此,由以上这些批评观点可见,如果那些追问原因的人至今仍感到不满足(而且我也不想去满足他们),那么对他们提出的这样一个问题,即何以在十六世纪末和十七世纪末这段时间内,欧洲竟在美好情趣方面犯了范围如此广泛的错误,创造出这么多的巴洛克,我就会很高兴地根据人类精神的自由这一点来做出答复:这是由于人类精神的自由才这样干的,因为人类精神的自由想这样干;它之所以干出它所干的事,因为它喜欢这样干。

另一个问题则是巴洛克扩散的中心何在,巴洛克热是从哪一国人民中产生的。这个问题是有道理的,但条件是:要抛开那种认为每个国家的人民或种族所固有的品质永远不会改变的人种学上的奇谈怪论,要抛开那种认为人民的思想天真无邪或是把人民分为腐蚀别人的一些国家的人民和天真烂漫而被引入歧途的一些国家的人民的观念。巴洛克主义是上面所提到的那个时代中欧洲精神的表现,从某种意

---

① 关于这个论点和其他一些论点可参阅我前引的《十七世纪意大利文学论文集》(1948年巴里第三版)序言中的说明。——原注
② 德文,意为"在对形式的感觉方面的厌倦"。——译注
③ 这是格勒尔的论点,见沃尔夫林前引著作第61页。——原注
④ 弗拉卡斯托罗(1478—1553),意大利诗人,兼操医业,曾写过《论高卢病毒》《论传染病毒》等诗篇。——译注

上说,它属于整个欧洲;但是,这并不排除如下事实:在这种表现产生和发展的过程当中,有一国或多国的人民曾起过首要作用并掌握领导权。在这个问题上,意大利学者曾在十八世纪时做过斗争,他们是从珍惜祖国的荣誉出发的,他们反对那些拥有同样感情的西班牙学者,双方相互指责对方曾导致这种丑恶情趣的产生。而由于当时其他国家的学者也参加了论战,意大利学者就责怪法国学者有杜巴尔塔斯这种人,责怪英国学者有利利①这个人,这种民族主义亦即被曲解了的对祖国的爱,直到我们今天也还没有完全消失。的确,甚至这种民族热情也该使这些参与论战的学者们采取与此相反的论点:巴洛克热何以能从这个国家产生而遍及欧洲其他各地呢?哪一国能做这种巴洛克热的表率呢?哪一国能把巴洛克热强加给别国呢?显而易见,是那个文化和文明最发达的国家,正是从这个国家中,正像它接受了制造技术、工业、商业、社会制度、地理发现和技术发明一样,欧洲也接受了艺术、科学、文学、诗歌以及谈话、庆祝节日和举行盛典等形式。这个国家在十六世纪时,并且也在十七世纪相当大一部分时间内,就是意大利;而同意大利一起的,在某些习俗和文化表现方面,还有西班牙,西班牙的政治力量则又使它具备了渗透力;这样一来,意大利论战者的这些西班牙对手才能理智地行动,谋求同意大利论战者和解并建立亲密关系。但是,不论这一点对我们来说是荣誉还是损害,巴洛克主义毕竟主要就是意大利主义;而正因如此,巴洛克主义在文学上就遭到那些率先起来反对它的人即法国理性主义批评家的指责,正因如此,巴洛克主义也得到所有艺术爱好者和商人的默认,这些人直到十七世纪末,甚至几乎到十八世纪末,一直认为意大利是主要输送服务宫廷的画家、雕刻家、建筑师、音乐家和诗人的国家。

既然巴洛克主义不具备艺术和诗的特点,而是具备实用特点,无论是它出现在某个作品当中,还是大家共同使之出现在作品当中,从

---

① 利利(1554—1606),英国诗人、小说家。——译注

而形成被称为学派或热的东西(并且后一种情况比前一种情况更为重要,因为它本身就是一种实用事态),那么诗歌和艺术的历史学家也就不能从积极的角度而是要从消极的角度来看待巴洛克主义了,也就是说,要把它看成是对艺术和诗歌所固有的东西的一种否定或局限。人们尽可以说什么"巴洛克时代"和"巴洛克艺术";但是,人们却绝不可丧失这样的意识,即严格地根据提法来说,那种确属艺术的东西绝不是巴洛克,那种属于巴洛克的东西也不是艺术。在我看来,最近有人试图通过举行专题展览,使这种所谓的巴洛克艺术具有价值和重要地位,而这种尝试却相反只会唤起并证实上述意识,驱散对此类作品的伟大性和牢固性所抱的幻想。败坏任何对艺术及其历史的严肃情感的行为就是这样一种做法:形成在种种不同的时代中以特殊方式理解诗歌和艺术一类概念,并把这类概念当作判断准则,几乎像是在每个时代,在涉及艺术的事物上,都要设立一些特殊的法庭,而唯一永恒的法庭却是唯一永恒的艺术概念,因此,诗歌和艺术的历史学家将会通过巴洛克时代来探索淳朴的艺术和诗歌,而不是探索巴洛克式的艺术和诗歌,他们将会懂得如何去辨认艺术和诗歌,即使艺术和诗歌有时会带有表面上的巴洛克标记,或是表现为具有当时流行的巴洛克热的某些特点,再或不论如何这种艺术和诗歌是以巴洛克时代为前提的,是隐含着巴洛克时代的内容的。这样,我们就必将会看出意大利诗歌与英国或法国乃至西班牙诗歌的不同之处:意大利诗歌就其整体和一般情况来看,亦即在塔索之后、阿尔菲耶里之前这一段巴洛克主义处于权威地位的时期,毒害已深入骨髓,几乎完全丧失了一切严肃而深刻的灵感,剩下有活力的当然也只是感官印象主义和玩世不恭、讥刺挖苦和冷嘲热讽的东西;英国或法国的诗歌则是,巴洛克主义在其中的表现是或多或少外在的或片段的,而西班牙诗歌,在整个十七世纪内,巴洛克主义在其中是一直存在的,表现为充满了烦琐而华丽的辞藻,尽管带有某种人民大众的新意。在这种精神上的大胆妄为当中,诗歌方面也曾发生过这样的现象:伏尔泰称之为黎塞留红衣主教的令人可笑的雄辩才华,亦即这位红衣主教在自我表达方面的"faux goût"①,而且这种情趣"n'ôtait rien au génie du ministre"②。也许只有在德国,诗歌才受到同意大利一样的条件或比意大利更坏的条件(尽管其条件颇为不同)的折磨,因为德国对意大利的模仿是相当厉害的;德国看来在促使改革产生方面已经用尽力气,这一改革就是要消除天主教和教会思想这一原则,为此,德国花费的力气比意大利通过文艺复兴而提出现代文明的路线要大得多。但是,在德国正如在意大利一样,虽然在那个时代并没有出现什么伟大的天才诗人,却仍可以看到有一些名气略小的智者和不甚完美的诗人,亦即在干枯或被病害侵蚀的树枝当中,还有一些仍在抗争和发绿的枝杈,也有一些健康而新鲜的幼芽。此外,就绘画和其他艺术而言,历史学家在这一世纪中叶也力求从许许多多的艺术家当中,从那没有花费大气力而完成的繁茂、众多并令人目眩的作品当中,寻找个性,亦即寻找灵魂,或至少是寻找艺术个性或艺术灵魂的迹象,正是这些个性和灵魂构成他思考的真正唯一主题,尽管他也会遇到这样的情况,即他这时从中只能找到很少的个性和灵魂,而且这些个性和灵魂也并不显著。

此外,从意大利所传播的巴洛克热当中只看到不好的情趣,那也同样是不全面的,应当也看到其中有风格上的训练、华丽辞藻的熏陶、对艺术奥秘的启示、精益求精的做法,而对于所有这些,欧洲大部分国家当时都是很需要的,以便能摆脱仍属中世纪的某些做法,使现代诗歌、散文和艺术的一切形式开始得到发展。总之,意大利当时广泛地传授给法国和英国、西班牙和德国的正是这种文学艺术教育,它不仅依靠它的诗歌与散文书籍,而且还通过它的语言大师、宫廷诗人、画家、建筑师和教堂神甫以及它的歌唱家和喜剧演员做到这一点。这是旧意大利在人们经常把它看成是没落中的或已经没落了的那几个世

---

① 法文,意为"虚假情趣"。——译注
② 见《习俗札记》第一百七十六章。——原注
　　引文意为"并未使这位大臣的才华受到任何损失"。——译注

纪中为欧洲文化所做的最后一件好事。有关这件好事的历史并没有得到它应得的研究,或者则是被人错误地看待,被人完全不恰当地给予某种轻视。当时,那些把这件好事忘得一干二净的外国人,甘心把这些意大利人竟看成是"唯十四行诗论者",看成是冒险家、夸夸其谈者和小丑;而那些同胞们则又生怕丢丑地把这些意大利人看成耻辱,因为他们不像当时新时代所要求的那样,是些祖国的英雄。

  我要从另一种含义上把如下一点也看成是一种好事:巴洛克主义在那个以它命名的时代里曾是整个欧洲(而意大利又甚于其他各国)狂热崇拜的对象。在一个人的生活中,总是存在一些恶劣倾向,而这些倾向也只能在实践当中才真正使人的灵魂摆脱其影响,从而成为值得记忆的、起告诫作用的东西,同样,在各国人民和人类的生活中也有这种情况。如果说以后几代人,也就是我们大家,今天仍然对那种臃肿的形式、处心积虑想要引起惊奇效果的构思、烦琐而复杂的比喻和对比、刺激性的做法等诸如此类的东西感到不能容忍和反感的话,如果说我们准备好要把上述东西加以区分,并指责或嘲弄它们为"十七世纪主义""巴洛克主义""奇特派"等的话,那么我们除了把这种在判断上的明确性和在用意上的坚定性归功于当时那个时代本身之外,又能归功于谁呢?因为那个时代把人们当时在这方面所能犯下的一切罪过都统揽到自己身上,并且把这些罪过都赎清了。因此,作为巴洛克的那个巴洛克时代本身的存在,也并非徒劳无功的。

1935 年

十五　鲍姆加登的"Aesthetica"[①]

好几十年来,我徒劳地在一些书目中以及一些旧书店里寻找鲍姆加登的稀世之作 Aesthetica,这部书过去我曾阅读和研究过,我当时是从一家德国图书馆借来的,但是,我曾非常渴望得到它,因为它是第一部标有这样一个科学的题目的书籍:这个科学同我思想生活的大部分有联系。而当我不再考虑这个问题时,或者说,当我考虑这个问题不像以前那么多时——不过,这也就是几个星期的事罢了,得知我的这一要求的几家书店中的一家书店,竟然通知我:它可以向我提供有关这部作品的两部分的一个很好的版本,代价是好多好多瑞士法郎,因为这两部分是很难搜集到一起的。我赶紧回信说,我接受它提供的书。

这样,我等了几天,心情就像一个人"害怕眼看到手的果实遇到障碍而不可得"一样。但是,书终于寄到了,这版本也确实不错,非常新,两小卷,十二开本,全部用白底镶淡粉色边的羊皮纸,以十八世纪的形式漂亮地装订起来,上面印着金色字体。

我把这两卷本拿在手中翻来翻去,并且以既愉快又满足的心情鉴赏它。

在大约三十二年之后,在青年时的印象和回忆的令人欢欣的浪潮

[①]　即"美学"。——译注

重新掀起的条件下,我又重新看到我非常熟悉的扉页:AESTHETICA/scripsit/ALEXAND. GOTTILIEB/BAMGARTEN/Prof. Philosophiae/Traiecticis Viadrum/Impens. Foannis Christiani Kteyb/C/CC/CCL,等等。这正是第一卷里印的,但日期除外,这部书的日期为一七五八年。第二小卷比第一小卷篇幅要小一半(第一卷,除序言和简介外,是从第1页到第400页,而第二卷则仅从第401页到第623页);第二卷是在第一卷印刷后不久付印的,大约是在一七五○年左右,尽管当时作者已经卧床不起,不能再准备撰写手稿的续篇,这时,作者在患病八年之后(他患的是肺病,遭受长期折磨,终于病故,时年尚不到五十岁),已经丧失了续写和完成他的作品的希望,因而听任出版商销售已完成的著作,尽管是不完全的,同时他还写了一份简短的说明,解释了情况。

说明是以如下悲哀而又崇高的语句结束的:"Si quis tamen superes, amice lectore, qui me cures, qui me nosti, qui me amas denique, disce fortunam ex aliis, ex me, qui iam octavum in annum per ambages aegritudinum circumerro, quae videantur inextricabiles, quam necessarium sit, maturlus bene cogitandis optimis assuefieri. Quid enim agerem, uti nunc sum, pro virili hoc agere nescius, profecto, nescio"①。

我开始重新翻阅这部书的头几段警句性的内容,这几段内容一直铭刻在我的心中:首先,就是那段确定新科学的话:"Aesthetica(theoria liberalium artium, gnoseologia inferior, ars pulcre cogitandi, ars analogi rationis)est scientia cognitionis sensitivae."②第十四段确定了感觉认识的

---

① 拉丁文,意为"然而,谁又能超越我呢?读者朋友,你们是关怀我的,承认我的,总之是爱护我的,你们希望我幸福,而我一年到头有八次因为困惑不解而一筹莫展,力求弄清无法解开的谜,尽管必不可少要这样做,要很好地深思熟虑。如今谁又能这样做呢?任何人都不会有雄心壮志这样做了,可以肯定,任何人都不会这样做了"。——译注

② 拉丁文,意为"美学(自由艺术理论,低级认识论,优美的思考方法,类似的理性方法)就是感觉认识的科学"。——译注

内在目的："Aesthetices finis est perfetio cognitionis sensitivae qua talis. Haec autem est pulcritudo. Et cavenda elusdcm, qua talis, imperfectio. Haec autem est deformitas."①我又含笑地重读了他对那位反对新科学的哲学家提出的异议(因为新科学正是他着手创立的)，以及他的辩解和反驳。"Indigna philosophis et infra horizotem eorum esse posita sensitiva, phantasmata, fabulas affectuum pertubationes, etc."②他的回答是："philosophus homo est inter homines, neque bene tantam humanae cognit cognitionis partem alienam a se putat."③(§6)他的异议也就是："Facultates inferiores, caro, debellandae potius sunt quam excitandae et confirmandae."④他的回答是："Imperium in facultates inferiores poscitur, non tyrannis."⑤(§12)这是老一套说法，它又令人欣悦地重回到我的耳际。

作者说的经常都是一些格言警句，但是他的拉丁文也往往是尖刻、冗赘而不够通顺，他从讲台上用生动的德语来评论和论述这些观点，既令人欢喜又饶有风趣，凡是听过他讲课的人都会记得起来。至今还可以从一本听课笔记的这里或那里看到他所讲述的内容在当时引起的微弱反应，这些讲课内容都是一位学生当时收集起来的，这本笔记同这位学生的其他手稿一起保存在柏林图书馆里，并作为一篇毕业论文的附录付印了(见 B. 波普《A. G. 鲍姆加登及其价值和地位》等，1907年波尔纳—莱比锡版)。他虽然在讲课原书中答复那些反对

---

① 拉丁文，意为"美学归根到底是完美的感觉认识，因而也要讲究美。要避免令人失望，成为不完美的东西，因而也成为丑的东西"。——译注
② 拉丁文，意为"哲学家们令人愤慨，他们的感觉状态是狭窄的，他们捕风捉影，想入非非，一心制造混乱，等等"。——译注
③ 拉丁文，意为"哲学家作为人是完全的人，但他们却缺乏人的认识，丧失他们自己的品格"。——译注
④ 拉丁文，意为"亲爱的，他们能力低下，摧毁一切，犹豫不决，同时又肯定一切"。——译注
⑤ 拉丁文，意为"他们虽然能力低下，却又要发号施令，但还不是像暴君那样"。——译注

把美学认识看成是感觉认识或模糊认识(因为美学认识与逻辑认识及明确认识不同)的意见——这种意见认为"confusio mater est erroris",指出"Sed conditio sine qua non, inveniendae veritatis, ubi natura non factt saltum ex obscuritate in distinctionem"①(§7),但是,他在讲这番话时却是用玩笑的口吻说出这样一些警句:"我们的对手说,模糊是错误之母。让我也继续打个比方吧:一位母亲不能总是在生孩子,同样,模糊也不会总是产生错误。"作者巡视了(§§85—86)有关impetus②的一切激发性因素,也就是巡视了有关诗的灵感和弘扬的一切激发性因素,在这些因素当中,也有从阿加尼普斯清泉③和其他神话中著名水流中汲取精华这样一个优点;但是,作者又说,"既然我们的普通水流不能产生这样的效果,人们也就经常为满足这一需要而建议吮饮葡萄酒了"。有时,作者也把他的思想蕴藏到一些含义敦厚的小诗中去,正如他叙述的有关美学认识亦即诗本身应当具备的特点——六个特点的问题那样:"Reiehtum, adet, Wahheit, Licht, Grundlichkeii und, Leben, Wer das meiner Einsicht gibt, hat mir viel gegeben."④(§22)另有一些时候,作者又讲述一些掌故,像西班牙大使即蒙蒂赫伯爵在王室宫廷中那种令人赞叹不已的机智敏捷、从容不迫的作风(§286)。作者把法国作家作为楷模,推荐给他的德国同胞,就像贺拉斯把希腊作为榜样推荐给罗马人一样,因为在作者看来,德国和法国当时正处在古罗马和古希腊同样的美学当中(§56)。作者不能否认,当时那些法国作家生活在有利得多的条件之下,他们享有退休金和收入,亦即生活优裕,而绝大部分德国作家却是"um des Brotswillen",亦即为了面包而从事科学研究(§84)。对于那种断言要对美学认识或诗的认识有牢固

---

① 拉丁文,意思为"模糊是错误之母","尽管一直没有条件,却仍发现了真理,当然,它还没有从晦暗不明一跃而成为明察秋毫"。——译注
② 拉丁文,意为"冲击力"。——译注
③ 阿加尼普斯清泉是供诗神缪斯饮用的泉水。——译注
④ 德文,意为"丰富、高尚、真实、明晰、彻底和活泼,这便是我根据我许多经验得出的认识"。——译注

十五 鲍姆加登的"Aesthetica"

的逻辑认识的说法,作者虽然在文章中(§8)做了平心静气、通情达理的回答,但是,在他那激动的声音中,他作为一个哲学家却无法使自己无视如下这一点,即那种摆出哲学家架势、训斥旁人的傲慢态度背后往往隐藏着轻视那些细微、复杂和敏感的问题的动机:"这是既想偷懒又蛮横无理的作风,这种作风是要记住两个定义而又不想花费更大力气。"就作者作为教授的地位和尊严来说,他是极其温良敦厚的(他去世前不久,有人曾问他死后希望怎样安葬,他回答说"越是作为学者安葬,就越好"[je akademischer, je besser],没有一点哲学家传统的架子)。作者说过:"当我们把哲学家看成一大半高耸入云的山崖,并且写着 Non perturbatur in alto① 时,那么我们就忘记了哲学家也是人,并且没有考虑到:禁欲主义者及其贤人学者现在已经变成可笑的人物了。"(§6)

作者是一个牧师的儿子(这牧师是随军神甫),也是一些神学家的兄弟,他是严格纪律教育出来的,是个虔信宗教的狂热分子(关于他的痛苦——过去有人听到他说过这样的话:Serenitas animi est demonstratio demonstrationum②——和他平和地死去这一事实,都几乎被人传诵成一位圣贤的事迹,因为他的一生具有教育意义,梅尔于一七六三年在哈勒记载过他的生平),因此,作者同样也是对真理的严肃而大胆的探求者,是不胜枚举的过着清贫学院生活的学者(这些学者是顽强而有胆识的,其中就出现过伊曼努尔·康德,他们体现了德国的伟大精神)中的一个。正因如此,尽管在虔信主义和沃尔夫③哲学二者之间存在对抗,作者却毫不犹豫地承认后者的伟大优点;他虽然信仰沃尔夫主义,却又能发现莱布尼茨主张中更深刻的内容,而这种内容又是沃尔夫所遗漏掉的;他尽管有分析家所特有的那种系统的才智,却也能看出诗歌的伟大而具有根本意义的重要性,并把诗歌作为科学分析

---

① 拉丁文,意为"不要犯上"。——译注
② 拉丁文,意为"灵魂的平静要由表现来表明"。——译注
③ 沃尔夫(1679—1754),德国哲学家,折中理性主义者。——译注

和系统研究的对象。他对那些想禁止这位哲学家同如此轻浮、低下或淫秽的素材相纠缠的人们做过一些回答,这些回答如今使我们不禁会心一笑,而就在当时,这些回答也表明一种不同寻常的勇敢精神,因为他竟敢同年深日久的习惯背道而驰(况且,这些习惯当时是披着道貌岸然的外衣的),并且敢于对抗那些势力雄厚的对立派系:我们今天之所以能创立新的独立科学(我原本想说是"宣告"新的独立科学),正应归功于这种勇敢精神,在这新的独立科学中,汇集了有关诗歌和艺术亦即"美学"的种种散佚的学说,并且把这些学说统一起来,使它们更好地相互协调。

我们应当彼此很好地理解这一点。创立和命名一种新的科学,从经验主义角度把某些种类的认识汇集在一起,这种做法对于思维来说并没有任何好处,而且我们过去看到有人这样做了,或多或少并不顺利,但是却十分频繁,主要是那些实证主义者这样做的,时间在十九世纪下半叶。但是,把一种真正具有特色的原则分辨出来并加以坚持,从而把原来表现为相互分歧或对立的一些观点(当然,这些观点仍具有粗糙或不成熟的形式)归纳到这一原则上去,同时根据这一原则来彻底、全面澄清精神生活领域,这种做法则完全是另一码事,这种情况在几百年或几千年当中只能断断续续地发生。鲍姆加登虽然不是什么当时只靠他一人来完成这一事业的天才人物,但毕竟——可以用一种十分具体的形象来说——及时而又恰当地用肩膀推了一下,把车子推到他所走的路上去。从十六世纪初起,人们就曾或多或少地自觉地重新致力于创立有关诗或美学的独立科学,重新发现和重新研究亚里士多德的诗论,这主要是由意大利人做的,而且也依靠意大利所做的工作,在十七世纪,人们对这些问题有了一种新思想见解,这种思想见解曾被一系列当时已被人使用的新的观点和新语汇证实,如有关才智或天才、"不加论述"的判断或情趣、幻想、非对非错的初步印象、情感等概念和语汇。但是,随十八世纪初而来的是时代的成熟性;从许多方面都可以看到新科学在出现,各方面大同小异,深浅程度多少不同:

从莱布尼茨及其追随者来说,他们是把视线放在"petites perceptions"上,放在"perceptions confuses, dont on ne se rendre raison"上,放在那种不是属于思维而是属于"goût, distingué de l'entendement"①上;从维科来说,他曾发现"诗的逻辑",并且从事虚构,而虚构恰恰是同思维相对立的,它是诗的原始和永恒的泉源;从那些生性敏感的人们以及那些爱好艺术物品而又厌烦学派规则的,像杜博斯那样的人们来说,他们则是把对诗的判断归结为情感,而对格拉维纳、穆拉托里、卡莱皮奥②一类的人以及其他意大利人来说,由于他们在不同程度上都是主张虚构的,因而他们在博德梅尔和布雷廷格③等瑞士人身上也找到了他们的同宗和信徒。甚至还有人像毕尔芬格④那样,要求建立一个新"器官",即与亚里士多德逻辑学并驾齐驱的新"器官","感觉和想象的器官"。但是,鲍姆加登却率先说出了当时算是新的名词,它并一直沿袭下来,即"Aesthetica";这个名词他在 *Meditationes philosophicae de nonnullis ad poëma pertinentibus*⑤一书中早就提出来了,这部书曾是他一七三五年在哈勒大学所写的一篇毕业论文,当时他大约二十一岁;一七四二年,他在奥得河上的法兰克福大学就这一问题讲课时,又再次提出这一名词,而尽管他的朋友和学生梅尔在他之前就曾创立并发展这类课程的内容,并把它写成德文付梓出版,尽管梅尔坚持使用当时更常见的名称,即"一切美的科学的基本原则",鲍姆加登却仍把"美学"这一名称放在他的论文开头,这篇论文是一七五〇年开始出版的。美学是古代学者所不曾认识的一门普遍性科学,这一科学在亚里士多德有关认识器官的三部分学说(即逻辑学、修辞学和诗论)中是没有地位的,因为"如果我要在感官上进行美的思考,为什么我就只应从散文和

---

① 法文,意为"微小的感性","人们无法克服的那种模糊感性","与内行有别的情趣"。——译注
② 卡莱皮奥(1693—1762),意大利文学批评家。——译注
③ 布雷廷格(1701—1776),瑞士作家。——译注
④ 毕尔芬格(1693—1750),德国哲学家、数学家、政治家。——译注
⑤ 即《对有关诗问题的若干哲学思考》。——译注

诗歌上这样做呢？那么，绘画和音乐又跑到哪里去了呢？"另一方面，修辞学充其量不过是一种分类，把它同诗歌放在一起，它在很大程度上会表现为一种重复。"美学应当是更有普遍性的：应当说出对任何一种美都适用的论点，而且对待每一种美，它都应当运用普遍的尺度。"(Vorles.[①], §1)因此，鲍姆加登是一个创新者，即使有上面说过的那种方式和局限性，也依然如此；人们必将会同意托马斯·阿勃特[②]的看法，他曾在鲍姆加登去世后不久，即一七六五年，写过一部著作《A. G. 鲍姆加登的生平和特征》(我也有这部罕见的在哈勒出版的小册子)，他写道："熟悉这门学科的人很清楚：这门学科把鲍姆加登的名字列入二等创新者的行列(Erfinder von der zwoden Ordnung[③])。"他还写道："将来人们会承认"他拥有的"荣誉是他有十分充分的权利享有的"。鲍姆加登也明白，这种哲理科学对于批判研究文学作品也是必要的，因为这种批判研究正应当以哲学范围所规定的一些准则来进行，"nisi velit in diiudiicandis pulcre cogitatis, dictis, scriptis disputare de meris gustibus"[④](§5)；他还指出，"注释者要想说明作者的真实含义和使自己能完全表达这种含义，就需要有美学知识"(Vorles., §4)。即使鲍姆加登在确定诗歌的固有特征方面犯了错误，他也毕竟仍然看到、提出或猜到，甚至断言：诗歌有某些独特的东西，因而必须赋予它一种独立的地位，一种相应的科学，而为了很好地确定这一点，他才给这门科学起了一个适合于它的名字，这个名字一直就成为这门科学的固定名称了。

但是，实际上鲍姆加登所做的还不止于此(在这方面，他也搜集并发展了前人许多思想和做法，这些思想和做法正构成了传统)，他确定美学范畴为理论范畴，而这一理论范畴从思想上说是在逻辑范畴或思

[①] "Vorles."系德文"Vorlesung"的缩写，意为"讲义"；下同。——译注
[②] 阿勃特(1738—1766)，德国启蒙主义作家。——译注
[③] 德文，意为"二等创新者"。——译注
[④] 拉丁文，意为"除非是要很好地判断思维、言语、写作，讨论纯属情趣的问题"。——译注

维范畴之前就有了。他在讲义中说过(§13),逻辑学可以被说成是美学的姊妹,如果从理论角度来看的话;但是,相反,要从实践角度(从Ausübung角度)来看,则美学是先于逻辑学而出生的。由于这个缘故,鲍姆加登就在论述哲学方面采用了更称得上是现代化的研究方法,他在那时就早已不满足于罗列和描述种种不同的"灵魂功能",而是从遗传角度上系统地加以考虑,把这些功能看成是一种"永恒的思想史",正如他那伟大的同时代的那不勒斯学者后来所说的一样。

从更加具体的美学角度来看,把美学范畴说成是 cognitio,而且是 cognitio sensitiva①,是在分类范畴或逻辑范畴之前就存在的范畴,是有重要意义的,因为这是或多或少自觉而又彻底地取消了诗和艺术要作为教育性理论的任何根据,这种教育性理论是以诗歌和艺术的后期作用为假设的,几乎像是学者或哲学家所创造的或指导的作品的目的就在于使人们所承认的唯一 cognitio,即 cognitio logica② 披上感觉上和感官上的吸引力外衣。诗并不是由逻辑学的影响而产生的,因为早在逻辑学之前就有了诗;诗不是性感或引起感官兴趣,因为它是 cognitio。这就说明过去许多主张对诗采用旧的智力至上主义理论的人傲慢地起来反对鲍姆加登的原因所在,也说明何以当时大家都指责他把诗贬低为满足性感的东西。过去有一位批评家,即雷舍尔说过,"按照这些美学倡导者的说法,一种构思当中感觉和幻想的东西越多,其诗意也就越浓。由于这种人宣扬有关写诗的如此有害的观点,他们就不应摆出法官的架势。""不,看在上帝的分上,看在上帝的分上,不!"另一位批评家,即基斯托尔普也叫道,"绝不要以智力来判断,绝不要以智力来判断!一切,不管是以后还是以前,都要以感觉和想象来判断!而你们缺少的正是这个,即美学:美学是对种种灵魂的新的描绘!""你们等一等吧,"那位年老的哥特舍德③冷笑道,"你们很快就会看到:人们

---

① 拉丁文,意为"认识","感觉认识"。——译注
② 拉丁文,意为"逻辑认识"。——译注
③ 哥特舍德(1700—1766),德国撒克逊派诗人。——译注

将会开始根据鼻子和味觉来绘画的。"在这些智者群中当时流行的一种看法就是:鲍姆加登简直是个"尼古拉教派分子"①,亦即介乎基督教徒和异教徒之间的热衷恋爱勾当的异端分子(可我们也不知道是否真的有过这种异端分子)之一,要么就是那些在十一世纪曾违抗教皇斯德望九世和格列高利七世而不甘心减少夫妇间那样的乐趣的僧侣(这些人则确实有过)。这样,就爆发了被称为 der aesthetische Krieg 的战争,即"美学之战",我们可以从柏格曼②教授的一部书里看到对这一战争比较具体的叙述,但是,这位教授根据性特点和他所希望的有关人类变化的情况(这种变化最终是依照黄蜂和蚂蚁的社会来塑造的,并且把以母系为主或母系社会的原则③作为依据),标新立异地论述了历史哲理问题,他的这种做法却使我丧失了耐性,而这位教授在二十年前还是像每一位虔诚的基督教徒那样进行论述的呢(见柏格曼 Die Begrundung der deutschen Aesthetik durch Baumgarten und G. F. Meier④1911 年莱比锡版,第十二章)。曾为美学及其权利而战斗的正是梅尔,那些口出恶言的对手们当时把他称为"身在法兰克福的鲍姆加登教授在哈勒的猴子";当这些对手们兴致更好一些时,就拿梅尔取笑,以讽刺的口吻赞赏他那动作敏捷的骑士风度,而梅尔不过是刚刚看到他所信奉的新女神(亦即美学)的光辉和荣誉落到自己身上罢了:

> Kein Ritter griff so sehhell zum Speere, Wenn seiner Gottin Reiz und Ehre Ein Rittersmann in Zweofel zog. ⑤

---

① 一世纪下半叶基督教成立初期的异端教派。——译注
② 柏格曼(1812—1884),斯特拉斯堡哲学家。——译注
③ 见《批判》第三十期第 138—140 页;目前可参阅《评论谈话》,1939 年巴里版,第五章,第 298—301 页。——原注
④ 《德国美学通过鲍姆加登和梅尔的创立》。——译注
⑤ 德文,意为"没有一个骑士这样迅速地抓起长矛,当另一个骑士怀疑他的女神的美丽和荣誉的时候"。——译注

十五　鲍姆加登的"Aesthetica"

鲍姆加登当时让他的朋友完成所有一切,他的这位朋友比他自己更加关心当时的文学事宜,更加有能力同一些文人进行舌战;鲍姆加登感谢他的朋友自发地起来为他辩护,而无须他请求这位朋友这样做,也无须他委托这位朋友承担这个工作("me non rogante, me non mandante"①)。但是,从鲍姆加登方面来说,他毫不动摇地坚信自己提出的理论,他不屑于做出回答,要么仅仅是用几句话冷淡地叫对方注意这样一点:他论述了自己的结论,并且要坚持自己的结论,而诗是 oratio sensitiva perfecta②,但是,这些对手们却歪曲这个形容词 perfecta,把它改为副词 persecte,从而把其含义曲解为 Omnino,硬说鲍姆加登说过诗是 omnino sensitiva③;更恶劣的是:他们竟然把 sensitiva 这个词解释成是有性感事物的庸俗而粗野的含义,说什么"turpiscule vel etiam obscenius dicta per iocum"④;这样一来,这些对手们就是捕风捉影地在进行战斗(见 *Metaphysica*⑤ 第三版序言)。鲍姆加登断定诗具有非逻辑的性质,或是正如他所说的,诗具有"非明确"的性质,但是他从未想过要否定在诗歌当中会包含一些同智力有关的明确思想。他曾在讲义中做过这样的解释:"诚然,我们把美学称作是感觉认识的科学;但是,这并不是因为诗中的一切都是可以感觉到的,就没有一点明确的东西(即逻辑性);不,相反,是因为主要的或具有决定性意义的因素(die Hauptbegriffe⑥)始终是可以感觉到的,正如人们认为某一演说的主调是具有逻辑性的,因而这演说也是具有逻辑性和科学性的一样,因为在可以感觉到的演说当中,是潜伏(verstekt⑦)着明确观念的。美并不是存在于模糊之中,而是存在于把模糊的表现变为美的表现。"

---

① 拉丁文,意为"没有请求我,也没有委托我这样做"。——译注
② 拉丁文,意为"完美而有感情的讲述"。——译注
③ 拉丁文,意为"完全","完全属于感觉的"。——译注
④ 拉丁文,意为"猥亵,或者说句玩笑话,就是淫秽"。——译注
⑤ 《形而上学》。——译注
⑥ 德文,意为"主要观点"。——译注
⑦ 德文,意为"潜伏""隐蔽"。——译注

(§17)在这个问题上,鲍姆加登几乎仿佛是提前迎合了德桑克蒂斯的如下说法:即在诗中,观念(可以肯定,观念是不可能没有的,如果说每一种精神形式中都有全部精神的话)是"沉落和被遗忘"在形式当中了,也就是说,由于有了形象和幻想,观念却被遗忘掉了。

归根到底,我们今天也仍然只是支持鲍姆加登所下的这个定义,过去赫尔德早就认为这是以往从未有过的最好定义,这个定义应当被看成是诗的经典定义,即 oratio sensitiva perfecta,它是反对那些把诗作为种种寻欢作乐或骄奢淫逸的工具来对待的感官主义者的,这些感官主义者把诗看成是未来派所主张的玩弄喧闹游戏的工具,或是颓废派所热衷的狂热追求优雅词句或声调的手段;这个定义也反对那些矫揉造作,一味主张写至高无上作品的人,这些人把诗看成是能未卜先知的,能向人们宣布并通告对人和世界究竟是什么、人世和阴间究竟是怎样、我们应当作什么和等待什么,以及其他一些神秘莫测问题的最大发现;这个定义同样反对那些温情主义者,这些人把诗作为发泄他们的任何激情的工具来使用;如此等等。我们今天虽然有了我们的新的提法,但也是反对上述各类人等的,我们认为:诗是 perfectio cognitionis sensitivae qua talis①,而这种完美性就是 pulcritudo,就是美。究竟有多少人有能力领会像拉布吕耶尔所说的这一"point de maturité"②呢?这种诗人、真正的诗人、天才是不可多得的,正如历史所表明的那样,况且也是理所当然的;但是,也不该认为那些从内心深处以应有的方式对待诗的人,是为数很多的(在鉴赏上陷于狂热境地,甚至胡言乱语的人根本不相信有人会这样做)。这种痛苦与欢乐的融合、混乱与平静的融合,这种带有痛苦色彩的欢乐,这种带有混乱意味和本身包含内心混乱因素的平静,所有这些都要求我们做到冷静,从内心上提高,从内心上净化,而这种情况在一般人中间是从来不会有的,在许多

---

① 拉丁文,意为"本身既完美而又有感觉的认识"。——译注
② 拉布吕耶尔(1645—1696),法国道德主义者;引文为法文,意为"成熟点"。——译注

人身上也只是微弱地或偶尔地出现；只有在不多的人身上，这种情况才会自由而彻底地得到发展，从而变成精神上的姿态和能力。正如鲍姆加登过去对他的学生们讲过的，凡进入美学领域的人"必须有一颗伟大的心灵"（muss ein grosses Herz haben，§45）。当然，正如费德里克·席勒所见，美学的提高是同道德的提高血肉相连的，而且也转化为道德的提高。最后，那些严格而深刻地理解诗 qua talis① 的优点和作用的哲学家，为数要比我们所认为得少得多；对某些美学结论，尽管有人表示拥护，但这种情况也并不能说明人们真正理解了上述一点，因为一般说来，他们虽然不像莱布尼茨所说的，是什么"鹦鹉学舌"，却仍然是肤浅或偷懒地接受。

此外，当我们考虑鲍姆加登所了解的诗的品质（即古罗马和十八世纪的诗），特别是他如何就此做出判断时，就会几乎立即指出，从鲍姆加登身上，可以看出：他所提出的理论不过是一种系统推论的结果，而在做出这种系统推论的同时，还有一种抽象的归纳，而不是什么隐秘的感应。我们也可以这样讲，不过这是要从心理学角度这样讲的，并且要十分谨慎地加以领会，因为思想永远不会有什么结果，除非它是同时作为推理和经验，归纳和感应；而鲍姆加登差一点就是以纯真的方式来认识和了解纯真的诗，尽管他对诗认识和了解得那么多，或者说，尽管他对诗明察秋毫，他却仍能确立他那发人深省的诗的定义，并且坚持这个定义，反对那些持相反意见的人。况且，晚些时候，同样的情况也在伊曼努尔·康德身上发生了，康德对诗和艺术的认识，无论从质量上说还是从广度上说，都与鲍姆加登无大区别，然而，他却考虑到**对判断力批判**，而且他永远是根据这种批判来指出美的某些主要特征。虽然一个人不是生来就懂得哲学的，但他却完全可以生活在现实的极其丰富的刺激因素之中，而且也并不因而就把这些刺激因素变为经验，也不会在任何情况下都把这些经验再提升为观念和理论；一

---

① 拉丁文，意为"如其本身的"，亦即"本身"。——译注

个人只是生活在其中,却并不能领会和理解这些因素。一个人要具备哲学才能,有时只消掌握一丁点儿现实,就足以发现宇宙间的一些新现象。

然而,上述定义、主张确是鲍姆加登对美学科学的最大贡献,但同时也是他所不能逾越的局限,因为他不能根据具体事物来思考和确定,不然,他在这样做时就会被推上或再次被推上错误的道路,要么则是陷入无法解脱的迷宫,而徒然地挣扎。为什么会这样呢?是什么障碍在这里阻挡住他的去路,使他既不能加以克服,又不能加以铲除呢?

我们可以说,是观念,是他所属的那个学派所接受的那个观念,即认为精神和现实是纯粹根据量的不同而发展的,这个观念正是莱布尼茨所说的 lex continui①,他曾用如下格言把这个观念包含进去:natura non facit saltus②。让我们看一看莱布尼茨所区分的 perceptiones③ 的三个层次吧(他这样做并不是不以经院哲学为依据,因为他对经院哲学颇有研究,而且也特别是根据经院哲学才提出这种看法)——即蒙昧感性、模糊感性和清晰感性;我们还应当注意:莱布尼茨和他的学生们曾把清晰感性确定为逻辑学、科学和判断的主要境界,把第二种感性确定为诗、想象和情趣的主要境界,把第一种感性,亦即最低下的感性,确定为处于迄今是混沌状态的认识以下的那种境界,这种认识虽不是清晰的,却是明确的(根据我们思维和语言的习惯,"混沌"这个词是指人们处于迷茫状态,但是,只消把它译为"不清晰"或"非思维"就足以消除这种迷茫的含义了),不过,这种最低下的感性仍然是处于蒙昧状态的,既无形象又无表现。在经过两个多世纪的新分析和新处置之后,现在我们眼中的这三个等级的感性究竟是什么东西呢?对我们来说,这是我们现在所要重新考虑和思索的。这三个不同的认识形式中的"蒙昧"的感性,相当于实践中的激情或情感(随人们怎样说

---

① 拉丁文,意为"连续性法则"。——译注
② 拉丁文,意为"自然界不会跳跃"。——译注
③ 拉丁文,意为"感性"。——译注

吧);"混沌"而又"明确"的感性则相当于纯属直觉的感性,亦即幻想;既"明确"又"清晰"的感性相当于智力认识、批判认识和哲学认识,亦即思想。

在这三种形式中,没有什么量的逐步过渡,因为情感虽然丰富,虽然所获无穷,却将始终是情感而已,它永远不会变为直觉;直觉也同样如此,尽管它那么广泛,却永远不会变为概念和判断,它将始终是诗的幽灵。从一种感性向另一种感性过渡,并不是量的,而是出于蕴涵和辩证,不是由于增加,而是由于危机,不是进化性的,而是(如果人们喜欢,也可以采用生物学的一种说法)渐成性的。然而,恰恰是莱布尼茨及其信徒们把这种过渡看成是量的、渐进的和进化性的(perceptio minime obscura, minime clara, obscurior, clarior, aequaliter clara①,等等,见鲍姆加登 *Metaphysica*,第 528—532 页),并认为,蒙昧的、模糊的和清晰的三种感性形成了一个阶梯,通过这个阶梯,人们从或多或少蒙昧的状态上升到或多或少明确的状态,再由这一状态上升到或多或少清晰的状态,即从 regnum tenebrarum 一步步上升到 regnum lucis②(同上书,第 518 页)。在这一过程中,唯一积极的形式始终是 distinctio③ 形式,或称智力逻辑。

这种对不同形式的感性或认识之间的关系的看法,同另一种把美学看成独立科学的看法,亦即认为诗要先于逻辑学而存在,并具有自己在 pulcritudo 中的 perfectio④ 的看法,两者之间实质上是相互对立的;而必然的结果是:要么前一种看法证明后一种看法是错误的,从而消除了后一种看法,并把新生的科学即美学扼杀在摇篮里,要么则是美学重新发挥作用,深刻纠正并改变意识观念、意识形态以及这些形式的活动方式。这第二种过程最后还是起了作用并占了上风;但是,

---

① 拉丁文,意为"蒙昧程度小一些的感性,明确程度小一些的感性,蒙昧感性,明确感性,完全明确的感性"。——译注
② 拉丁文,意为"黑暗王国","光明王国"。——译注
③ 拉丁文,意为"清晰"。——译注
④ 拉丁文,意为"美","完美性"。——译注

就当时来说,人们还没有那样大胆,因而仍然处于矛盾之中,虽然不是听之任之,因为这样做是不可能的,但是正如有人曾说的那样,却是在这矛盾中挣扎,而无法摆脱这一矛盾。

这一点在鲍姆加登身上也可以看出,因为鲍姆加登不断做出徒劳的努力(特别是在他作品中有关 veritas aesthetica 和 verisimilitudo[①] 问题的那些部分),想要论述一种真理形式,这种形式应当同时既要符合抽象——元论概念或渐进-量变概念而成为类似逻辑学那样的形式,尽管是不完美的形式,又要符合美学科学的特殊需要,而成为体现出自身完美的完美形式和体现出称作美的光辉的那种美的形式。

鲍姆加登为了使自己得到某种心安理得,曾从讲演术中求得一种权宜方法(在我看来,这一点是不容置疑的,虽然他没有明说,或没有很好地意识到),因为讲演术是一种实用活动,其目的不在于探索和确定真理,而在于说服或控制人们的心灵;鲍姆加登正是把自己的 perfectio 和区分准则放在这种能否产生效果的能力上,从而逃避真理,因为真理本身是不带有说服性的,而且不允许非真理成为真理。

由于这种或多或少自觉地把美学同演讲术等同起来,在鲍姆加登身上,美学真理就体现为这样一种或真或假的论述,即诗的读者要根据自己所处的具体文化条件,根据地点、时间和其他环境来判断这种论述确是真的。

重要的一点在于:鲍姆加登可能具备的真理性,并非在 horizontem aestheticum[②] 之上(supra),也非在其之下(infra),而是在其之内(intra),而鲍姆加登可能具备的虚妄性,则在美学这一范畴内是无法辨认的;重要的一点还在于:虚妄是 vetisimile,或称为 splendide mendax[③],真理则不是 falsimile[④](这个词是鲍姆加登自己创造的[§489]),真理

---

① 拉丁文,意为"美学真理","逼真性"。——译注
② 拉丁文,意为"美学天地"。——译注
③ 拉丁文,意为"逼真","虚假的光彩"。——译注
④ 拉丁文,意为"貌似虚妄"。——译注

十五 鲍姆加登的"Aesthetica"

也不是但丁所说的"那种具有谎言面孔的真实"。

但是,这种把美学真理同真理本身等同起来,或不如说是同演讲术的非真理等同起来的做法,是有损于诗的意识的,因为诗的意识知道,美的魅力不是攫取人们轻信的骗局;同时,这种做法也有损于道德意识,因为道德意识不能把虚妄纳入真实的范围之内,也不能容许对虚妄有一丁点儿宽容。

鲍姆加登感到自己受到这两种责难,特别是后一种责难,我们从他一再坚持论述他的主张和解释方面,就可以看出他的不悦迹象,从他对自己提出的那些异议中也可以看出这种迹象,他之所以对自己提出异议,是因为他要预防对手或读者向他提出不同看法,对这些不同看法,他所做的回答并不是扬扬得意的,相反,是带有显而易见的难堪。

鲍姆加登曾一度粗暴地打断了自己的论述,并向自己提出警告:"Quid autem illud est ambiguitatis? Nunc falsa concedentur, nunc denuo dissuadentur aesthetico? Dic sententiam explicitc."①

而他也只能再次指出:"uti dixi hucusque non sine necessariis determinationibus, ita pergam."②(§471)

另有一次,他遇到的情况更加糟糕,因为他觉得,他听到自己发出这样的声调,或是听到自己发出这样震耳欲聋的声音:"Quousque tandem abutere patientia nostra? Quamdiu nos etiam furor iste tuus eludet? Quem ad finem sese effraenata iactabit audacia? Tune vero, magister veritatis logicae ac ethicae publice constitutus, mendacia commendas, velut pere nobilem?"③而他还是一味装腔作势:"Sed sedatisanimis, boni viri,

---

① 拉丁文,意为"那么要嘲笑这种模棱两可的态度吗?难道现在要做虚假的让步,要又一次背弃美学吗?做出明确的判决吧"。——译注
② 拉丁文,意为"既然如此,做出什么决定并无必要,还是继续干下去吧"。——译注
③ 拉丁文,意为"他滥用我们的耐性直到何时为止啊。难道是直到你能避免使我们发怒为止吗?难道要到最后,他这种肆无忌惮的行为引起我们大胆的反应吗?的确,他所教导的是逻辑真理和现有的公共伦理,他所叮嘱的都是彰明昭著的谎言,其中还掺有虚假的真实,难道这样做也算是至高无上的高尚行为吗?"——译注

revertamu ad nostrum, quod vos nonnuquam male habet, phlegma philosophicum, De salute Graeciae res non agitur."①(§478)

正是由于这种以追求讲演效果来取代诗的真理的做法,我们从鲍姆加登身上,也从梅尔身上,不仅发现有某些天真幼稚的观点(这些观点不是轻易能讲清楚的,因而我现在就略去不谈了),而且还有关于美学观念、看法和推理的荒唐理论(亦即关于 cognitio distincta 会因属于 distincta 而自行起作用,从而贸然又转化为 cognitio confusa② 的理论),这样一种理论是早由十七世纪意大利某些有才智的演说家提出和发展过的;此外,也正是由于不能把诗的真理同智力真理清楚地区别开来,鲍姆加登才打算论述在美学上如何使用一些能保护和加强感官敏锐性的手段的问题,如使用显微镜和天文望远镜、晴雨表和温度表、传声筒和类似的工具!③

---

① 拉丁文,意为"还是保持心情冷静,脾气随和,恢复常态,当你有时难以承受时,还是热衷做哲学推理吧。为了希腊的安全,还是不要把事情搞乱吧"。——译注
② 拉丁文,该句意为"清晰认识"(cognitio distincta)化为"模糊认识"(coguitio confusa)。——译注
③ 鲍姆加登在论述其他那些合成做法时,也曾提到诗的理论或美学理论同感应论两者的合成问题,这一点是对的;但是,正如别人指出的,按照他的原则和倾向,他不得不在感应逻辑中论述 Cognitio Sensitiva(感觉认识)理论,这就是对他最好思想的一种背叛,正由于他有这种最好思想,他才在哲学史中有一席地位。我在我的《美学》一书(第六版,第235—236页)中曾指出过这一点,但是,我觉得,A. 博姆莱尔在《康德的判断力及其历史和体系》(1923年哈勒版,第一章,第168及以后几页)中的说法是不对的,他主张同我的主张"相反的意义上来澄清鲍姆加登"。正如博梅尔使人理解的那样,我的如下说法也是根本不确切的,即认为"德国批评家"做了我称之为对鲍姆加登思想的背叛,他反驳我说:有这种想法的批评家只有里特、齐梅尔曼和施密特。这就是说,有德国最伟大的哲学史家之一——里特;水平最高的美学史家——齐梅尔曼;写出当时研究鲍姆加登问题的最优秀专著的作者——施密特。1900年,当我著述美学史时,这几位都是研究鲍姆加登问题的主要权威。再者,人们由于感应问题,以及由于所有关于敏感、特殊、个人等问题而对鲍姆加登产生的兴趣,同现代思想在具体性问题上产生的最广泛的运动联系起来了,因为物理学和自然科学的发展以及美学科学的形成都是在具体性范围内实现的,这种看法也是正确的,但是,这同我们所讨论的问题没有什么关系,也就是说,Cognitio sensitiva sive aesthetica(感觉认识或曰美学)并不是自然主义的观察和实验,它并不是建立在这种调查研究方法的路线上的。——原注

十五 鲍姆加登的"Aesthetica"

然而,有一个地方(§525),鲍姆加登在听任别人又一次对自己提出异议和指责之后("has certe fictiones concedes esse mendacia: cur itaque definis, il illustras, distinguis et analogica saltim commendare, videris?"①),并且在借助一位古人来做出回答,说什么他已经感到绝望,因为他不能使人民不去利用一些虚假的信誉之后,竟产生了一种疑虑,因为他重又想到了圣阿古斯蒂诺②的某些话,这种疑虑就是:他怀疑圣阿古斯蒂诺在看到要害问题方面要比他更幸运:他曾说过"forsan tamen S. Augustinus me felicior est"③。圣阿古斯蒂诺的几句令他震惊的话是:"Non omne quod fiugimus mendacium est; sed quando id fingimus quod nihil significat, tunc est mendacium. Quum autem fictio nostra refertur ad aliquam significationem, non est mendacium sed aliqua figura veritatis... Fictio quae ad aliquam veritatem refertur, figura est; quae non refertur, mendacium."④(见 *Quaestionum Evangeliorum libri duo*⑤,第51节,米涅版,第三小卷,第二部分第1362页)但是,这几句话固然使他震惊,却并不因此而使他不能很好地加以理解(见鲍姆加登搜集在 *Vorlesungen*⑥ 中有关章节和段落的那些解释);鲍姆加登也没有从这些话中得到什么启发,从而走向有关 veritas aesthetiea⑦ 的另一种观念,这种观念把这种真理看成是表现真理而非逻辑真理,是情感的表达,而不是判断的表达;这尤其是因为他一直顽强地主张对感觉认识和感觉表现做别人所禁止做的区分,对无表现的内容和有待附加在内容之

---

① 拉丁文,意为"即使假设容许他们撒谎,却又为何这样一来就能确定、说明、分辨问题,就被看成类似从谎言一跃而为论述了呢?"——译注
② 圣阿古斯蒂诺(354—430),天主教哲学家。——译注
③ 拉丁文,意为"也许圣阿古斯蒂诺比我幸运"。——译注
④ 拉丁文,意为"并不是每逢我们装模作样,就是在撒谎;只有在装模作样而又没有任何意义时,那才是撒谎。充满有意义东西的装模作样就不是撒谎,因为它有真实的形象……充满真实东西的装模作样,也是形象,不然,则是撒谎"。——译注
⑤ 即《圣经问题第二卷》。——译注
⑥ 德文,意为"讲义"。——译注
⑦ 拉丁文,意为"美学真理"。——译注

上的表现做别人所禁止做的区分。这样一来,鲍姆加登和梅尔都一直把美学划分为 heuristica(创作)、methodologia(布局)、semiotica(表现),他俩都从来不怀疑这三个东西是 unum et idem[①] 的,实际上,他们是强调以上三者的最后一个,即纯表现。

鲍姆加登为了认真考虑把美学真理看成是"逻辑学以前"的东西,把诗看成是 oratio sensitiva perfecfa 这个问题,为了向自己而不是向其他人充分证明他的这一郑重宣布的主张是正确的,曾不得不根除和摧毁任何认为诗的真理是什么"次要的逻辑真理"的想法,因为根除和摧毁这种想法虽然是他认为诗应有自己独立的哲理科学这一主张的结果,但也是同莱布尼茨哲学的形而上学和宇宙学总前提相对立的,而上述科学本身则又来自莱布尼茨哲学。必须采取两种同步、并行的行动来铲除并取代上述前提,必须使美学真理更深刻地渗透到它本身所固有的品质当中去。经过长期工作,经过一系列不同的考验和尝试(这些考验和尝试只是部分地遭到失败或取得成功),过了很久,上述一点才算做到。为了使我们在某种程度上只是专门研究一下更为具体的美学问题(尽管在哲学方面任何特殊性问题都是一般性问题,反之也一样),过去曾不得不迈出首要的一大步,而这一大步又是迈得多么艰难啊!对于将来而言,也需要迈出这一步,那就是:要在美学范畴否定那种把内容和形式、赋予含义和本身具有含义、直觉和表现二者割裂开来的做法,而这种做法在最复杂的逻辑学范畴,在"散文"范畴则是通用的,因为在这些范畴,这种做法用来区分逻辑过程和表现过程,区分思想和思想所具有的情感色彩,区分观念或判断和语言。我们往往会遇到这种情况,即在一首诗或一幅画或一首乐曲面前,我们会听到有人问:这究竟意味着什么?我们从中能学到什么?正如众所周知的那样,这个问题并不能更多地说明或更鲜明地表示作品在美学上是粗俗、不成熟或笨拙的。美学教育工作,也就是说,以培养情趣为

[①] 拉丁文部分意为"统一和同一"。——译注

目的的教育活动中的这一部分工作,恰恰在于要使人感到一首诗除了其自身之外就没有任何含义,亦即它不意味着任何别的什么,只意味着它自己,意味着它通过其形象和歌唱所表现的东西。同样,在科学方面,"美学"哲学家为反对"非美学"哲学家所做的那种努力(我指的是那种意识到诗所固有的特征的哲学家为反对其他那些哲学家——他们的数量更多——所做的努力,后者从来就不曾获得这种意识,或者一直把自己封闭起来,不接受这种意识,并且从本性上说就吸收不了这种意识),就在于要把诗、艺术、美在智力和实用方面达到至高无上的"无含义性"这种观点纳入人们的头脑中去,使人把这一观点公认为属于精神的类别之内,所有这些最终还是做到了(因为在哲学上和整个生活当中,是可以谈到已经做到这一点的),因为我们有了把诗看成是纯形式和纯直觉,是直觉和表现的同一性的学说。

既然已经弄清了这一点,既然"通过战斗而赢得了这样的说法",那么我们也就可以据此进一步提出这样的问题(因为我们已经最终摆脱了逻辑学或硬要插手属于诗的东西,从而要按照自身方式来创造、指导或调和这些东西的那种观念或哲学的纠缠):究竟是什么条件、前提和精神形式在诗的创作过程中,在同诗的接触中,一变而为诗的素材(这里不是指诗的内容,因为诗的内容同形式是相吻合的,直觉同表现也是相吻合的)?这样,如下一点就一目了然了:诗的前提和素材正是那个用普通语言来说称为激情或情感的东西,总之,就是实践世界,而实践世界的总面貌是由倾向或欲望所体现的;这一点在鲍姆加登身上是模糊不清的,因为这位诗人在他论述"心灵的语言"的这些讲义中曾谈到过他在别人身上感受到的和引起的种种渴求(Begierde),并且谈到他所追求的东西是未来(zukunft),同时还描述了可能存在的种种世界(§36)。这一点之所以是相当模糊的,是因为要提出和确立任何艺术的抒情性原则,提出和确立纯直觉所内在蕴藏的抒情性质,从而证实艺术对激情所起的净化作用,那就还需要有别的东西,即净化,这种净化不是逃避激情,而是把激情提升到理论范畴,在这范畴内,激情的猛烈颤动被压倒,被融解,被化为音乐性的对立和一致,被化为生动的和谐。

在澄清这个新问题之后,在把激情或实践的世界当作前提和题材,把艺术当作鉴赏对象之后,那就应当提出另一个问题,即艺术的普遍性问题,而不致有走上歧途和迷失方向的危险,因为这种变为鉴赏对象的过程,这种净化,既是对实践的片面性和特殊性的摆脱,又是特殊感情对感觉的全面性的融会,个性对宇宙性的融会,这就纠正和限制了一种陈旧的思想,这种陈旧思想认为诗和哲学是汲取"绝对性"的两种方式。鲍姆加登也说过客观真理或形而上学真理,"nunc obversari intellectui potissimun in spiritu, dum est in distincte perceptis ab eodem, LOGICAM STRICTAM DICTAM, nunc obversari analog rationis et facultatibus cognoscendi inferioribus, vel unice, vel potissimun, AESTHETICAM"①(§424)。但是,鲍姆加登以及继他之后的其他人,却在这个问题上,在精神之外,不知在何处以及如何体现充分的和真实的"现实",客观或形而上学的"现实",因而就产生了两面反映现实的镜子,一面是十分模糊的,但是透过层层薄幕却依然晶莹明亮("模糊而又明确"),即艺术,另一面则是洁净的和明澈的("明确而清晰"),即哲学;这两面镜子在对待首要和客观的真理方面都称之为 veritas subiectiva 或 aesthetico‐logico②(§427)。但是,对我们来说,现在已经不再是照镜子的问题,因为被镜子反映的那个东西已经不复存在,亦即精神的现实已不复存在,它如今已成为销声匿迹的幽灵;那些过去被认为是镜子的东西,如今已是现实本身或起作为唯一现实的作用的东西,它们并不等于逻辑学,不等于逻辑学的类似感官的东西,而是作为精神统一条件下两种必要的精神形式,起着辩证作用。

---

① 拉丁文,意为"现在来看一看精神中强大的智力吧,与此同时,也可看到清晰的感性,即叙事方面的严格逻辑,这时,就会看到低级认识的类似原因和性能,这种认识既是特殊的又是强大的,即美学"。——译注
② 拉丁文,意为"主观真理","美学‐逻辑真理"。——译注

十五 鲍姆加登的"Aesthetica"

以上就是从鲍姆加登到今天美学和哲学思想发展的某些突出特点,也是从他到今天,到我们一般说对哲学,具体说,则是对艺术所抱有的那些观点的发展情况的某些突出特点,我们的这些观点,正是我们的新的或现代的美学。

但是,我们这一发展过程,如果不正是由我们过去和现在加以保存和发展,首先是由我们加以继承的遗产和财富的话,又能是什么呢?如果不了解这些观点以及有关现代美学的所有其他学说是如何产生的,是在怎样的条件下,经过克服怎样的困难产生的,是怎样发生变化,又怎样受到限制,怎样得到扩大,我们能真正了解它们,了解它们的内在优点吗?

为此,我本人为了我自己的用途,曾不顾至今出现的轻易炮制有关美和艺术的种种理论,找到了在改革这些理论之前先重新浏览一下有关美学的所有不同文献的这种好办法,然后再以百倍的热情千方百计地使人们回顾美学历史;但是,在这方面效果甚微。

当然,我所提出的各种理论还是很幸运的;我的话过去曾有过很大影响,现在也还有很大影响;但是,对于我所提出的主张,即要向后看,要把了解许许多多在我之前对艺术问题进行过思索和调查的思想家以及同他们展开对话这两件事结合起来,要热爱和尊敬那些对思想进步贡献较大的人,要以同情态度注意其中有些人所做的努力,即使他们的这些努力并没有获得圆满成功。对于这样一个主张,却没有任何人响应,也没有任何人遵从。人们采取这种冷漠态度,不是我的过错,因为我确实从来没有对那些我曾讨教过的人犯下忘恩负义的罪过;而你——唉,好心的鲍姆加登啊!——是知道的,在一九〇〇年,你的这个相隔遥远的学生(无论时间和地点都同你相隔遥远),曾以敬重的心情在那不勒斯再版了你的 *meis impensis*,收进装帧精美的小册子 *Meditationes*[①] 里,其中只有一小部分我拿出销售,但连一个购买的

[①] 拉丁文,意为"我的奋斗","思考"。——译注

人也没有,最后,我只好把此书全部赠送出去,而我现在也不相信,这些书在收件人当中会找到一个读者;我还不知多少次曾设法说服包括莱比锡的梅尼尔(他曾出版了 Philosophische Bibliothek① 一书)在内的一些德国学者和出版商,再版你的 Aesthetica 并适当加上插图,但我所得到的答复始终是:duo vel nemo② 会购置这部书的。后来,还是我下决心要在意大利巴里再版这部书,因为我又一次承蒙友人拉泰尔扎同意出版;但是,接着就爆发了贵国发动的那场战争;这场战争既是由弗里德里希·威廉一世国王的继承人发动的,也是由弗里德里希二世的继承人发动的;威廉一世曾把你轰出了哈勒,并遣送到奥得河上的法兰克福大学,而幸亏有弗里德里希二世,你才在一七四〇年重登你的新讲坛,用拉丁文写下并朗诵赞扬他的一系列颂歌;战后又发生许许多多的事情,其中包括世界经济危机,这场危机也是文学危机。随后不久,尽管我打算对研究浮士德做出 immer strebend(我希望成为浮士德的 erlöst③),但我仍然要以彼特拉克那样的方式向我自己指出:"你不要再躲藏了:我要的就是你!"这样一来,我就不再去想由我来再版这部书的事。④ 现在,为了回到这次论述的实质性问题上去,既然有那种在我劝告和鼓励人们去研究美学历史当中所遇到的抗拒,既然有其他那些类似的抗拒,我肯定不得不考虑这样一个问题,即哲学和历史的结合问题,从哲学向历史过渡,以及返回来由历史向哲学过渡的问题,我本来觉得是轻而易举的,几乎是理所当然的,因为我现在已经在这方面经过长期的训练和培养,但实际上却根本不是那么理所当然和轻而易举,这个问题将始终是少数人的做法。在我们的情况下,我认

---

① 德文,意为"哲学丛书"。——译注
② 拉丁文,意为"两个或一个也没有",这里是说:"只会有两个人买,要么则没有一个人会买。"——译注
③ 德文,意为"一贯努力","拯救者"。——译注
④ 但是,拉泰尔扎想到这一点还是不错的。四年之后,即 1936 年,在我七十岁生日时,他再版了《美学》一书,该书文本由托马索·菲奥雷主编,我在该书最后附录了若干有关历史背景和参考书目的注释。——原注

十五　鲍姆加登的"Aesthetica"

为,研究一下十八世纪的美学是特别具有教育意义的,因为当时,这个科学刚脱离史前时期而步入有史时期,亦即步入美学有史以来的第一个世纪(应当清楚,这一世纪在意大利是以格拉维纳和维科开始的,在德国则是以瑞士人和鲍姆加登开始的,然后则一直延续到康德、席勒、赫尔德、汉博尔特和歌德),这一世纪在有关美学的种种问题、种种理论以及种种动机方面呈现出新鲜、质朴、鲜明、透彻等特点,这些特点在下一个世纪则在很大程度上都丧失掉了,因为当时人们更经常地用现成的观点和陈词滥调来进行工作,仿效者多如牛毛,就美学而言,我是敢于把这些人称作仿效者的,甚至还有谢林和黑格尔等人,且不说他们的那些极其笨拙的学生们。

用这种推崇研究历史的医治办法,是否能有助于以更加合乎卫生的、更加谨慎的方式来解决已经预示出的哲学孕育期问题,减少大量的 fausses couches①,亦即近年来在意大利出现的种种新美学呢?这些新美学已全部归于流产,尽管其作者们曾就这些理论大事鼓噪,并鼓动别人也来大事鼓噪,几乎像是只要大事鼓噪就可以为死婴注入生命似的。我不知道,也许这会使某些有头脑的人的头脑得到纠正,而这样做也是进行这种纠正的首要条件;但是,其他人还会继续做他们今天所做的事情,因为他们不能做更好的或不同于今天的事情;也许,这也会在上述贪图轻便、心血来潮的人存在的同时,使一些出类拔萃的学者也出现了,或者得以重新活跃起来,这些学者是在美学问题上兢兢业业地、井井有条地进行工作的。此外,可以肯定:光靠你自己——噢,年老的鲍姆加登啊!——也足以驳斥他们的这些著名的想法,并把大部分这些想法加以消除,如果这些人还有心读一读你的著作的话。你可以听一听他们现在喋喋不休地说的那些话,其中有些人主张倡导一种"经验主义"的美学,即摆脱任何哲学体系的美学,这正是他们所宠爱的理论;而且你也可以让这些人亲自体验一下:美学之所以

---

① 法文,指孕妇生下死婴。——译注

来到这个世上,完全就是为了更好地理会诗的生命,而这生命也必然是系统的,同时也是为了填补在 perceptiones obscurae 和 distinctae① 之间存在的那个鸿沟;这就是说,美学就是具有深刻哲学性的科学,只有具备这个条件,它才能存在。另有一些人和上述那种人大同小异,他们想象出美学当中存在着什么"经验主义"的真理,这种真理可以像石块和砖头那样从一个体系搬到另一个体系中去,可以在这个或那个建筑物或体系当中起着取悦于人的作用;你还可以拿你个人的例子向这些人说明:你从来没有同意过莱布尼茨体系的 lex continui,你接受这个主张,是把它作为那种闪耀着自身的完善和美感光辉的美学认识和"先于逻辑学"的美学认识,你曾从理论上阐述过这种认识,但也恰恰是因为这种认识并不是什么经验主义的真理,而是一种哲学论法,它要遵循另一种原则和一种新的体系。正因如此,这些人才指责你的美学以及所有其他从诗所固有的东西,并从使诗成为诗的东西中吸取动力的美学是什么"懦弱无能的美学",也就是说,他们指责你否认那种认为艺术就是哲学或就是宗教,再或就是对人类的启示或道德导向的崇高思想,从而宣扬什么纯感觉主义;你一定会讥笑他们的,正如你曾讥笑过你同时代的人,即他们的祖先,你会指出:他们比那些学习哲学的儿童(philosophorum ipsi pueri)更不懂事,竟把 perfecta 看成 omnino,把诗意的无上纯真看成傻瓜的呆痴,此外,还把他们自己作为妄自尊大的诗痞所固有的那种盛气凌人作风看成具有高度诗意的气质。这样一来,又是一种强调真理的泛逻辑主义者,这种人惯于把唯一而永恒的思想活动宣扬为唯一的现实,惯于为这种观点的空洞性而自鸣得意,如今则遭到人们的讥刺,于是他大喊大叫道:艺术并不是情感的表现、认识和净化,而是为情感而情感,是情感,是 cupiditas②,是自我满足的一种需要,是自我享受的一种寻欢作乐,是酝酿已久的报复,是蓄意策划的一种阴谋活动,是深思熟虑的一种恶劣行为,等等;那么,你

---

① 拉丁文,意为"蒙昧感性","清晰感性"。——译注
② 拉丁文,意为"情欲"。——译注

对这种人又做出怎样的回答呢？（你曾正确地认为，甚至爱情也是违反诗意的，只要它占据并毁坏了整个心灵。）你在谈到爱情和恋人时曾说过："Misere quodomnes eripit sensus ipsis, nam simul suam Lesbiam adspiciunt, nihil est super illis."①而且你也知道，诗是通过"有距离的观察"，通过未曾满足的欲望，通过梦想、想象才开始产生的："quando autem absentis angiportum perambularunt, clausam ianuem feuestraque vacuas salutautes, subito se inmontes et lucos ex urbe removeut, ibique suum naturae miraculum procul videut dulce ridens, dulce loquens audiunt, fingunt, scribunt, canunt, psallunt, pingunt."②（§87）但是，这种论述原始情感的人在口袋里却总是装着他那泛逻辑主义的禁令，他会把禁令拿出来，说道：他所说的这种为情感而情感，为艺术而艺术，是抽象的和不现实的，因为只有他所思考的逻辑思维才是现实的。这时，你一定会可怜他，把他所不知道的或从来没有想到过的东西告诫给他：也就是向他说道："ex nocteper auroram meridies"③（§7）。你一定会可怜他的，因为他在思想和心灵上是不开化的，在美学上是完全迟钝的，因而他看来只了解浓密的黑暗，只了解耀眼的中午，他所主张的就是把两者强拉在一起，叫它们令人反感地相互结合，而根本不知道两者之间还有黎明，在情感的冲动和哲学的分辨二者之间还有中介物，这也便是从前者向后者的过渡：黎明、诗。

至于我，噢，我的年迈的老师啊！你今天仍在教授我懂得一些事情：你教授我如何加强不属于我天生就有的一种情感，这种情感几乎在我毕生中一直是我所不熟悉的，但是，可惜我现在不得不学会尝出它那辛辣的味道了（这样，我就不得不只是在有关美学和科学的问题

---

① 拉丁文，意为"遗憾的是，自己的感觉完全丧失的时候，即使看到类似他的莱丝碧娅这样的情人，他也绝不会动心了"。——译注
② 拉丁文，意为"当面前已没有去路，门窗都已关闭，甚至无法向人们致意时，人们就会跑出城市，去到山巅，投向光明，那里，自然界会变成奇迹，从远处可以看到甜蜜的微笑，听到动人的话语，可以雕塑、写作、歌唱、弹琴和绘画"。——译注
③ 拉丁文，意为"从黑夜到黎明和中午"。——译注

才学会这一点,因为这无非是小事一件嘛!)。正是根据这种情感,你才公开地祷告上帝永远不要叫你有那么多的空闲时间来答复你面前的那些对手("ne mihi tantum usque otii concedat quod per litigia huius furfuris, quaudo mihi moventur, terere, dilapidare, perdere liceat."①[*Metaphysica* 第三版序言])。正是这种情感,我虽然不得不把它填满了我的胸膛,却还是愿意把它的名字留在我的笔尖。

1932 年

---

① 拉丁文,意为"不必给我空闲时间去进行无聊的争吵吧,因为我在行动时是圆滑,没有棱角,不自抬身价的"。——译注

十六　十八世纪美学初探

十八世纪美学的主要问题是围绕情趣理论展开的探讨和辩论。

这一点从一系列有关这一问题的专题论文、文章、研究心得、观察结果和学术探讨当中，就可以具体地或详尽地看出。

这些论著是从十七世纪末一直延续到十八世纪最后几年，其主要人物有：法国的达西埃、贝尔加德、布乌尔斯、罗林、塞朗·德拉图尔、特吕布赖、佛尔梅、毕托贝、马尔蒙代尔，而最著名的还有孟德斯鸠、伏尔泰、达朗贝尔；英国的艾迪森、休姆、杰拉德、霍姆、博克、普莱斯特雷、布莱尔、毕泰、波西瓦尔、雷德、埃利森；意大利的穆拉托里、特雷维萨诺、卡莱皮奥、帕加诺、科尔尼亚尼；德国的托马西奥、J.U.科尼格、博德梅尔、J.A.施莱格尔、维杰林、海涅、赫茨、埃伯哈德、J.C.科尼格，还有一个在匈牙利的德国旁系——斯杰尔达赫利，乃至众人当中最伟大的伊曼努尔·康德，他曾撰写《判断力批判》，其主要部分有对美学判断或"情趣"的批评（请注意：列举上述人名，并不是想提出一份完整的人名录，而只是作为举例说明罢了）。

"情趣"这个词是由味觉或口味的含义作为比喻而来，虽然过去并非为人所不知，但只是到了十八世纪才享有从来不曾有过的大众化。[①]

---

① 文中提到的这位匈牙利美学家乔治·斯杰尔达赫利指出过这个问题，他说："... ista hominis facultas sentiendi pulcrum et turpe dicltur Gustus, non penitus novo, sed magis usitato nomime; constat enim mihi, hac eadem intelligentia loquutos aliquando fuisse

当时，人们对围绕情趣而产生的种种问题极感兴趣，但是，解决这些问题的种种办法则也是空前对立的和令人困惑的。在当时的学者中间，塞朗·德拉图尔就曾说过："Il n'est point de société, dans laquelle on ne parle pas du goût; rien de plus commun que les couceptions sur ce sujet; chacun alors s'empresse de dire ce qu'il en pense; mais à peine s'est – on arrêté a une proposition pour en expliquer l'idée, que la contradiction suit immédiatement l'assertion."①

现在，应当深入探讨并明确规定这一问题的性质究竟是什么，为此，首先也应当指出：这一问题并不代表任何别的什么问题，而只是代表极其陈旧的问题的新形式；这个问题首先是由诡辩论者提出来的，而古希腊哲学家们也曾在不同程度上做过探讨，这个问题后来又拖了下来，经过教会神甫和经院学派学者的研究，十六世纪的柏拉图派学者和亚里士多德派学者也重新探讨过它；这个问题就是：究竟什么是美。

　　Graecos Latinosque veteres, metaphora a Gustu palati facta. Modus iste loquendi tuncerat iinfrequens, originis et spiritus suscitaretu suscitaretus et illa honnis proprietas facundo hoc Laconismo cogno – minaretnr. Iam modo nomen illud gentium pracipuarum civitate est donatum, habetque sensum non a bscititlum sed prorium..."(*Imago Aesthetices seu doctrina Boni Gustus brevites delineata*, Budae, 1780, P. 8.)——原注

　　引文意为："……每个人都有感觉美和丑的性能，亦即所谓的情趣，这个词并不完全是新的，而是使用很多的名称；对这一点我是同意的，这也是老一辈的格拉埃科斯·拉蒂诺斯魁埃在语言方面的智慧结晶，他把口味比作情趣。不过，这种说法还是罕见的，而且往往被人遗忘掉了，年老的人们还能使人记起这种说法的来源和精神，人们也便把这特性用拉科尼亚主义（语言精练）这个名称来表示。因此，这个名称也是前辈有文化的人们所赠予的，它的意义并不是外加的，而是本身所固有的……"（《关于优美情趣学说的美学形象概述……》，1780年布达埃版，第8页）——译注

① 《关于情趣的感觉和判断艺术》，新版，由 M. 罗兰校订（即1790年斯特拉斯堡版，初版为1762年）。——原注

　　引文意为："这绝不是那种不谈论情趣的社会；没有任何东西比对这个问题的观点更加普通的了；每个人都争先恐后地说出自己的有关想法，但是，只要人们一碰上一种建议，并要解释对这种建议的想法时，矛盾就随之而出现了。"——译注

十六　十八世纪美学初探

　　这一极其陈旧的问题的观点上的缺陷在于人们总是探讨美的东西(不论是自然的还是人工的)的特点或若干特点,也就是说,是在人的精神以外理解美。这样一来,就不可能以令人满意的方式解决这个问题。这个问题在 *Ippia maggiore*① 一书得到阐述,但是也引起人们的怀疑,使人感到不满意,这种情况是不能说明当时连续几个世纪一直就这个问题不断展开的辩论的。

　　还有一个类似的观点缺陷也一直存在着,尽管表面上并非如此,即强调问题的新形式,亦即问题的提出不是询问究竟什么是美,而是首先询问究竟什么是情趣。情趣这时被理解为人们在某些东西面前所感到的快感,而既然排除了如下一点,即认为这种快感必定是一般的快感,同时也排除了另外一点,即认为这种快感同真、善或功利在人们心灵上引起的那种快感是同一种快感,那么询问究竟什么是情趣的快感就势必变为另一个一贯沿袭下来的询问:究竟什么是这些能产生情趣快感的东西的特点或若干特点。当时,直接探讨美的性质或以美为题的专题论文相对罕见(虽然并不是没有,只要提一下克鲁萨茨、安德烈、霍加斯②等就够了);但是,所有或者几乎所有研究情趣问题的做法,事实上都是得出这样一种美的理论,即把美看成是自然的和人工的,本质的和专断的,智力的和道德的,视觉的和听觉的,肉体的和精神的,乃至上帝所赐的,诸如此类;所有这些做法,甚至康德的做法也在其内,都是这样,正如众所周知的那样,康德就把美分为"朦胧的"和"切合人意"的,并且也把美分为自然的和人工的,归根到底,他从理论上指出美是道德的象征。③

　　当然,当时把研究情趣的快感放在首位,亦即把一种心理活动放

---

① 即《兄长伊皮亚》,讲述公元前六世纪杀弟霸占希腊王位的伊皮亚的故事。——译注
② 霍加斯(1697—1764),英国画家,著有《绘画道德论》等。——译注
③ 霍加斯的那部书的书名和副题,几乎就可以说明从一种研究自然地转向另一种研究的情况。霍加斯那部书的书名和副题就是《对美的分析,根据对确定有关触摸的变动性想法的见解而写》。——原注

261

在首位,并不是毫无意义、毫不重要的,在这方面,人们也是从本体论转向了心理学,或者说得更恰当些,从物理学和形而上学转向了精神哲学,而且是按照从大师笛卡尔以来的现代哲学倾向这样做的。过去曾不得不在这条道路上一直走下去,把这条道路看成是唯一可行的道路,只有这条道路不是从自身以外寻找终点,因为它在任何一点上都能找到自己的终点和起点。但是,当时人们所想采取的这种研究美学精神的哲学的做法,受到自己所采用的原则的阻挠,即快感或情趣的快感,这种情感并不是什么主动形式,而是被动形式(这里所指的并不是本身的被动,而是指同美学精神相对而言的被动),因而它不能确定美学精神所固有的特点。在作为有机的或经济的低级精神活动的快感当中,任何一种精神活动都是适应其他所有精神活动的;而想要按照快感来区别种种精神活动,则大致相当于想要根据各种鱼类所潜伏、游弋和生活其中的水来区别它们(如果允许我们用这种形象来做个比较的话)[1]。这样一来,正如我们已说到的那样,就无法克服那种没有出路的研究方法,或是就不得不重新采用那种没有出路的研究方法,即研究美的东西究竟是什么,什么才是客观的或物理的或形而上

---

[1] 在这里,为了进一步弄清问题,我觉得提及如下一点似乎并不多余:根据我在别的著作中所提出和坚持的那种理论,快感和非快感都直接来自实践的最低级形式,这实践就是我称之为生活、享乐主义、功利主义或经济的实践,而且快感和非快感也说明这种实践的辩证法(用斯宾诺莎的说法,快感是 transitio a minors ad maiorem Perfectionem,即《向大小程度不同的完美性的过渡》)。鉴于精神的统一性,所有其他活动形式(道德的、逻辑的、美学的)以及与之相应的辩证法(善恶、真伪、美丑)也就必然相应地具有快感和非快感,而这也正是那个使人谈到快感与非快感"伴随"每一种活动形式的原因所在;它们之所以伴随每一种活动形式,也确实是为了要么使人做出某种美学判断,要么使人完成某种美学作品,要么使人采取某种伦理行动,因为一个有生命力的行为总是靠全身心来完成的。但是,这个过程并不像有时人们从理论上所说的那样,是什么心理和生理的关系、精神和自然机体的关系,而是在精神本身之内完成的,而所谓的自然机体本身也作为精神的一部分而属于精神。作为说法,也可以把这种快感和非快感的变动情况说成是"被动"的,但这只是为了说明同另一种活动相呼应的情况罢了,但是,这种相呼应活动则是主动的,不是被动的。有关快感和痛苦的辩证观念使过去那些探讨这种关系中的这一方抑或那一方占据首要地位的老问题,就丧失了任何根据。——原注

十六 十八世纪美学初探

学的美。

　　说明这种不断探索美学精神理论的推动力的资料和记录,可以从当时的如下观念中看到:这个观念在那个世纪中曾发展成为学说,并涉及精神上的尊严,亦即情感。毫无疑问,有些没有得到满足的需要有时也有助于人们采取这一观念,这些需要在道德哲学和认识论中是十分强烈的;但是,最大的贡献还是来自对情趣和美的属于美学性质的研究工作,说得更具体些,正是由于有这些研究工作,情感才被看作是除认识形式和意愿形式之外,介乎这两种形式中间的第三种精神形式。"情感"这一观念(德国作家称之为 Gefühl,有时也称之为 Empfindniss,因为人们想区别 Empfindung 和 Empfindniss① 这两个词:前者是理论性的,后者则是指意愿②)既然被理解为第三种形式,就恰恰造成这种混乱或荒唐的状态,即造成一种摇摆于两种有区别的形式之间的状态,或造成这样一种状态,即从次要的、被动的形式上升到与这两种主动形式平等的地位。那些哲学史学者们称道十八世纪的心理学家和哲学家"发现"了新的精神部类,那是错误的;因为这种所谓的发现,正相反,是一种冒险行为;这些学者都陷入其中而不能自拔,这也恰恰是因为他们不能"发现"他们努力去发现的东西。这种冒险行为当然并非毫无成果,但它却是有别于制定一种新的分析原则的事情。

　　从另一方面来说,这种对情趣的研究工作也有其功绩,而且是伟

---

① 德文,Gefühl 意为"情感",Empfindniss 意为"敏感""感觉",Empfindung 亦有"感觉""感受"之意,但还有"多感""多情"等含义。——译注

② F. J. 埃森堡在《美的科学的原理和文献提纲》(新修订版,1789 年尼古拉区柏林—什切版)中指出:"Von dem was wir gewöhnlich Empfindung (sensation) nennen, oder blossen Wahrnehmung des auf uns wirkenden Gegenstandes und des dadurch anf unsre Vorstellungskraft gemachten sinnlichen Eindrucks, lässt sich noch das Empfindniss (Sentiment) unterscheiden."(§ Ⅱ)——原注

　　引文意为:"感受(Sentiment)要和我们平常所说的感觉(Sensation),和对作用于我们的物体的单纯的觉察,以及对由此在我们的想象力上造成感官印象的觉察,区别开来。"——译注

263

大的功绩,因为这种研究工作对那些在其研究过程中被观察和思考,并保持着积极意义的东西,已经得出了结论。在一些提得不妥的问题下面,存在着一些实际问题,透过这错误的外衣,也可以感到这些实际问题的存在。甚至古代、中世纪以及文艺复兴时期对美进行的探讨工作,也有过积极的意义,发挥过某种作用,因为这种探讨工作坚持了这样一个观念,即认为除智力的真实、道德的良善和实践的适宜等价值之外,还有另一种价值是不能降低为这些价值中任何一种价值,也不能归结为所有这些价值的,那就是美,尽管在坚持这一观念方面不可避免地要发生一些动摇。当时,这种探讨工作已经指出美的某些特点,如美和鉴赏的关系,美和那些被认为是主要具有鉴赏作用的感官的关系,它容许具有不同因素的统一问题,而这种统一又不致取消这种不同因素,甚而还使之实现和谐,从而使之更加突出,等等。

十八世纪对情趣的研究工作则更加富有成果得多,因为这一时期的研究工作画出一个精神范畴,它既不属于智力,也不属于实践。前几个世纪的思想家们所提出的有关除 verum 和 bonum 之外还存在 pulcrum[①] 的论断,得到了更新,变得更加深刻了,如区分出"规则和比例的感觉""moral sense"[②](即"美和善的感觉")、"内在感觉"(这是沙夫茨伯里、赫奇逊以及其他人从人的心灵中发现的);再如,区分出"情感",这个说法终于占了上风,虽然当时还是含糊不清地或把握不大地画出美学范畴,但毕竟是把这个范畴画出来了,同时也不准否认它或遗忘它。所有这些作家的总的倾向是反对这种老的说法:"De gustibus non estdisputandum"[③]。的确,正由于有这种说法,过去当某种事物被传递到和运用到美的事物上去时,人们总是否认,甚而嘲笑美的事物的特有现实,并且把美的事物全部都降低为感官的情欲结果和个人想

---

① 拉丁文,意为"真","善","美"。——译注
② 拉丁文,意为"道德感"。——译注
③ 拉丁文,意为"情趣问题不值得争论"。——译注

象的情欲结果,降低为享乐主义和功利主义形式,正如目前人们会指出的那样。多少还算幸运,过去这些研究工作者和著书立说者曾采用种种不同的手段,通过经常发生的矛盾,提出了情趣的合理性或绝对性,对这个问题,如今正展开很好的争论,也应当展开很好的争论,因为这个问题有其固有的价值标准。①

同样,他们也曾指出情趣快感和属于感官刺激性的那种东西的快感二者的差别;无私的性质,亦即不以功利为依据的性质,这属于情趣的快感;缺乏目的性正是多样性的统一所固有的一个特点,亦即只是为目的而目的,这也就是美所完成的特殊性综合,也就是海姆斯特修斯所说的"在最短的时间内给我们带来最多的思想",而他是在把综合性的优点同描述事物的简洁性二者混同起来时说这番话的。例如,博克看来就是很少具有哲学家气质,却有很多经验主义想法的人,他作为心理学家和经验主义者对生理学很有研究,然而他却确定美学快感的无私性(他在这一点上是出色的哲学家),指出美学快感不同于判断fitness或目的性如何的问题,也不同于按照美学快感的目的来判断事物是否完美的问题,因为美所固有的"爱"(love)完全属于鉴赏性,同"情欲"(desire)恰恰相反,后者是属于感觉情绪,是追求占有,如此,等等。

十八世纪有关情趣和美的问题的理论家们所提出的所有上述主张以及其他主张,其中包括创立第三种精神形式,即"情感"以及认为美感和美应以这一形式为依据等,都汇集在康德的《判断力批判》一书中了,把这部书的各个部分分析一下,如近代历史学家所做的那样,就

---

① 例如,杰拉德在《论情趣》(法文本,1766年巴黎版,第241页)一文中就说过:"人们一致指出,不应当争论情趣问题。如果人们把口味指为情趣的话,那么这种说法是对的,因为口味不喜欢吃某些食品,又喜欢吃另一些食品……但是,当人们把口味运用到智力情趣上时,这种说法就是错误的和有害的了,因为智力情趣对物体讲究艺术和科学。如果这些物体具有真正的魅力,那也就同样会有优美的情趣来真正发现它们,而糟糕的情趣则是绝不会发现它们的;而且,也有某些方法人们可以用来纠正精神上的这些败坏情趣的缺陷。"——原注

可以看出，这部书似乎并没有提出或几乎没有提出任何新的东西①；但是康德的这一批判毕竟是崭新的论点，它使人把先前的种种研究结果都置诸脑后了，而康德本人是了解这些研究结果的，并且曾全部接受过来。新的一点在于康德在批判上和哲学上的坚定性，正是以这种坚定性，他把这一大堆混乱而多变的主张加以整理，并提到强有力的观念和系统的高度；康德的一位门生，即海登列希，也是一位具有一定才华的美学家，他在《判断力批判》一书问世后不久，曾盛赞德国哲学的又一光荣业绩，因为德国哲学在一直被"教条主义"哲学家局部占据，被英国式的"经验主义"哲学家大部分占据的有关情趣的理论方面，也采用了"批判"方法，既纠正了前者，又纠正了后者，从而把思辨哲学和经验结合起来。②康德暂时完成的这一系列工作，是属于我在其他著作中所阐明的那个总过程的一部分，正是通过这一总过程，现代思想才逐渐填补了古代和基督教思想双方在理性和感性之间、道德和生活之间所造成的距离③；康德的这一业绩构成了这一漫长而多样的思想活动的最重要的事件之一。

尽管如此，在《判断力批判》一书中，仍有一些主张是不加批判地提出的，或是以经验主义方式论证的，这是继承了先人的遗产，例如把美和崇高对立起来的做法，这种做法主要是由博克传给康德的，博克就把崇高同美对立起来，认为美是社会情感和属于社会的情感，是对微小而脆弱的东西的爱恋和同情，而崇高则要求具备伟大而壮丽的条件，而这又是当人们不受痛苦而可怖的冲动带来的影响威胁，不受种

---

① 参阅 O. 施拉普的研究著作《康德关于天才和 K. D. U. 的形成的学说》，1901 年哥廷根版，以及博姆莱尔最近著作《康德的〈判断力批判〉及其历史和体系》，1923 年哈勒版，卡西雷尔的近著《论启蒙主义哲学》，1932 年莫尔区特本根版。其他影响较小的研究人员则从略。——原注
　　卡西雷尔（1874—1945），德国哲学家。——译注
② 参阅海登列希为翻译这些经验主义学者中的一位的那部书，即阿尔齐巴德·艾利森的《通过趣味论自然与原则，附 K. H. 海登列希先生的德文注释和评论文章》所写的序言乃至附录，1792 年魏冈区莱比锡版。——原注
③ 请参阅本书后面的一篇论文《两种世俗科学》，第 666—667 页。——原注

种破坏折磨时,从这种冲动中感受的快感。某些悬而未决的矛盾依然存在,或是重新产生,至少在阐述理论的那种形式上是如此,例如把任何兴趣、任何目的性和任何观念都排除在美的快感之外这种见解,而这种见解得出的最后结论则是:美是"道德的象征"。这一矛盾很快就被赫尔德这个对手指出来了。①

但是,暂且不谈这些具体表现和具体问题,就《判断力批判》一书应当着重指出的是(要从这部书固有的形式来指出这一点,因为它代表着十八世纪对情趣的研究工作的总和):这部书所认定的有关美感和美的那些真理,因为是通过间接途径,并在实际的美学意识潜在影响下发现的(这种美学意识尽管在这个问题上持错误立场,却还是为人们所接受),所以仍然是十分支离破碎的,并不是紧紧地扣住我们现在所要解释清楚的这一问题,并同这一问题一致起来。我们可以开个玩笑,但不是过分的玩笑,即把康德所概括和确定的有关美学快感的特点以谜语的形式提出来:那个没有观念、没有实际兴趣、作为既无目的又有目的的东西,因而不能成为引起普遍快感的东西的东西,究竟是什么呢?如果说它不是智力真理、道德良善、经济功利的话,那么你们说说看,它到底是什么呢?

这个谜语的谜底现在我们是知道了,我们回答道:是诗,或者一般地说,是艺术。但是,康德没有这样说,而且实际上,他也不知道;对他来说,肯定不是艺术。对那些十八世纪研究情趣的理论家们来说,那个东西不是艺术,因为他们素来在研究美的理论和艺术理论时总是把它们分开来研究,或是把这个理论加到那个理论上去,提出什么美的模仿或模仿的美。在他看来,这不是艺术,因为他所理解的艺术是要符合某种观念的美,是智力和形象相互竞争游戏的产物,是在这方面

---

① 卡利哥内《关于普遍和美》(1800 年莱比锡哈特克诺赫版,第三章,第 259—260 页):"由于以前按照四个绝对要素,不考虑概念、意图和目的,不仅陷入一般化,而且一旦想到'善''美'就掉价。而今在著作的最后一段中,美成为善,甚至符合道德的东西,以及所有美的东西:美的形式,美的衣服,美的色彩,美的建筑的象征。"——原注

起作用,起综合和游戏作用的诗的天才。

这也是把研究工作的出发点放在快感上,哪怕是情趣快感上的必然结果,也就是说,研究的对象是被动因素,而不是主动和生产性的因素。① 把快感作为快感来加以研究,是不能得出诗和艺术的观念的,除非充其量偷偷摸摸地、零星片段地、含糊不清地这样做;然而,研究诗和艺术的自我产生就会使人完全达到这个目的,从而使人转到情趣上去,并进一步说明何以有被人以为是属于诗和艺术以外,却又能使人感觉到的那个东西,即美,因此,这个东西不是属于诗和艺术以外的,而同样也是人类幻想创造出来的,这就是人们经常称之为"自然美"的那些东西或形象。

这种围绕诗和艺术的本质的研究工作已经进行了几个世纪,形成了一个可以称之为"亚里士多德的"科学传统,因为这个传统主要是来自亚里士多德的《诗学》和《修辞学》。这个传统同另一个有关美的科学传统同时并存,这个传统虽然看来在某种程度上同另一个传统相接近或相联系,从内在方面来说,却仍然是有别于另一个传统,同另一个传统相分离的。名副其实的美学正是在这个传统中历经波折成长起来的,奇怪的是(或者说,对上述那些认为美和快感思想应居首位的主张来说,则并不奇怪),美学历史学家们却把这个传统抛到九霄云外,而同时又不是对这个传统一无所知。这样一来,就发生如下情况:齐梅尔曼就从公元三世纪,亦即从普洛蒂诺跳到十八世纪,指出十五个世纪以来,在美学历史上一直是"eine grosse Lücke"②。这是一个漏洞,在这个漏洞当中,也包括了从亚里士多德和古代研究学者们开始做起,直到文艺复兴和十六世纪及十七世纪,人们对有关诗、文学、艺

---

① 这就引起了他的追随者们的不满,并且带来了《判断力批判》一书使席勒、汉博尔特、科尔纳产生的那个问题,正如他们所说的,那问题就是要在反对或补充康德的条件下,给美下一个"客观"的定义。——原注
　　科尔纳(1786—1862),德国诗人,唯灵主义者。——译注
② 《美学作为哲理科学的历史》,第147页。——原注
　　引文为德文,意为"一大漏洞"。——译注

术问题的理论所做全部辛勤工作(主要是在意大利,但在法国、西班牙以及其他国家也进行了这项工作)——我们提到这一点,是因为人们并没有重视这项工作。甚至那个关于情趣的概念,那个"不容讨论的判断"的概念,也是十七世纪在意大利产生的①,其目的也恰恰是要说明对诗的判断;这正如当时产生了有关"才华"或"天才"的观念一样,这一概念同智力概念有别,其目的是要说明诗的生产性能。"崇高"属于同一个传统,恰恰也属于受到人们高度重视和经人们深入研究的那个定义,这个定义是以隆基诺②的名字出现的,根据这个定义,"崇高"意味着明确而单一,说到底,它只是表明艺术表现的"优美",即艺术表现的"美",对于这种美,这位古代批评家是具有独到的感触的③。

在十八世纪,这一有关诗和艺术的理论并没有引起人们的普遍关注,它不具备另一种理论所具有的实际广度和突出地位;但是,也正是为了补偿这一点,这一理论曾做出巨大的努力,以求作为哲学而进一步深入发展,使自身形成一个体系。

只消提一下有关诗或诗的逻辑问题的那个学说就足够了,这个学

---

① 人们往往不确切地把这一点归到西班牙人格拉西安名下,正如我早已指出过的(《美学》,1950年巴里第九版,第209页),格拉西安并没有把这个词归在美和艺术的范围之内,而是把它归到实践范围之内。在格拉西安前后,意大利人不管使用了还是没有使用这个姓名,都提出了特殊的美学魅力或性能的问题,认为美学具有无须以逻辑为论据的判断力,正如楚科洛早在1623年就已经十分清楚地指出过那样。可参阅我的有关十七世纪意大利美学概念史的新研究著作,这些著作收在《意大利巴洛克时代历史》一书中。见该书1946年巴里第二版第161—210、217—232页。——原注
② 关于《论崇高》一书的作者和时间,可参阅罗斯塔尼新近的重要研究著作《古代美学史中的崇高问题》(收于《比萨高等师范学院年鉴》,1933年,第二卷第二册)。——原注
　　隆基诺系公元三世纪希腊新柏拉图学派哲学家、文学家。据称,《论崇高》一书并非他所著。——译注
③ 作为例子,可参阅他在有关萨福的一首颂歌问题上是如何提示人们注意如下一点的:这首颂歌中所说的那些事情是所有情人都讲过的,但是这首颂歌的精华之处在于它选择了登峰造极之处,以及把这些登峰造极之处联结起来。见《论崇高》第十章。——原注

说是维科在他的《新科学》一书中提出来的，他把这个学说也叫作语言和诗的逻辑，这个学说使他得以解释荷马和但丁①；还可以再提一下有关 cogoitio sensitiva 或 Aesthetica 问题的学说，这个学说在几十年后由鲍姆加登提到特殊科学的高度②。但是，以上两位思想家却都没有得意的门生和后继者能发展和推进他们的这些新的富有成果的学说，从而把这些学说同那些诗的批评家和爱好者的极其具体的工作结合起来，而正是在这些诗的批评家和爱好者中间，当时已有一种更加强烈

---

① 甚至到今天，多数德国美学史家（博姆莱尔、卡西雷尔等）仍继续无视维科或把他搁置一旁，因为他们说：维科是不知名的，对德国人没有影响。但是，这并不排除维科是存在着，而且在思考，思想史肯定并不是同对德国作家或不管哪些国家的作家有无影响这种临时性历史相吻合的。——原注

② E. 柏格曼在 1913 年莱比锡版《恩斯特·普拉特纳与十八世纪艺术哲学》中，曾根据普拉特纳于 1777 年在莱比锡主讲的一次未经发表的美学课，认为普拉特纳完成了一次真正的革命，他率先创立了艺术科学，超出了鲍姆加登一直囿于其中的对情趣的被动看法，从而提高到研究和断定艺术所起的生产性作用。但是，鲍姆加登所说的 Cognitio sensitivau，首先并不是对感觉认识所生产的东西的认识和判断，尽管这一行为本身是认识行为，因而也是认识行为的生产活动；正因如此，赫尔德在《鲍姆加登·邓卡尔特书稿》——收在《全集》苏凡版第三十二卷第 178—192 页——中曾祝贺这位 Aesthetica 作者重又把诗导向它（"母亲和女友，亦即人类心灵"）那里去了，正是从这里，他得出了有关定义。另一方面，普拉特纳虽然把表现在诗中的那种激情和情感因素放到首位（而这是鲍姆加登所没有做到的），但是，他还是承认从这个范畴中可以看到"一种更多的是出自朦胧的感觉而不是明晰的认识而做出的努力，来探索世界和人类的奥秘"，也就是说，进一步表明鲍姆加登是以两种方式，即模糊和明晰的方式来了解现实的。提出这一看法，并不是要抹杀鲍姆加登应有的优点，而且这一优点是很应当加以阐明的，甚至为他争取的，因为齐梅尔曼在《美学史》第 204 页中根据一位学生在 1836 年发表的某些讲义里他所写的一页题外文章，曾使学生们完全背弃对鲍姆加登理论的崇拜（见我的《美学》一书历史部分，第九版，第 290 页，以及柏格曼在前引作品中第 179 页对这一页文章所做的清晰而令人信服的解释）。普拉特纳的思想并不是从文学角度提出的，也不曾发表过，对他那个时代的美学研究和讨论没有起什么作用，至少是没有直接起作用（柏格曼曾处心积虑要使他的思想对莫里茨、歌德和让·保尔也起某些间接的影响）。鲍姆加登属于不同于情趣论传统的那种传统，这一点从博姆莱尔的某些话中也可看出，尽管博姆莱尔似乎想要把鲍姆加登同当时流行的传统联系起来，他说过，"鲍姆加登把趣味问题局限在使人没有许多兴趣的狭隘的感官问题上去"（前引作品第 87 页）。——原注

让·保尔（1763—1825），德国小说家。——译注

的诗感在酝酿成熟。

上述两位思想家中的那位讲过学的德国教授,确有不少门生、信徒和传播者;但是,这些门生和传播者一般说来却曲解了他的思想和"完美而富感情的讲述",并且使他的这些主张变得肤浅了,而鲍姆加登却是用"完美而富感情的讲述"来说明诗的,他把诗固有的独立的"完美性"归于"模糊或感觉认识",也正是由这些门生和传播者把诗的这一固有属性加以变化和歪曲,时而说它是"可感觉的完美性表现",时而又说它是"完美性的可感觉表现";这样一来,"cognitio poetca"(诗意认识)或"cognitio sensitiva"(感觉认识)最后就成为被阉割或被缩小的智力认识,我们从梅尔身上已经可以看出这一点了,而从蒙斯、门德尔松①和其他人身上则可以看得更加清楚②。

康德在《判断力批判》一书中开始反对一些"著名哲学家"的理论,这种理论认为:"美不是别的什么,而只不过是经过模糊思索的完美性罢了。"他针对这个理论提出了异议,指出:即使是对完美性的混乱模糊认识,也是一种智力认识,充其量,它也不过是不同于智力认识罢了,正如普通人的判断是不同于哲学家的判断一样③;当他这样做时,他肯定是对的,但是,他却又同沃尔夫论战,或者说,同鲍姆加登学派发生的那种曲解现象,而不是同鲍姆加登本人论战,因为鲍姆加登从来没有说过上述见解,而且总是想谈到 cognitio sensitiva qua talis 的 perfectio,即使他并没有完全避免那种在清晰观念的可感觉表现方面

---

① 蒙斯(1728—1779),波希米亚画家,主张新古典主义;门德尔松(1729—1786),德国犹太哲学家。——译注
② 门德尔松在《关于美的艺术的主要原则》(见齐梅尔曼前引著作第181页)中明确地指出:"假如对完整的认识是感性的话,那么它就叫作美……可以被理解的完美使心灵醒悟,满足其追求简单想象的原始本能的要求。但如果它要开动渴望的能力的发条,它就必须成为美。"——原注
③ 《判断力批判》§15。——原注

重新陷入智力至上主义的危险①。康德所犯的颠倒是非的错误，似乎也并不十分重要，除了证明他对诗的概念一无所知或是不甚了了之外，而诗的概念是贯穿在鲍姆加登的体系之内的，这正如康德对诗和语言的这一概念一无所知或是未曾深入了解一样，而这种概念（且不说维科）是在德国前浪漫主义时期到处盛行的。正因如此，康德就同那些崇尚鲍姆加登的情趣问题理论家和研究工作者（其中有莱德尔，他早就提出了康德有关美的性能和同情感的联系的三段论法）一样，不是去理解或至少是看到思辨哲学的内涵，亦即不是去理解或者至少看到鲍姆加登对精神哲学，对有关概念所做的发挥，从而指出一种关于在清晰的 cognitio intellectiva② 的 cognitio sensitiva，甚至是沃尔夫所提出的有关 facultates inferiores 和莱布尼茨所提出的有关 petites perceptions③ 等整个范畴的思辨哲学内涵，不是去通过这种内涵使过去有关理论与实践、认识与意愿问题的两段论法从体系上变得更为全面和更为具体，而是采用提出"情感"这第三范畴的雕虫小技，把这个第三范畴作为不理解

---

① 齐梅尔曼在前引作品第60至61页第433条中指出：对鲍姆加登来说，美是"感官上的完美性"；但是，无论是这些话还是这种思想，在《美学》一书的第15至16章中都没有，而他却是要人们去读这两条的，在这两条中，一直谈到的则是"感觉认识的完美性"。冯·斯泰因做得好，他在《新美学的产生》（1886年科塔区图加特版，第358页）中指明：如果康德指的是鲍姆加登的话，那他就是曲解了鲍姆加登；索姆尔也是这样看的（见他的《德国心理学和美学历史概论——沃尔夫-鲍姆加登以及康德-席勒》，1892年乌尔茨堡版，第345页）。也许对这一点的解释还是有待探讨的，正如博姆莱尔在前注作品中第113至119页所做的那样，因为康德"是了解《形而上学》一书中的有关说法的，在这部书中，鲍姆加登在这个问题上是依据了沃尔夫的定义，而且康德也了解梅尔和门德尔松的有关著作，但是，也许他却从未读过此书，或是对该书没有给予足够的注意。无论如何，康德对鲍姆加登的曲解或错误的引述在后来所有关于美学的书籍，或几乎所有这类书籍中都再现了，而且还变本加厉，作为对鲍姆加登学说的千篇一律的反驳。例如，罗森克兰茨的《丑的美学》（1853年科尼格尼斯堡版，第11页）中就说过：在上一世纪鲍姆加登的美学里，完整的概念被认为是和美的概念一致的。但完整则是一个与美没有直接联系的概念"。——原注
　　罗森克兰茨（1805—1879），德国哲学家，曾研究黑格尔哲学史并出版康德著作。——译注
② 拉丁文，意为"智力认识"。——译注
③ 分别为拉丁文和法文，意为"低级性能"，"微小的感性"。——译注

十六　十八世纪美学初探

的避风港①。

美学活动中的这一名副其实的基本内容是鲍姆加登所注意到的，也是维科更深入地探讨过的，其他一些思想家也在某种程度上看到了这一点，然而，这一基本内容也都没有从康德以后的那些美学家当中找到开始重视它的人，施莱尔马赫除外，而他也正由于这个缘故而没有起过任何作用。实际情况是：康德以后的美学当中，如果说有人（如赫尔巴特）在十八世纪继续把情趣不作为出发点看待，继续从形式或形式主义的确定中，寻求一种美的客观观念，则更多的人是把有关情趣与美的论述搁在一边。把他们的研究中心放在艺术上，并在某种程度上，把美学和艺术哲学联系起来。是在某种程度上，而不是在所有方面，不是在内在方面，因为美学或多或少是有别于艺术理论的，尽管美学同艺术理论是交织在一起的，但是，它仍然是一种"卡洛罗吉亚"（Callologia），或曰"美的形而上学"，仍然是有关自然美或自然事物的美的理论。过去人们没有意识到，美学的唯一对象是艺术，任何美脱离艺术都不可能具有现实性，因此，任何卡洛罗吉亚（它是独立于艺术的，或是同艺术并行不悖的）都永远不能为人们认可。即使在十九世纪下半叶，心理美学或经验主义美学继哲理美学或形而上学美学之后产生，在这种新的研究方法当中，美的理论和艺术理论也仍是继续合在一起的，只不过当时人们难以理解它们，故它们等同起来罢了；再者，在 Aesthetica vulgaris② 中，一直是这样表述的，这也就理所当然了。

---

① 那个时代的某些作家已经感到有这种困难，在这个问题上，应当提到梅纳斯在《哲学的纠正》一书第 226 页及以后几页的一段话，这段话我在 K. H. 波利茨的那本资料丰富的书《为有教养的读者所写的美学》(1807 年兴里希区莱比锡版，第一章，第 22—23 页)中发现被援引过，现在我就引述如下："在美学中，我们知识的主要源泉还有争议，同样，至今被怀疑的还有，是否美学的概念属于今天为哲学家揭示的力量，或属于一个适合于希腊罗马人没有发觉的才能。有些人维护着一个天生的美和善的胃口，从而把我们对于美以及其他东西的思想看作是一些完全相对的东西。相反，人们又看到这些对特别的力量保持胃口的人又一再强调美和善的不容改变的思想。只要这点没有解决，看来美学是不能成为一种科学的形式的。"——原注
　　梅纳斯(1747—1810)，德国哲学家、历史学家。——译注

② 拉丁文，意为"庸俗美学"。——译注

在本世纪初，只有在意大利，人们才完全自觉地解决了这两种理论的对立问题，并且树立了一种成为有关诗、幻想、语言、艺术以及纯直觉和纯表现的哲学的美学，这种美学把生产过程放在首要甚至独一无二的地位，从而说明美就是这个得到自由发挥的生产过程本身，而且也应当把所谓自然美——这种美同样也是精神活动，而不是自然物体——归结到这一过程中来。因此，在意大利，任何人都不再等待别人去创立有关客观美的理论了（据说，那些经院哲学派或新经院哲学派也不这样做了），因为在思想方面，这种理论的地位，已经为其他一些把拥有这种理论的那位古人的名字抹杀掉的理论所占据了。

然而，在德国，如果说人们已经主要是由于艺术史研究中出现的种种疑难而感到需要创立一种能澄清有关概念和指导准则的学说，有关新的"艺术科学"（kunstwissen schaft）同旧的美的理论二者之间的关系问题，却以人们能想象到的最简单、最肤浅的方式解决了，这种方式就是：让艺术仍归属艺术科学，使美学仍列于美学；几乎像是美的概念和艺术概念二者之间的关系根本不是什么问题似的，因而把美的概念交到其他"专家"手中，自己则仅仅考虑艺术概念，并使人认为，这样做是完全符合真理的。这一错误的根源归根结底在于这样一种虚妄的观点，即认为可以对某个属于思想范畴的问题进行非哲学的研究，或者像人们所说的，进行纯属"科学性"（kunstwissenschaft①）的研究。②

---

① 此处的德文仍如上面一样，指"艺术科学"。——译注
② 就这门独树一帜的艺术科学学派而言，可参阅我早在1911年在我的那篇论费德勒的论文中说过的话（该文收在《美学新论文集》1948年巴里第三版，特别是第240—241页），以及于1915年在有关乌提茨的一部著作问题上所说的话（见《评论谈话》1942年巴里第三版第五卷第20—22页）。也可参阅乌提茨本人的最近一部题为《美学史》（1932年柏林版，第70—73页）的小册子，在这部小册子里，他在表达问题时态度更加带有疑问，也更加谨慎。博姆莱尔在一部未完成的著作《美学》（1934年慕尼黑—柏林版）中曾试想分别陈述这两个不同问题的历史（即美的问题和艺术问题），但是，看来，他并没有领悟到二者之间的关系和二者在实质上的同一性。——原注

思维的历程是如此缓慢而艰巨,至今在这里或那里仍然会遇到对美的问题采取的虚妄立场,从而止步不前;正是围绕这一美的问题,古代哲学和十八世纪美学曾经历过多少波折。

1933 年

十七　弗里德里希·施莱尔马赫的美学

在距今很久的一些岁月里，我曾准备撰写我自己的美学史，当时我还不了解施莱尔马赫的美学，而且任何人，不论是权威人士还是非权威人士，也不曾向我推荐过；我曾仔细研究过齐梅尔曼和哈特曼[①]各自写出的历史中有关施莱尔马赫美学的那些章节，在这些章节中，施莱尔马赫的美学遭到了严厉的对待，甚至可以说是虐待，其中用的一些话是诅咒性的，而且连带着还引用了许多原句，这时，我发觉，施莱尔马赫可能是说了一些相当严肃的主张，而这些主张却是这些批评家们所根本不理解的。我弄到了施莱尔马赫的美学讲义，这些讲义收集在始终未曾再版的一个孤本当中，但当时在德国书店的仓库中还总是能买到的，这个版本就是一八四二年的版本[②]；我阅读了这些讲义，我了解到其特殊的重要意义，于是我在我所撰述的有关这一学科的历史中，给了施莱尔马赫一席相当突出的地位。

在德国，从来没有一个人愿意理睬施莱尔马赫的美学，连那些专门研究施莱尔马赫的生平和思想的学者，像海姆和狄尔塞[③]也不愿意这样做；即使在我为他仗义执言之后，他的同胞们也仍然没有拿定主

---

① 哈特曼(1842—1906)，德国哲学家，著有《非意识哲学》。——译注
② 弗里德里希·施莱尔马赫的《关于美学讲义》，系施莱尔马赫遗稿，并有编者卡尔·洛马茨希博士所写的附录，1842 年雷梅尔区柏林版。——原注
③ 狄尔塞(1833—1911)，德国哲学家。——译注

十七 弗里德里希·施莱尔马赫的美学

意去理会他。一位最近才在德国出现的热情仰慕者,即奥德布雷希特证实了上述情况,他曾确认,德国普遍忽视和反对施莱尔马赫,并且指出,"唯一一个力求为施莱尔马赫的美学伸张正义的人,是个外国研究工作者";他还说,应当把特殊的功绩归给 B. C.①,因为他保护了施莱尔马赫的美学,抵御了齐梅尔曼和哈特曼的过分的攻击,并在他所写的历史中,以整整一个章节论述了施莱尔马赫的美学②。

这些讲义里究竟有什么东西立即把我吸引住了呢?可以想象:这些讲义从文字上看是并非以引人入胜的方式撰写和阐述的,而且这些讲义使人看到的也不是什么在各个方面都已经臻至成熟的,能清晰而优美地自我表述的思想,而是一种思维过程,这种思维沿着自己所规划的道路,困惑地摸索前进,它几乎始终都没有超越作者本人撰写作品之前所处的那个阶段。吸引我的则是这样一点,即这些讲义采取的方针与过去谢林、黑格尔以及他们的许多门生在美学问题上采取的当时在德国占优势的方针完全不同。谢林、黑格尔等人当时并不强调要探讨有关艺术特性的艰巨问题,即探讨艺术是如何产生的,又如何同其他精神形式相联系,而是从当时流行的那些思想中接受了对艺术的一种华而不实的、浅薄的、调和的、自相矛盾的观念,并使用这种观念,处心积虑地要把艺术放在他们的哲学体系范围之内,时而把艺术抬高到精神境界顶峰,把它说成是真理的真正器官,或者说成是上帝赐予的条件,时而又把它贬低为暂时性和过渡性的表现,这种表现在历史发展的最终高级形式中必定要化为乌有。尽管这些哲学家中的某些人具有很高的思辨哲学水平,但他们这种研究方式在我看来,却是不够精细的,而且肯定是不符合我们所讨论的那个对象的。为了反对这种研究方式,我曾严格遵循另一种传统,即在亚里士多德诗学的基础

---

① "B. C."是贝内代托·克罗齐的缩写。——译注
② 见鲁道夫·奥德布雷希特《施莱尔马赫美学体系——基础和历史问题的流传》(1931年容克和邓霍特区柏林版,第2页),也可参阅奥德布雷希特在其为《美学》写的序言中所搜集的材料。——原注

上，在十六世纪意大利所酝酿成熟的那种传统，这一传统到了十七世纪则变得更加集中，更加引人注目了，直到维科就诗的问题提出有关"新科学"的观点时更达到了高峰；这一传统在德国是由莱布尼茨及其学派以他们自己的方式遵循的，特别是由鲍姆加登，后来则由哈曼和赫尔德遵循。施莱尔马赫围绕认识的非逻辑形式或逻辑前形式问题以罕见的严肃而深入的态度进行研究，并且把这一研究继续下去；他继承了那些十八世纪学派主张者，但又不是继承那些走上歧途、重新制造一种美学的柏罗丁主义的人；这样一来，他的最近一位批评家和出版商就适时地指出，他在哈勒有一位老师，一位从鲍姆加登主张派生出来的美学家，即埃伯哈德①。不仅如此，施莱尔马赫本人当时对他在科学发展中所占有的地位还是相当清楚的，因为在他的美学讲义②中作为开场白的那些历史追述中，他曾十分重视莱布尼茨-沃尔夫学派，他认为，康德同那些把美学看成是逻辑学的"对照"（Seitenstück③）的人相类似；他喜欢席勒把注意力从情趣因素转移到生产自发性因素上去的做法；至于黑格尔体系，他看到艺术在这一体系中得到高度宣扬时感到吃惊，但是也保留他的看法，因为他说：从历史角度来判断在现实中仍在发展着的东西，那是危险的，也是困难的。施莱尔马赫并不是从超人世或绝对精神这一崇高领域来探索艺术，因为在这种领域中，艺术就会同宗教法律，并且要同宗教一起屈从于哲学，他则是从宗教色彩要少得多的方面来探索艺术，并且也找到了艺术，而在这方面，莱布尼茨和鲍姆加登的信徒们过去也是这样做的，也就是说，施莱尔马赫是从非实践（非"系统"）的活动这个地方（Ort）来探索艺术，这种活动亦即认识和理论活动，在这种活动中，艺术是同科学认识相类似并且也相对立的认识方式；这种方式就是：对"同一性"（Selbigkeit）的

---

① 参阅奥德布雷希特为他的《美学》出版所写的序言，第8—12页和第22页。——原注
② 见洛马茨希版，第1—17页。——原注
③ 德文原意是"副本""附件"。——译注

认识,对"差异性"的认识或对特有的个性方面(Eigenthümlichkeit)的认识。我们也可以把这种做法称为静止式分类法,因为这两种认识形式是互有区别的,但随后它们也不会经过思辨程度和辩证过程而相互结合起来;根据同样理由,我们也可以认为,这里所说的科学和哲学认识概念,是以一种仍属抽象性的普遍性为依据的,而真正的具体的普遍性则既是个性的,又是历史的;因此,似乎应当更确切地这样说:在美学和艺术活动中,普遍性和个性是难以辨认的,而在逻辑学和哲学活动中,它们则是可以辨认的,或者说(正如施莱尔马赫多次说过的),它们是处于对立关系(in Genensatz)中的。更加严重的错误,而且是更加直接地属于美学理论方面的严重错误,可能似乎来自如下一点,即他把艺术的创造和对艺术的判断不是归于作为人的人,即归于纯粹精神,而是归于作为属于各个民族团体的人:这就会使人从艺术的理想性方面破坏艺术,把艺术降低为符合不同人的群体在种族上或习惯上的特殊需要的实践活动。但是,虽然这种把人类普遍价值民族化的做法,这种对精神的亵渎,在今天正如过去一样,而且更甚于过去,是许多德国人(我不想说是德国人民)所钟爱的,而且他们一概都是这样做的,因此,施莱尔马赫的这一点美学主张得到人们的赞同和称道,但为了他的荣誉,也应当指出:他绝不是以绝对化方式来理解艺术的民族性,甚至也不是以相当具有经验主义色彩的方式来这样理解,他是把这一民族性提出后不久就又阉割了其内容①。无论如何,所有这些摇摆现象都不能否定这一点:施莱尔马赫曾很好地限定了美学范围,把它作为一种还不属于逻辑认识的认识范围。

为了更好地确定这种认识形式,施莱尔马赫以"对自身的直接意识"为出发点,按照他所明确地指出的,这种对自身的直接意识并不是

---

① "……因为,否则,由此则会使艺术作品只能在一个民族的各个成员之间被理解。这一点是不会有人赞同的。但每个人都会承认这一点:希腊的艺术作品不能像它感染希腊人那样感染别人",见《美学》,奥德布雷希特版,第88—91页。况且,最后那个提法是既显而易见,又没有多大意义的。——原注

对我本身的意识或自我意识,因为这种自我意识实际上就是思维,就是设想种种因素的差异性中存在永久性,相反,对自身的直接意识却是"种种因素的差异性本身",换句话说,就是在冲动地亲身感受这种差异性当中的生活本身,亦即不断地感受快感和痛苦。

难道艺术就是这种直接意识,就是生活的冲动、情感的激发吗?施莱尔马赫非常注意不把艺术与感染力或情感等同起来,而这种做法却是直到我们今天仍为一些具有粗俗不堪的、缺乏艺术修养的精神的人所心甘情愿地抓住不放的;但是,与此同时,施莱尔马赫也知道,没有亲身体验的生活,没有生活的感染力,艺术就会缺少它的题材。艺术就是通过使这种题材具体化而产生的(或是同样的情况,即通过使起初具有激情和实践形式的东西具体化为具有理论形式),亦即把联系、秩序、比例、统一和确定性纳入大量的快感和痛苦当中,其办法是要采取一种被他称作"Besinnung"①的行动,亦即要"使自身得到复苏",我们可以把这种行动称为"鉴赏性的综合"。这种自身的复苏并不是简单地阻挠和控制快乐和痛苦的行动,就像一个有教养的人经常做的那样,有教养的人正是通过这种做法来使自己有别于无教养的人的;但是,这种行动也是要创造一种能使激动情绪具有分寸感和节奏感的形象,以此来克制这种激动情绪;于是,做手势就变成一种模拟动作,或者那种本是自然地模拟动作(按照施莱尔马赫有时描述的,即"natürliche Ausdruck"②)的动作,就让位于变为艺术的模拟动作,亦即让位于艺术本身,就这一点意义来说,艺术完全就是模拟动作。艺术是一种梦,但是一种醒着的梦("der wachende Traum des Künstlers"③),而人们真正做的梦却又是属于直接亲身体验的生活的。

《美学》一书的新出版商奥德布雷希特认为,这种说明施莱尔马赫思想的做法是低级的、通俗的,而一八四二年由洛马茨希出版的讲义

---

① 德文,意为"意识""知觉"。——译注
② 德文,意为"自然表现"。——译注
③ 德文,意为"艺术家的醒着的梦"。——译注

中就有这种说法,我从这部讲义里摘录了一部分,同时也想澄清一下这一说法。在我看来,真正的施莱尔马赫的美学,即"保持其固有的,而不是经过歪曲和系统化了的"美学,并不是收集在一八三二至一八三三年的这些讲义中,而是收集在一八一九和一八二五两年的课本中,他的美学一书的新版正是以这两年的课文,特别是以一八二五年的课文为基础的。① 我斗胆认为,在奥德布雷希特的这一看法中,有一种过分爱戴的情感,这种情感是那些发现并出版了施莱尔马赫的一些新文献和新资料的人所抱有的(然而,这些材料却是有用处的,为此应当感激这些人),因为一八三二至一八三三年的课文确是论述这个问题的最后定本(又经过了为时七年的研究和思考),是施莱尔马赫思想的最后形式,他当时正准备撰写一部美学;这部课文是由洛马茨希特别为他先前的著作出版的,洛马茨希肯定了解这些先前的著作,如果我没有弄错的话,洛马茨希也是施莱尔马赫的女婿,对施莱尔马赫的构思和意图是深知的。这是一些实际情节,对于这些情节,是不能轻率地略而不谈的。我也并不像奥德布雷希特所认为的那样认为,在一八三二至一八三三年课文中把"Gefühl"这个词,亦即"情感"排除掉是什么低级和粗俗的证明,这个词在其他讲义中是采用的②;那么为什么这个词在施莱尔马赫的哲学中是这样重要呢?它又意味着什么呢?这个词也许是认识和意愿的一种特殊形式,而不是认识和意识的共同点,不是发展到顶峰的精神的统一,亦即精神的充分现实性吧?如果是这样的话(而且由于这个缘故,这个词也就同宗教观念紧密地联系起来),显然它就不能成为美学理论的前提,因为美学理论的前提只能是直接的生活,亦即 Besinnung 的素材,这个素材会通过对生活的加工,使它变为美学形式。再者,如果过去人们正是把直接生活或对自

---

① 弗里德里希·施莱尔马赫《美学》,受普鲁士科学院和柏林文献档案协会的委托,根据至今尚未公开的原始材料,第一次由冯·R.奥德布雷希特出版,1931 年德格鲁伊特区柏林和莱比锡版。——原注
② 奥德布雷希特的序言,第 24 页,以及前引论著第 50—55 页。——原注

身的直接意识理解为"情感"(正如施莱尔马赫在他以前的课文中所理解的那样①),那就使这个词具有双重含义,这双重含义对其他一些哲学家来说并没有什么触犯的意思,或者也许甚至还能为他们所同意,对他们起作用,但是,这双重意义对施莱尔马赫来说,则由于把感官放在突出地位,而带来暧昧不明的因素,因为他在自己的体系中是把处于突出地位的感官作为"情感"的。既然奥德布雷希特认为在施莱尔马赫最后写出的课文中排除这个词,是施莱尔马赫有意这样做的②,那就可以设想:施莱尔马赫似乎已经发觉保留这个词在科学上是不适宜的。最后,我要承认,我并不为没有从一八三二至一八三三年课文中重又看到在以前的课文中所描述的艺术产生的特殊过程而感到痛心;因为这样一来,首先我们就会产生刺激或情感,然后,由刺激或情感中产生"stimmung"③或心灵趋向,再后则又产生"freies Spiel der Phantasie",亦即幻想的自由发挥,这种幻想会自我净化,自我形成"Urbild"或原有形象,在这形象之后,最终则实现"Ausbildung",亦即形象的完成和细微加工。④ 所有这些不同层次都是心理上的,而不是思辨性的,也就是说,它们并不是区分名副其实的种种精神阶段,而只是辨别以经验主义方式观察的种种程度;例如,当我们说艺术并不是直接来自情感,而是来自 Stimmung(这是一种"刺激的缓解"⑤)时,也应当指出:这种缓解(Mässigung)要么是对感染力的加工和具体化,于是艺术就由此产生并发生作用,要么则不是这样,于是我们就不理解艺术究竟能是什么东西了,除非是情感从某一程度转到另一个程度,

---

① 一个是认识的要素,另一个是这样一个要素;通过它,我们的认识所特有的东西能够同所有认识一样,有意识地变为现实。这些是认识的领域,也是艺术的领域。在这个意义上我们可以说,所有的艺术都出自我们指出的那种情感(《美学》,奥德布雷希特版,第48页)。——原注
② "看上去好像它(情感的表现)故意被回避似的",前引序言,第24页。——原注
③ 德文,意为"情绪"。——译注
④ 《美学》,奥德布雷希特版,第48—52页等。——原注
　　Ausbildung 系"提炼""提高"之意。——译注
⑤ 《美学》,前引作品第106—107页。——原注

十七　弗里德里希·施莱尔马赫的美学

从更加激动的心情转到不大激动的心情,也就是说,艺术始终仍处于人们所亲自体验的生活的实践范畴之内。施莱尔马赫在他最后的课文中抛弃这种从心理上和经验主义角度所做的种种区分,这一点不应当看作是出自宣传简化的理由(那些宣传者对从心理上搞得乱七八糟的做法是颇为得意的),而恰恰相反,是出自思辨简化的理由,而这种思辨简化却是思辨深化。

这种把艺术活动完全看成是精神活动的观点,通过 Besinnung 的行动或新的综合方法,并利用使艺术活动具有规则性和统一性的节奏感,完成对自身直接意识的思考(即美学的思考),根据推理,由这一观点得出的结论就是:名副其实的艺术作品因而完全是,也只能是"das innere Bild",即内在形象,同它一起产生的或不是同它一起产生的一切,都是附加的东西,都是次要的、属于其他领域的东西,是类似思维的传递(Mittheilung)中的火花或记录。在这方面,也可以而且应当有思辨哲学性质的内容,因为这个形容词"内在"是要求具有内在和外在双重对立性质,而这种双重对立性质对具体地从事哲学分析来说,又是不可思议的,在哲学分析看来,形象完全既是内在的又是外在的,既是灵魂又是肉体,既是直觉又是表现,亦即它既能直觉感到,又能表现出来,正如灵魂是完全活在肉体之中一样。施莱尔马赫始终是囿于这种思维和思维的延伸、精神和自然双重因素的对立之中的,而这种双重对立的看法或多或少是斯宾诺莎的主张。但是,在这个问题上,暂且不谈那些仍然未获解决的困难,却也必须从实质上接受施莱尔马赫的思想,因为他实际上是要把艺术过程的表现和"传递"、理论因素和实践因素区分开来。当然,这两种概念对他来说还不是完全清楚的,有时,他还缩小了那个对具体确立形象本身具有至关重要意义的"内在"形象,就像有时,看来他似乎是想把诗创作重新导向外在,亦即导向传递[1];或是有时,他竟说什么构思可以是完美无缺的,而外在表现

---

[1] 洛马茨希版,第196页。——原注

却并不同构思相适应①;总而言之,这种区分是需要做具体的理论阐述的,而他却没有这样做。另一方面,他也从来没有缺少对困难的感受,从来没有打算要向自己掩盖这些困难,从来没有缺少要正视这些困难,而不是绕过这些困难的意图。例如,我们可以看到他曾提出过为其他美学家所忽略的疑问,即何以并不是所有 Urbilder,不是所有原有形象都能成为艺术,他曾力求回答这个疑问,突出社会因素,因为这些原有形象中只有某些形象能找到同外在世界的联系点(即同别人的愿望、同被称为艺术作品的"订货"的联系点),其他形象则不然,同时他还马上指出:艺术是不能从别人的要求中产生的,而是只能从别人的要求中找到自我表现的机会②。在这个问题上,解决办法始终是不完善的,因为正如前面所说的,由于表现和传递并没有被截然分清,上述疑问的两种含义也就无法辨别清楚了:这两种含义中的首要的、根本的含义是指这样一种工作,通过这种工作,精神能使那些在特定条件下对它来说是更重要、更迫切的形象达到直觉上和表现上的完美程度,而同时又把其他形象放到次要地位,或则把它们暂时遗忘掉了,再或则是把它们推到下一步再去完成。在这方面,社会起着一种推动作用,这种作用可以是等待,也可以是促进,但甚至也可以是否定,因此,正如诗和艺术历史所证明的,艺术家完全不顾周围的社会而歌唱、绘画和雕刻,他只求同自身取得一致,充其量,是把希望的眼光投向未来的社会。另一种含义则是显而易见的,是实践条件的存在,这种实践条件会使艺术家得以刷新一堵墙壁,建筑一座大厦,等待撰写和出版他的诗歌,把一出戏剧搬上舞台演出。

这种对"内在性"的坚定意识,亦即对艺术所具有的绝非理论上的精神性(因为归根到底我们所指的就是这个)的坚定意识,使施莱尔马赫终于用一种简单的绝交手势,摆脱了当时所有关于"自然的美"或"自然美"问题的空泛争论;也正是由于有这种意识,并且也由于把艺

---

① 洛马茨希版,第219页。——原注
② 奥德布雷希特版,第84—85页。——原注

十七　弗里德里希·施莱尔马赫的美学

术仅仅归于形象(由此才有了实行传递的具体素材),施莱尔马赫也就必然会从逻辑上否定把种种特殊艺术加以区分的做法有任何价值和任何意义,而人们恰恰是根据上述素材这样做的。实际上,形象存在于精神之内,它完全是作为诗歌、音乐、绘画、建筑、高浮雕和低浮雕等而存在的;艺术家把艺术作为有声音、线条、色彩、雕塑的整体来加以创造,而艺术灵魂也是以艺术的本来面目来接受和体现艺术的。不必像施莱尔马赫所说的①那样指出:早在内在形象之中就存在着朝这种或那种确定可感觉东西的方式发展的倾向了,因为这种毋庸置疑的看法本就只能意味着任何作品都有自己的可感觉形式,任何作品都不同于任何其他作品,而不是意味着诗歌不同于音乐,不同于绘画、雕刻等,因而就似乎可以确定,每一种艺术自身固有的一系列艺术表现,这种看法是由一种传统错误造成的,根据这种传统错误的主要表现,我以前早就打算把它称为"莱辛式的错误"②。

然而,施莱尔马赫的美学讲义大部分是用来探索各种具体艺术的差异点的;他不是在澄清一般性和哲学性问题之后像应有的那样,提供一部有关诗歌和其他艺术的历史(按照他的体系,他本应这样做的,因为他的体系就是根据物理学相应地提出自然史,根据伦理学相应地提出政治道德史,一般说则是提出精神史),而是从事一种分门别类的工作,或者不如说是辛辛苦苦地做出一系列分门别类的努力。我觉得,他的那位最近的学者兼出版商恰恰是把他的美学的最主要成就放

---

① 例如洛马茨希版第152页。——原注
② 这种主张艺术统一性,反对具体艺术各成一体的学说是我在我1900年撰写的《美学提纲》中提出并论述的,而且我从来没有背弃过这一学说,由于这一学说不时受到攻击(虽然人们使用更多的是叫喊,而不是有效的武器),按照加布里埃尔·邓南遮于1907年为之提出的那种说法来重新把这一学说提出来,将会是有好处的,当时,邓南遮曾评论十四世纪的阿里哥·西明登迪的一篇东西,他说:"在这里,这个词确实是由三个方面形成的。从这里可以看出,所有艺术在发挥最大表现力时确实只归结为那个取消物质媒介的节奏统一性。是艺术决定物质的质量,而不是物质决定艺术的质量。正如格言可以丧失其空洞性,青铜也同样会丧失其牢固性一样。静止形象和活跃形象二者都只能用两类纯粹的节奏创造出来。"(《锤下的火花》,1928年米兰版,第二章,第239—240页)——原注

在这一部分当中①。不过,在我看来,这一部分确是重要的,但是我的理由和他不同,甚而是相对立的;我认为:这一部分全部都浸透着一种客观的讽刺意味,正因如此,作者越是努力确定这种艺术有别于另一种艺术,他就越是发现这种艺术存在于另一种艺术当中,他越是设法走区分各种艺术的不同道路,却越是被导向单一的和共同的中心。施莱尔马赫有批判性、警觉性、细致而又谨慎的头脑,他不让自己对那种大而化之的想象式和机械式的区分做法抱有幻想,也不让自己因对这种区分做法抱有的幻想破灭而感到沮丧,而其他美学家则是满足于这种区分做法的;同时,施莱尔马赫也不让自己对如下一类区分做法抱有幻想和感到沮丧:这种区分做法是他自己作为试验而创立的,但是他在创立这种区分做法的同时也批判了这种区分做法,而且几乎是在做同一个动作时既采用这种做法,又排除这种做法。

举出几个例子就足以说明施莱尔马赫在他的上述吃力的工作中就像是达娜伊德公主们的哲学家兄弟②。施莱尔马赫认为,各种艺术的根本区分在于:要把那些直接来自对自身的意识的艺术(因此,这种艺术本身就缺少艺术性[kunstlos],如哑剧和音乐就是)和另一些来自对客体的意识(Gegebstandliche Bewusstsein)——如造型艺术和诗歌就是——区分开来;但是,后来他发现,上述两类艺术的内容都是一样的,只不过在外部表现和外表形态上,"这个要比那个更加丰富"③;确实,上述第一类艺术的观点就同施莱尔马赫的原则相矛盾,因为他的原则是认为艺术应当克服直接意识。他甚至还指出:正像感叹词在语言中的情况一样,在诗歌中也有一些形式可以称作是直接形式,而不是像哑剧和音乐那样表现客体;他又说,"但是,不是以同样的分寸和

---

① 指奥德布雷希特,见前引序言第172页。——原注
② 典出希腊神话,五十位公主奉父王之命,要在新婚之夜将各自的丈夫杀死,其中一位公主伊佩尔梅丝特拉未这样做。宙斯一怒,将她们判罪,处罚她们不断用网索捞水,灌满无底的水罐。作者以此说明施莱尔马赫的吃力工作永远不会有结果。——译注
③ 洛马茨希版,第127页。——原注

程度"来表现,因为诗歌的直接形式走得更远一些,从而"形成向思考的过渡"①。他还曾尝试过把绘画和雕刻区别开来,并指出:绘画可以把不同的物种和个人全部表现出来,而雕刻却只能表现个别形象;但是,他又很快地改变了自己的看法,说什么雕刻也可以做"群体"像,尽管——他又进一步改变自己的看法,补充说道——这一点是在十分有限的情况下才能办到的。② 为了同样的目的,他还试做另一种区分,亦即认为:雕刻只是以生活方面作为依据,因此,只能表现动物、人体,而绘画则是以伦理方面为依据;但是,接着他又不得不承认:雕刻也能表现伦理方面。③ 他还力求用以下办法来区别雕刻和绘画这两种艺术:他曾指出,雕刻只能根据形象来做,绘画则也可以,而且主要是用光线和光线效果来做;但是,他接着又看到,雕刻也并非同光线完全无干,诚然,雕刻要凭借自己的独立做法来表现人体,但是,这是指"更多地"(mehr),而不是指"绝对地";不仅如此,当雕刻做群像时,它就不能阻止个别形象要同光线发生某种关系了,尽管这一点并不是雕刻家的目的,而当雕刻家要做浮雕时,光线在这一部分就要起很大作用,于是,浮雕就应当被看成是"向绘画转移"。雕刻的客体是纯形式,可以用独立的方式来体现地球;绘画的客体则是要根据地球同宇宙体系的关系来体现地球,因此也就是要在光线中体现地球④;但是,在这两种地球之间,存在着"过渡",因此,二者不存在截然不同的区别,正如看来很难设想地球是位于宇宙体系之外的。施莱尔马赫把造型艺术和诗歌加以区分,是因为形象(Bild)是前一种情况所固有的,"表现"(Vorstellung)则是后一种情况所固有的;然而,他自己也不能讳言如下一点,即表现从来不能没有形象,同样形象也不能没有表达形象的那种语言,因此,二者总是并驾齐驱的,尽管程度不同,把二者分开是办不到

---

① 洛马茨希版,第156页。——原注
② 同上书,第175—176页。——原注
③ 同上书,第136页。——原注
④ 同上书,第137页。——原注

的,因为从内在方面说,二者是同一个东西。① 让我们且把其他那些区分做法放在一边,例如把"诗歌的诗情"和"绘画的画意"区分开来,而实际上是绘画中也有诗情,诗歌中也有画意②;再有则是把雕刻同建筑区分开来,认为在前一种当中,人体形式似乎占据主要地位(Ueberwiegen),而后一种当中,则是数学形式占据主要地位③;还有把建筑同园艺学区分开来;最后则是把抒情诗和史诗及悲剧区分开来,认为前者似乎是具有音乐性的,后者则似乎是创造形象的,这种区分做法也是有个"程度大小"的问题,因为音乐性是渗透到史诗和悲剧中去的,同样,形象也渗透到抒情诗中去。施莱尔马赫有时也承认,在迷惑不解和迫不得已二者之间"我们也曾想要加以区别开来,但是我们却取得了相反的效果,也就是说,我们是从把各种艺术联系起来的那种关系的角度来考虑各种艺术的"④;还有些时候,施莱尔马赫又确实希望把"各种艺术"切实地"重新联系起来"⑤,这是一种徒具虚名的、想入非非的"把各种艺术重新联系起来"的做法,因为这种做法是错误地设想要把它们分割开来的做法的结果,几乎像是各种艺术并不是从本质上就是联系在一起的,并且始终就不是一个东西似的;但是,他一度却又承认:从内在角度看,我们总是发现同一个东西,差异在于"属于机体的各种生活机能的多样性",⑥也就是说,他是从美学以外的角度来看待这一问题的。

尽管施莱尔马赫在各种艺术既统一又有区别的问题上,是那么含糊不清和自相矛盾,足以作为典范和具有教育意义,但是,他在提出如下主张方面却是稳妥的,即认为各种艺术作品之间除"艺术本身的完

---

① 洛马茨希版,第139—140、148—149页。——原注
② 同上书,第143页。——原注
③ 同上书,第155页。——原注
④ 同上书,第648、660—661页。——原注
⑤ "最重要的是把各种艺术都联合在一种共同的成就之中",同上书,第167页。——原注
⑥ 同上书,第217—218页。——原注

十七　弗里德里希·施莱尔马赫的美学

美性"之外别无差异,这也就是说,判断取得抑或没有取得这种完美形式(不论是完全取得还是部分取得,也不论是充分取得还是大致取得)的方法和唯一客观标准只能是美学价值。施莱尔马赫并不害怕表面上的自相矛盾现象,并曾断定:一首诗歌和一首小诗(只要二者从艺术上看都是完美的),一幅绘画和一幅阿拉伯式图案,从美学上看都是彼此相等的,相互都是不可比拟的;而当像人们惯常所做的那样,把一位诗歌作者放在一位小诗作者之上,把一位绘画画家放在一位阿拉伯图案画家之上时,那考虑的就是人们的社会地位不同,这种做法同纯属美学的问题是毫无共同之处的。因此,对于施莱尔马赫来说,任何倾向性也都是同艺术相对立的,他把"宗教"艺术和"消遣"(gesellig)、淫荡、色情及游戏性的艺术一概都等量齐观①,并且也承认艺术可以是"Spiel",即游戏,但只能在如下意义上才如此,即艺术不作为工作和实用作品。② 把艺术价值看成是"艺术本身的完美性"这一观念使施莱尔马赫感到满意,使他不必感到有必要再采取其他观念,或者至少是不必感到有必要采用其他词汇如"美",看来他似乎是想要把这个词同"崇高"以及人们往往给这个词加上的种种其他类似含义③一起都排除在美学之外,而如果他能在这个"美"的概念的漫长而多变的历史中探讨一下这个概念的话,他就会发现这个概念主要只是指艺术完美性或只象征艺术完美性。确实,如果提出并确定艺术范围这种需要不起作用的话,美的概念也就不会这样突出地出现在人们的脑海里了;因此,美学不应当无视美的概念,而是应当接受这个概念,并从这个概念本身中来解决它。正如我在其他文章中早已指出过的,过去有些德国理论家所采用的解决办法是要求创立一门有关艺术的科学或哲学,把对"美"的这种研究工作交给另一门科学去做,这另一门科学甚至可以叫作"美学",根据以上理由,这些德国理论家所采用的解决办法是站

---

① 奥德布雷希特版,第65—74页。——原注
② 同上书,第80页。——原注
③ 洛马茨希版,第140—142页。——原注

不住脚的,因为无论在任何其他方面,都不能存在一门能研究"美"的哲理性科学。这门科学确实不可能存在,除非我们想指的是一种"描述性心理学",这种心理学能着手把所有不可胜数的假美学概念加以分类和说明,这种假美学概念在一些美学著作中是多如牛毛的,例如在哈特曼的《美的哲学》一书中就是,在这方面,还可以加上包含在罗森克兰茨的《丑的美学》一书中的另一些假美学概念;这样一种心理学在使这些概念摆脱不当有的哲理性推论(过去人们往往是用哲理性推论来研究这些概念的)之后就能起某种作用,但这种作用又同像字典那样给概念下一系列定义的做法没有多大区别。

在语言问题上,施莱尔马赫没有能采取一种令人可以接受的解决办法,在这方面,他甚至持有一种极为荒唐的态度,然而却很少有人像他那样感到有语言本质问题存在,而他虽然由于他所采用的前提而难以在这个问题捕捉到真实,却几乎在他那陷于绝望境地的紧张探讨当中接触到真实。他所采用的前提是错误的,在这一点上,他和同时代许多其他哲学家是共同的,这个错误前提就是:语言由两个因素组成,即音乐性和逻辑性。但是根据这一点,他却无法解释诗歌,因为像人们看来应当作的那样,如果把语言的逻辑性因素归给散文,把语言的音乐性因素则归给诗歌,那么这种做法就不符合真实的明显情况了。音乐性因素虽然对诗歌来说是至关重要的,却绝不能完全代表诗歌,逻辑性因素对诗歌来说也绝不是毫不相干的:那么,构成诗歌的东西究竟是什么呢?既然诗歌不是逻辑,又不能仅仅是音乐,在诗歌当中,除了有语言的和谐性之外,还有什么东西呢?这个东西,这个神秘莫测的"Etwas"①到底是什么呢?,诗歌是以可感觉和具有个性的方式来表现的;但是,语言作为纯粹声音,则无力做这种表现,而作为逻辑性(它意味着个性和普遍性的对立),就个性的可感觉表现而言,又是不成道理的。然而,诗人却用语言来完成这个奇迹:他是依靠对使用语

---

① 德文,意为"某个东西"。——译注

十七 弗里德里希·施莱尔马赫的美学

言的娴熟技能来做到这一点的,正因如此,他才能迫使语言奉献出从本质上说它本无法奉献的东西,并且从表现一般性和普遍性中做到表现特殊性和个性①。这是个荒唐的结论(尽管这个结论在我们今天从柏格森和其他人身上又表现出来了),同样的,那种能违反本性和逻辑性而起作用的娴熟技能也是荒唐的,似乎逻辑性在暴力和压力迫使下会自行消灭,或者从它的腹中会产生它本身并不具备的那个东西,即可感觉性。但是,我们又能要求有什么看法能比这种荒唐的看法更好一些呢?因为我们要批判这种认为语言由两种因素构成的错误前提,即认为语言原本(urprünglich)就是逻辑性和音乐性,认为这两种因素是联合在一起而存在于语言当中的。我们又能采用什么更好的东西,把它作为掌握真实学说的入门呢?真实的学说是认为:语言的本质不是逻辑性的,而是幻想性的,因此(这也正是由于幻想同时也是其自身的表现),也就是认为:根据人们惯常以经验主义方式把语言划分成不同的部类(语音、造型、音乐等),语言同声音、语调、色彩、线条等诸如此类的东西是相一致的。维科、哈曼、赫尔德、汉博尔特以及其他一些人就是走这条道路的,尽管他们理所当然有种种摇摆不定、犹豫不决、自相矛盾之处②;但是,也正由于黑格尔没有走这条道路(他是过分热衷于逻辑主义了),施莱尔马赫也没有走这条道路,因为他对上述那些思想家的探讨和思辨工作一无所知或不予理睬,然而,由于他有敏锐的批判精神,他还是被推动和驱使朝这条道路走去,尽管没有能走上这条道路。

正如我们一眼就能看出的,要使施莱尔马赫的美学观点能更加协调,能具有高度的统一性,那就必须做到这一点,即施莱尔马赫必须克服这种双重对立主张或斯宾诺莎主义,这种情况在他身上是一直存在

---

① 洛马茨希版,第642—648页。——原注
② 例如,汉博尔特在论述海尔曼和桃乐珊一文§12中仍然认为,语言是原为使用智力而形成的一种工具,而诗歌就应当将它发展和改变为使用幻想的工具,这就是说:他所依据的仍是上面提到的那种学说。——原注

着的,我们从他的某些美学理论中就可以看到有这种情况的不利反映。这一点特别表现在他把自然和艺术放到混同和平行的地位:自然是按照类型和公式来生产的,艺术也是从同一种类型和公式出发来生产的;这样一来,艺术的各种形象就似乎不仅应当从个性方面反映出物种(Gattung),不然就会成为毫无价值或缺乏真实性的东西,而且还应当从个性方面以更加纯粹的方式来表现这公式或类型本身,而在自然事物中,这种情况是不会发生的,因为在自然事物中,这种公式或类型往往会受到约束,往往会被改变原有形象,会被肢解。① 正是由于这个缘故,施莱尔马赫在不自觉的情况下就走向"模拟自然"的理论,甚至走向"以理想化方式模拟自然"的理论,而这种理论同他对艺术的基本观点是完全对立的,因为他对艺术的基本观点是把艺术看成是直接意识的韵律表现。

  对于这些思想家,不该根据他们身上一直存在着的那种旧东西,也不该根据他们所陷入的自相矛盾之处来加以判断,而是应当根据他们所提出并解决的种种问题,根据他们所确定的新观点来加以判断。施莱尔马赫为现代哲学提出的新问题和新观点是不少的,不仅在他研究伦理学方面是如此,而且在他研究美学方面也是如此;这两方面的研究工作,尤其是后者,却没有从哲学学者们那里得到应有的高度重视。

1933 年

---

① 洛马茨希版,第 106—107、146—147、149 页。——原注

十八　罗伯特·维舍尔和对自然的美学鉴赏

我在论述有关 Einfühlung① 美学时曾特意略去一个人不谈,这个人由于他一八七二年的那部论著,即 Ueber das optische Formgefühl②,而被看成是这一美学问题的第一位作者,他就是罗伯特·维舍尔。这个技术名词也是从他那时起才有的,而且他自认为是创造这一名词的人,只是晚些时候,我们才发现:这一名词早在赫尔德的一部书中就有了③。

罗伯特·维舍尔是著名美学家弗里德里希·泰奥多尔的儿子,他从事造型艺术历史的著述,他在十九世纪最后二十五年的那些作家当中理所当然地占有一席十分突出、声誉颇大的地位。他是在一种最浓厚的热衷信奉实证论和唯语言论的气氛之中成长起来的,这种气氛当时甚至渗透到艺术史研究当中去,在这方面则表现为强烈的反哲学和厌美学的精神。罗伯特·维舍尔当时虽然兢兢业业地从事博闻广采的工作,探讨艺术的历史条件性,他却始终没有忘记如下一点,即艺术的批评和历史归根结底在于美学问题;正因如此,他才能在一八八六

---

① 德文,意为"移情"。——译注
② 这篇论著同其他两篇文章《美学艺术和纯形式》(1874 年)和《论美学的自然现象》(1890 年)现已收入小册子《关于美学形式问题论文集》(1927 年聂梅耶尔区哈勒版)中。——原注
　　该论著中文译名为《论视觉上的形式感觉》。——译注
③ 前引论文集,第 77 页。——原注

年撰写了一部研究艺术史的作品，用来研究他的父亲，并且确信：他的父亲"在满怀热忱地遵循专门历史研究的道路时，却没有想要把那座使其思想同属于维舍尔的那个范围连在一起的桥梁砍断"①。在他的第一部内容广泛的论著《卢卡·西尼奥雷利和意大利文艺复兴》②（这部书一直是有关西尼奥雷利这位画家的最重要的著作）中，也许过分囿于突出介绍西尼奥雷利的艺术据以产生的环境、政策和习俗，突出介绍一些暴君和将领、翁布里亚一地的各家族之争和苦行僧侣状况以及这些苦行僧从罗马教廷和人道主义及享乐主义那里所得到的种种印象，突出介绍当时对他本身产生的种种艺术影响，但是却没有能反过来阐述这位艺术家的中心问题，没有阐述这位艺术家的刚毅和大胆的禀性和特点，而这位艺术家本人身上是包含和蕴藏着许多矛盾的；罗伯特·维舍尔也没有设法去分析一下在意大利艺术中被称为"恐怖性"的那个与众不同的、相当错综复杂的特征，而这一特征在西尼奥雷利身上是相当突出的。但是，在关于拉斐尔的那篇论著（这篇论著收集在上述有关研究的一书中）中，他却指责在他那个时代盛行的兴趣和方法同前一代的鲁莫赫尔、施纳斯以及其他艺术史家的兴趣和方法相比都发生了变化，正由于这个缘故，当时人们探讨拉斐尔，就不再是他的 logos 和 pneuma③，而是他的生活的特色和作品的年表以及技巧④。从罗伯特·维舍尔方面来说，他则是转为研究拉斐尔艺术固有的特点，研究人们往往认为拉斐尔艺术所具有的那种"客观性"与和谐性究竟是什么，而实际上，这种"客观性"与和谐性只不过说明某种始终是神秘莫测的主张，说明存在于拉斐尔身上的一种基本魅力，一种对精神性能的特殊、罕见而又井井有条的巧妙运用，作为这种情况的

---

① 见《关于艺术史的研究》(1886 年朋茨区斯图加特版）一书序言第 9 页。——原注
② 《卢卡·西尼奥雷利和意大利文艺复兴》，1879 年维特区莱比锡版。——原注
　　西尼奥雷利(1441？—1523)，意大利著名画家。——译注
③ 意为"理念"，"气势"。——译注
④ 见前引《关于艺术史的研究》，第 91 页。——原注

十八 罗伯特·维舍尔和对自然的美学鉴赏

反映就是使人感到有一个极乐世界的存在①。维舍尔也以类似的态度对待乔托和杜雷尔②的艺术以及中世纪的许多作品。他论述鲁本斯的一本小册子尤为珍贵③,因为在这部小册子中,那种环境决定论已经被取消了,首先是驳斥了那种认为这位画家所创造出的各种形象都同弗拉芒地区当地人④有所谓相符合的状况的见解;维舍尔说:既然很少"能在那个地区看到相当于鲁本斯艺术中所绘出的那种比例的雄壮坚实的体魄或是粗壮敦实的农妇,况且不论他为自己能找出多么好的模特儿,他所绘出的那些形象的类型毕竟是他自己所创造的"。鲁本斯是根据自己的幻想的基本动机进行创造的,因而也就是根据那强大而蓬勃的生命力,这种生命力具体化为那些生气勃勃的形象,它们在一切浪潮冲击下都像是要寻找欢乐或斗争,它们使肉体、野性焕发出异彩;这些形象并不是英雄的形象,却是酒神般的形象,它们虽不具备深刻含意,却起着鼓舞人心的作用,这样一来,这些形象就以灿烂夺目的方式展现出五光十色。维舍尔很喜欢围绕这一解释同佛罗门汀和尤利乌斯·兰支展开讨论,就是说,他喜欢同十九世纪下半叶欧洲所拥有的最为精细的艺术鉴赏家中的两位展开讨论。此外,似乎也应当指出并赞扬维舍尔的某些有关方法论的观点,例如,他反对艺术批评家们往往对绘画所做的文学性的描述,因为这些艺术批评家们忘记了他们是靠语言来思考的,而画家们则是"靠充满生机的形象"来思考的⑤。

像上述那样追述一下维舍尔对艺术的生动而严肃的体验和理解,似乎就足以证明我把罗伯特·维舍尔同 Einfühlung 美学家们分割开

---

① 见前引《关于艺术史的研究》,第125—127页。——原注
② 乔托(1266?—1336),意大利文艺复兴时期著名画家;杜雷尔(1471—1528),德国代表文艺复兴画派的著名画家和版画家。——译注
③ 《彼得·保罗·鲁本斯》为非内行的艺术界朋友写的一部小书,1904年卡西雷尔区柏林版。——原注
④ 鲁本斯系弗拉芒地区的人。——译注
⑤ 前引关于西尼奥雷利的那部著作的序言,第6页及以后几页。——原注

来是正确的,因为这些美学家们都或多或少对艺术事物陌生,特别是当他们有意收集起一些表面上的艺术消息时更是这样。但是,在有关 Einfühlung 本身这个问题上,双方的差距则表现得更加直接和明显,因为维舍尔把这个问题看成是一种批判性和思辨性的研究,而其他那些人则把这个问题表面化和庸俗化,把它变成一种心理学的研究,有时则强硬地附带进行形而上学的探讨。维舍尔是意识到这种差异性的,因为他故意使自己同他的那些态度暧昧的追随者们脱离开来,但是,他晚年时的一位朋友格洛克纳曾公开指出这一点,并充分做了验证,格洛克纳明确指出:维舍尔问题的性质是非心理学的(unpsychologisch),是先验的。①

维舍尔的这个问题究竟是什么呢?他的问题并不在于要重新找到和提出一种用来解释艺术的观点(尤其是因为他后来也没有任何机会在他所写的种种有关艺术史的著作中发挥这种论点),而是在于这样一个特殊的问题,即应当并且可以如何来解释被称为自然事物的美、自然美的东西,也就是说,如何才能做到所谓对自然的美学鉴赏,从而获得相应的快感。这种快感正如大家都知道的,应当完全有别于人们在自然中所享受到的那种实践快感,即当一个风和日丽、春光明媚的日子令我们感到心旷神怡时所享受到的那种实践快感,或是别的类似情况;之所以要把二者加以区别开来,恰恰是因为这里说的是鉴赏性的享受。

维舍尔问题的历史联系点在于他父亲对美学问题的最后思考。维舍尔的父亲最初由于采用了黑格尔学派常用的那种空想式的机械辩证法,表面上似乎解决了自然美的问题,他的办法就是通常那种三段论法中的一种,目前我们觉得,这种论法看来是为了炫耀才华而杜

---

① 海尔曼·格洛克纳《弗里德里希·泰奥多尔·维舍尔和十九世纪》(1932 年容克和邓霍普特区柏林版)一书中(第 168—269 页)有一篇题为《罗伯特·维舍尔和十九世纪末叶精神科学的危机》的名副其实的专题论著,请特别参阅第 243—249 页。——原注

撰出来的,也就是说,把自然美作为艺术世界的第一阶段或正题,这个自然美是客观的,亦即不存在想象的主观性;把想象作为第二阶段或反题,而这个想象却相反又是缺乏客观性的;把艺术作为第三阶段或综合,即在艺术中,上述两个缺陷相互补充,从而一起形成艺术的主观-客观性。但是随后,真实的含义又占了上风,维舍尔的父亲发现:他对一些自然美的不同等级所做的详细而具体的阐述(此外也包括对人类和历史美所做的阐述),只不过表现为时而用画家的眼光;时而用雕刻家的眼光,时而又用诗人的眼光来考虑这些东西罢了,因而也就是用幻想来考虑这些东西;因而他对自己做了纠正,从而明确地把自然美归结为幻想美。这样一来,他那原来的三段论法就不攻自破了,他也没有用另一种内容的三段论法来代替原来的论法,这时他满足于把美学分为两个部分:第一部分是一般性部分,它研究美的本身以及基本概念;第二部分则是考虑如何实现美,因为美在自然界的美学领域中是不完善的,而在艺术的美学领域中却是完善的。当时有人就问过:这种被说成是自然美的由幻想创造出来的特殊作品,这种把一个自然形象同一个精神内容奇怪地结合起来的做法,到底是什么东西呢?这种情况并不是内在和外在之间的反射和调和关系,不是思维和客体之间、情感和形象之间的反射和调和关系;但是,这种情况也不是直接的结合和完全的融合,就像自然宗教,亦即把自然客体和神灵完全结合在一起的那些拜物教者所做的那样。他曾这样论述过:这种情况是象征,也就是非反射的和晦暗的结合,尽管不是盲目的和迷信的结合,相反却是始终伴有对内在和外在(对我们来说则是现实和非现实)二者之间既定的对比和既成的互相呼应的意识,也就是说,是一些体现在生活中的幻想,但是这些幻想也并不能因而就被看成是现实。他曾写道:"我把这种情况叫作深入到形象和内容之内的一种感觉,一种深沉、晦暗、可靠、内在,然而也是自由的感觉,这种感觉与宗教感觉不同,因为后者是不自由的,这种感觉也似乎可以称为既明确又晦暗的感觉,如果这种说法不是想象力过于丰富的话。"① 正如我们所看到的,在维舍尔的父亲那里,已经有了"Zusammenfühlen"和"Hineinfühlen"②的提法,这种提法比由他儿子选择的另一个提法"Einfühlung"要早,而后者却更为幸运。

罗伯特·维舍尔遇到的困难只不过是如何解释他父亲称之为"象征"的那些东西是怎样产生的,又如何解释这种对变成有生命的自然的感受是怎样出现的,而自然之所以变成有生命,绝不是由于那种同我们作为人的感觉相类似的任何东西所致,相反却是同人的感觉完全融为一体③。在这个问题上,过去曾有过一种不大严肃的解释,维舍尔当然是拒绝这种解释的,尽管后来那些 Einfühlung 美学家在充实这种解释方面下了相当大的功夫:这就是所谓的"思想汇合",而这种汇合同上述情况是完全无干的,因为在上述情况下,需要解释的是形象本身,而不是形象可能同其他形象、思维或思想发生的关系④。这时,我们的个性同形象又是如何融合起来,从而使二者成为一而二、二而一的东西呢? 当然,精神同自然之间是有密切关系的,因为二者都是从同一个母腹(Urschoss)中产生的,自然是作为精神的最低级,而精神则是作为自然的极限,因此,不仅应当用思维来研究自然,而且应当从美学角度来鉴赏自然。不过,在这种联系中始终是存在分裂的;令人为难的正是上述二者始终存在,上述二者既有联系又有分裂的情况始终存在。早在感觉阶段,在看待事物方面,光线对肉体的刺激感就体现为精神的刺激,外在品质就变为我们情感所属的品质;在运动作用方面,视线对客体所做的运动似乎也正是客体本身的运动和生活。但是

---

① 参阅《我的美学批判》,收入《批判过程》一书,N. F. 第五卷(1867 年科塔区斯图加特版),请特别参阅第 139—145 页。——原注
② 德文,意为"结合","引入"。——译注
③ 我所依据的是他的思想的最后表达,即 1890 年的那篇文章《论美学的自然观察》(收入前引论文集中,第 55—56 页),这篇文章足以满足说明这一问题的需要,本文就不必研究他的思想的具体细节和相应变化了。——原注
④ 同上书,第 6 页。——原注

十八 罗伯特·维舍尔和对自然的美学鉴赏

在高级阶段,即在 Einfühlung 阶段,却另有一种转移方式,例如,内在感官拥抱一棵树木,把自身转移到这棵树木充满朝气的坚强力量之中,并在返回自身的同时,又从内部到外部都感到这棵树木形象的特征:于是自己也变得坚硬起来,得到繁茂的生长,并同树木一起颤抖,同树木的顶端交织在一起。事物的生命变成心灵的生命:于是"山谷豁然开朗""小溪迂回蠕动""大地欣然复苏",如此等等;而心灵的生命也变成事物的生命:自然界表现得宁静、愉快、痛苦、沉重、凄伤、哀恸、沮丧、爱恋和悲痛。只是说我们在我们幻想的敏感性推动下把我们的心灵输入自然界,那是不够的;而且还必须把注意力放到使这种被称作输入(其实并非如此)的运动成为可能的东西上,即要注意这样一个事实:我们的肉体,因而也有我们的面孔和声音,都具有一种精神表现的能力,它的这一特性和活动也从自然界的种种表象中被人欣赏。维舍尔的父亲曾提到过这个重要问题,指出:"任何精神活动都在神经的一些特定颤动以及变化(谁知道是什么变化呢?)中展开,并从中也得到反映,因为这些颤动和变化代表着它的形象,而且早在肌体的隐蔽内心深处就已经对这种颤动和变化做了象征性的再现(Abbilden);外部现象以非常特殊的方式对我们产生影响,以致使我们把我们心灵的那些构思注入这些外部现象中去,因此,这种外部现象应当作为这种内部形象的客观表现和表述来对待内部形象;与上述所设想的神经在所谓颤动中所起的作用同时存在的是自然界的与之相应的现象,这种现象刺激上述神经作用进行活动,加强这种作用,巩固这种作用,而同这种作用一起的还有反映在其中的精神运动。"①但是,无论是在儿子身上还是在父亲身上,所有这些不过只能被人略微看到,而不是处于主导地位,所有这些还笼罩在神秘莫测的幕布当中。这位父亲也确实谈到过这种"隐秘写法"(Ceheimschrift)②的神秘莫测之处,而这位儿子也做过结论:"某个景物的内容就是我们自身的存在,

---

① 《批判过程》,第一章,第 143 页。——原注
② 前引作品,第 143 页。——原注

但是,这种存在是沉浸在自然界的为人所不认识的存在之中的""在自然界的永恒当中,我们自己的认识也消失了,因为在美学行动中,自然和幻想是密不可分地融合在一道起作用的";因此,研究和思考的结果仍然是回到他的那个原则上:我们面对的是自然界的谜;"自然界中的生活表象仍然像它本身一样是个神秘莫测的东西(ein Geheimniss)"。

实际上,这两位维舍尔都是继续以传统方式(这种方式也就是德国唯心主义的方式)来看待精神和自然,把二者看成是两个实体或两个不同的存在形式,然后则又以非批判的方式克服这种两点论,所采用的方法又是虚假的辩证法,这种方法使他们一致遵循先验论原则,不论把这一原则称为上帝也罢,绝对也罢,或思想、其他东西也罢。既然把精神看成是抽象的,自然也是抽象的,在这两位理论家的头脑中,美学形象就是在这两个因素的促进下产生的,其产生的原因一部分在我们,另一部分则在自然①;由此得出的结论据说就是:应当放弃这个人们试想解决的问题,并声明这个问题是无法解决的,从而放下武器。这种两点论是在维舍尔父子似乎就要抓住统一性和同一性时而未被克服的,这也就是说:他们都在考虑到精神活动正是在精神变为肉体颤动时产生的;因为在这个问题上,也存在一个前提,即这也要涉及两个不同的东西,几乎像是一篇原文和一篇译稿;因此,如果维舍尔父亲对解决问题不致绝望的话,他本可以由于理解到存在上述过程而主张把心理学和生理学结合起来加以运用②。但是,我们则克服了这种两点论,而且我们知道:一个没有肉体的精神同一个没有精神的肉体一样,都是空虚而荒唐的;我们也知道:一个没有实际行动的意志就不是意志,正如一个没有意志的行动就不是行动一样;我们还知道:一种没有表现的直觉是不现实的,正如一种没有直觉的表现也是不现实的一

---

① "这种作用的原因不可能只在于我们,它一定也在自然之中",等等(维舍尔,前引作品第25页)。——原注
② "还有一个神秘莫测的东西,生理学如果能说明这一点,即心灵和神经中心是一码事的话,那么我们就不至于被无边的黑暗所包围了。"(《批判过程》,第一章,第142—143页)——原注

样,正因如此,我们才注意不让自己把单一的行动分解开来,把它一分为二,其目的也在于不致去做那种又要通过合二为一的途径把二者统一起来的徒劳无益的努力,因为这样实现的统一已经是支离破碎了;同时,我们的目的也在于不致陷于那种由抽象和非反射构成的并非神圣不可侵犯的神秘泥坑。罗伯特·维舍尔在某个地方①曾提及青年歌德的一句话,这句话说:"天才"是"有泥土气味和泥土感觉的"(Erdgeruch und Erdgeühl)。这句话并不只是一个比喻,而是一种哲学主张,必须充分发挥这一主张的威力。

维舍尔父亲幸而又自相矛盾,做了自我纠正。他曾承认所谓的自然美也就是幻想美,从而宣布取消自然美这一部类。但是接着他又破坏了由他自己宣布的这个真理,因为他把美分为两种:一种是他所称为纯属"美学"的美,亦即幻想通过自然表现的美,一种则是"艺术"的美,亦即幻想-艺术的美。如果自然美是幻想的产物,那么幻想如不具体化为表现,也就是不具体化为艺术,就不会产生效果;自然美实质上是,而且也不能不是艺术美。精神如不使自己的直觉具体化,并通过这一行动,从它所面对的那些事物中汲取和收集那些作为其直觉具体化的形态、线条、光线和色彩,就不能把某个景物看成是美,并享受这个美;这种情况同画家把自己的艺术直觉画在画布上是没有什么两样的。幸而维舍尔父亲在指出思想直觉亦即美学直觉在一定意义上也抹杀(tödtet)客体的实用价值,并用形式摧毁其素材之后,提到:"每个人看到一个风景,为了表达自己的美学快感,总会说道:他觉得这风景就像画出来的一样!"②罗伯特·维舍尔也根据同样理由,认为在他称之为对自然的模仿性欣赏或 Einfühlung 的过程中,整体对局部占有主导地位,从而产生节奏的推动力(Trieb der Rhythmisierung),把那些与之无关的东西和起妨碍作用的东西慎重地剔除掉(abwagende Aussc-

---

① 前引作品,第59页。——原注
② 《批判过程》,第一章,第53页。——原注

heidung des Fremdartigen und Storenden)。①

如果说在被说成是自然美的美同被说成是艺术美的美二者之间存在差距——毫无疑问,这种差距是存在的,尽管它不是美本身的内在因素,而是美本身的外在因素——的话,那么这种差距也不该从前者同后者相比,硬说前者缺乏表现时机或艺术时机这一点中得出,而是必须从另一个原则中得出,即从实践时机这一点中得出,实践时机是继美学行动之后出现的,它的目的不是美学性的,而恰恰是实用性的或精神节约性的。有关特定现实的那些变化,正如众所周知的那样,就属于这种实践时机(任何实践行动都是被称为"特定现实变化"那个东西的同义语),这些变化是起着保存,亦即再创造种种表现的作用的:这些表现的变化在从自然主义角度来加以看待并分门别类时,就从物质意义上有了"美的事物"这样的名称;这些"美的事物"就是:绘出画来的画布或画板,雕出像来的大理石,谱出曲来的一系列声音和音调,诸如此类。这些物质东西都是实践行动的工具,而不是美学行动的工具,美学行动在再创造时,除非依靠运用适当的诗意幻想,是无法产生的;缺少这种适当的诗意幻想,这些物质东西就不能依靠人们所见、所触、所闻的其他东西而得到提高。但是,并不是人们所创造的一切艺术形式,并不是一切美学直觉-表现,都能随即带来用以再创造和传递的那些工具的;有些诗歌和绘画在创造出这些诗歌和绘画的精神中发出闪光,同时也使自身从语言、线条和色彩中反映出来,但很快它们又熄灭了,没有留下丝毫明显痕迹;对所谓自然美的那种艺术观赏就属于上述诗歌和绘画之类。甚至在对某些地点或某些形象和人物的美学欣赏方面形成的一致性,也由于其基础不是建立在经天才创造出来并利用技术使之永葆活力或不断再生的那种持久性之上,所以或多或少是属于幻想的,而且仔细地观察一下,这种一致性也会变为一系列个人的直觉-表现,而这些直觉-表现又是由彼此相似的关系

---

① 前引《论文集》,第75页。——原注

（而不是由同一性）脆弱地联系在一起的。正因如此，对这种一致性来说，讨论这个或那个自然客体是美还是丑，或者是否它的这一部分是美的，而那一部分又是丑的，就会成为一种人们避免进行或很快就会夭折，再或最终使人感到厌烦的议论（因为不可能得出任何结论）：这种情况与某个人给某些事物打上记号（犹如给他自己创造的个人单独的作品打上印记那样）的情况是不同的。有对艺术作品的批评，却没有对所谓自然美的美的批评，尽管自然美也是人类精神的产物。

格洛克纳曾按照罗伯特·维舍尔的说法，称 Einfühlung 是"一种混杂-非理性的产物"，并赞扬维舍尔对此所做的研究，称道这一研究是"在广泛经验的基础上，从哲学角度来看待我们在德国唯心主义历史上所熟知的那种最高度的综合的一次初步而重要的试探"①。当然，尽管积极结果是很少的，维舍尔所做的努力却是认真的，也正因如此，是有教育意义的和有成果的；维舍尔的另一个思想也同样有成果，即他注意到形象在梦境中形成的过程，注意到 K. A. 席尔纳的那部著作，席尔纳当时已经开始仔细地研究这个过程了②。但是，也许在这方面，积极结果似乎也不多，因为形象虽然是在梦境中受心理和生理的刺激而产生的，却仍具有实践性质，所缺少的恰恰是构成美学行动的那个东西，形象的"节奏化"，亦即鉴赏性的超脱③。

1934 年

---

① 前引作品，第236页。——原注
② 《梦的存在》，1861 年柏林版。——原注
③ 在这个问题上，可参阅我的《评论谈话》，1932 年巴里版，第三卷，第 29—31 页。维舍尔的两篇论述拉斐尔和鲁本斯的论文经我建议，曾由埃莱娜·克拉维里·克罗齐译出后，推荐给意大利学者阅读。——原注